5G与AI技术大系

5G时代的 DevOps理论与实践

亚信科技（中国）有限公司 编著

清華大學出版社
北 京

内 容 简 介

本书是亚信科技结合二十多年的大型软件研发管理经验和 DevOps 理论，总结成的体系化、标准化的实践手册。全书共 18 章，分为四部分：第一部分（第 1 章和第 2 章）探讨 DevOps 的基础与总体框架；第二部分（第 3 ～ 7 章）介绍与 DevOps 紧密相关的敏捷的基础知识和理论；第三部分（第 8 ～ 11 章）详细介绍 DevOps 在不同领域的平台和工具；第四部分（第 12 ～ 18 章）介绍多个行业的大型项目的落地实践案例，并在最后的第 18 章对 DevOps 的未来进行展望。

本书适合运营商、金融、能源等大型企业的研发效能相关人员，以及 IT 从业者（包括产品经理、研发、测试、运维、敏捷教练等）阅读。

图书在版编目(CIP)数据

5G 时代的 DevOps 理论与实践 / 亚信科技（中国）有限公司编著 . —北京：清华大学出版社，2021.11

（5G 与 AI 技术大系）

ISBN 978-7-302-59496-3

Ⅰ . ① 5… Ⅱ . ①亚… Ⅲ . ①软件工程 Ⅳ . ① TP311.5

中国版本图书馆 CIP 数据核字 (2021) 第 223351 号

责任编辑： 王中英
封面设计： 王 辰
版式设计： 方加青
责任校对： 徐俊伟
责任印制： 沈 露

出版发行： 清华大学出版社
网 址： http：//www.tup.com.cn，http：//www.wqbook.com
地 址： 北京清华大学学研大厦 A 座 **邮 编：** 100084
社 总 机： 010-62770175 **邮 购：** 010-83470235
投稿与读者服务： 010-62776969，c-service@tup.tsinghua.edu.cn
质 量 反 馈： 010-62772015，zhiliang@tup.tsinghua.edu.cn
印 装 者： 天津安泰印刷有限公司
经 销： 全国新华书店
开 本： 170mm×240mm **印 张：** 21.75 **字 数：** 369 千字
版 次： 2021 年 12 月第 1 版 **印 次：** 2021 年 12 月第 1 次印刷
定 价： 89.00 元

产品编号：094291-01

丛书序

2019年6月6日，工信部正式向中国电信、中国移动、中国联通和中国广电四家企业发放了5G牌照，这意味着中国正式按下了5G商用的启动键。

两年多来，中国的5G基站装机量占据了世界总量的2/3，地级以上城市已实现5G全覆盖；近4亿个5G终端连接，是全世界总量的8成；中国的5G专利数超过美日两国的总和，在全球遥遥领先；5G在工业、经济等社会领域的应用示范项目数以万计……

两年多来，万众瞩目的5G与人工智能、云计算、大数据、物联网等新技术一起，改变个人生活，催生行业变革，加速经济转型，推动社会发展，正在打造一个“万物智联”的多维世界。

5G带来个人生活方式的迭代。更加畅快的通信体验、无处不在的沉浸式AR/VR、智能安全的自动驾驶……这些都会因5G的到来而变成现实，给人类带来更加自由、丰富、健康的生活体验。

5G带来行业的革新。受益于速率的提升、时延的改善、接入设备容量的增加，5G触发的革新将从通信行业溢出，数字化改造得以加速，新技术的加持日趋显著，新的商业模式不断涌现，产业的升级将让千行百业脱胎换骨。

5G带来多维的跨越。C端消费与B端产业转型共振共生。“4G改变生活，5G改变社会”，5G时代，普通消费者会因信息技术再一次升级而享受更多便捷，千行百业的数字化、智能化转型也会真正实现，两者互为表里，互相助推，把整个社会的变革提升到新高度。

近两年是5G在中国突飞猛进的两年，也是亚信科技战略转型升级取得突破性成果的两年。作为国内领先的软件与服务提供商、云网一体管理服务提供商，亚信科技紧扣时代发展节拍，积极拥抱5G、云计算、大数据、人工智能、物联网等先进技术，积极开展创造性的技术产品研发演进，与业界客户、合作伙伴共同建设 5G+X 的生态体系，为 5G 赋能千行百业、企业数智化转型、产业可持续发展积极做出贡献。

在过去的两年中，亚信科技继续深耕通信业务支撑系统（Business Supporting System，BSS）的优势领域，为运营商的 5G 业务在中华大地全面商用持续提供强有力的支撑。

亚信科技抓住 5G 带来的 B & O 融合的机遇，将能力延展到 5G 网络运营支撑系统（Operation Supporting System，OSS）领域，公司打造的 5G 网络智能化产品在运营商中取得了多个商用局点的突破与落地实践，在帮助运营商优化 5G 网络环境、提升 5G 服务体验的同时，公司也迈出了拓展 OSS 领域的坚实一步。

亚信科技在数字化运营——数据驱动软件即服务（Data-Driven Software as a Service，DSaaS）这一创新业务板块也取得了规模化突破。在金融、交通、能源、政府等多个领域，帮助行业客户打造“数智”能力，用大数据和人工智能技术，协助其获客、活客、留客，改善服务质量，实现行业运营数智化转型。

亚信科技在垂直行业市场服务领域进一步拓展，行业大客户版图进一步扩大，公司与云计算的各头部企业达成云 MSP 合作，持续提升云集成、云 SaaS、云运营能力，并与其一起，帮助邮政、能源、政务、交通、金融、零售等数十个大型行业客户上云、用云，降低信息化支出，提升数字化效率，提高城市数智化水平，用数智化手段为政企带来实实在在的价值提升。

亚信科技同时积极强化、完善了技术创新与研发的体系和机制。在过去的两年中，多项关键技术与产品获得了国际和国家级奖项，诸多技术组合形成了国际与国家标准。5G+ABCDT 的灵动组合，重塑了包括亚信科技自身在内的行业技术生态体系。“5G 与 AI 技术大系”丛书是亚信科技在过去几年中，以匠心精神打造我国 5G 软件技术体系的创新成果与科研经验的总结。我们非常高兴能将这些阶段性成果以丛书的形式与行业伙伴们分享与交流。

我国经历了从 2G 落后、3G 追随、4G 同步，到 5G 领先的历程。在这个过程中，亚信科技从未缺席。在未来的 5G 时代，我们将继续坚持以技术创新为引领，与业界合作伙伴们共同努力，为提升我国 5G 科技和应用水平、为提高全行业的数智化水准、为国家新基建贡献力量。

2021 年 10 月于北京

前　言

在 5G“超高速率、超大连接、超低时延”三大特性的加持下，5G 正在成为全社会数字化转型的关键基础设施，推动各行各业的新应用、新业务和新模式不断涌现，并将催生大规模的新软件开发运维需求。传统软件开发交付的方式，以及与之相应的文化已经很难应对这样的变化。

站立 5G 时代的潮头，我们应该积极选择拥抱变化。笔者所在公司亚信科技的价值观是“关注客户、结果导向、开放协作、追求效能、拥抱变化”。拥抱变化是亚信科技一直追寻的一个极其重要的方向。拥抱变化，开放协作，才能更好地面对挑战。DevOps 提出将开发（Development）和运维（Operation）相结合，提倡打破各部门之间的壁垒，端到端打通产品、设计、开发、测试、交付、运维、运营各方，组建起一个开放、包容、积极、协作的学习型组织，建立统一的团队目标和一致的认识，不断反馈和优化。

本书从 DevOps 释义概述开始，介绍当前与 DevOps 相关的各种热词，并尽量用相对通俗易懂的语言和简单的关系图进行阐述。通过对 DevOps 相关基础理论的详细解读，介绍敏捷开发的起源、敏捷宣言和敏捷十二原则，以及敏捷开发常用方法论和框架。在此基础上，对企业级的 DevOps 实践框架、知识框架、流水线概念、实践原则和模式等进行详细阐述。之后重点介绍企业级 DevOps 平台及工具，参照中国信息通信研究院 DevOps 通用框架，从项目管理域、应用开发域、测试域、运营运维域四个领域，进行业界通用工具的介绍，以及亚信科技企业级解决方案的综合阐述。通过电信行业、金融行业、能源行业三个典型 DevOps 应用实践的案例介绍，解读亚信科技是如何从敏捷文化、工具平台支撑、敏捷团队赋能等多个角度，帮助客户构建全面的 DevOps 体系的。DevOps 的落地是一个持续改进、不断提升的过程，通过对企业级 DevOps 文化实践的介绍，帮助读者更好地理解 DevOps 文化建设的核心及方法。最后对 DevOps 未来 10 年的发展进行展望。

本书由亚信科技研发中心编写，陆由负责内容的整体架构，编写组成员包括欧阳晔博士、薛浩、王林皓、肖国栋、蒋勇、殷利平、易宝红、黄元初、陈雅楠、张立颖、雷泽等。感谢朱军博士、张峰、英林海、王淑玲博士和齐宇的审阅工作。

由于编者水平和精力有限，不足之处在所难免，若读者不吝告知，我们将不胜感激。

编者
2021 年 10 月

目 录

第一部分 DevOps 概述与总体架构

第二部分 DevOps 之敏捷开发

第一部分
DevOps 概述与总体架构

第1章 DevOps概述

1.1 DevOps的音、形、义

1. DevOps的音

DevOps读音为/de'vɒps/；虽然DevOps是Development Operation的缩写，然而Dev并不是按照Development [dɪˈveləpmənt]开头的读音来的。笔者经常发现身边有些同事和朋友会误读成[diˈvɒps]。和DevOps相关的几个流行词中，也有几个词容易被误读，虽然在语境中不妨碍听者理解，比如Agile [ˈædʒl]往往被读成[ɜˈdʒl]；feature [ˈfiːtʃər]被误读成[ˈfjuːtʃər]。

2. DevOps的形

与DevOps关联度最高的图形便是大名鼎鼎的莫比乌斯环（如下图所示），这个不可定向闭流形连串开发和运维的关键阶段，寓意是持续不断地流动。持续开发，持续集成，持续测试，持续发布，持续监控，持续变更，持续反馈和优化，以持续创造价值。

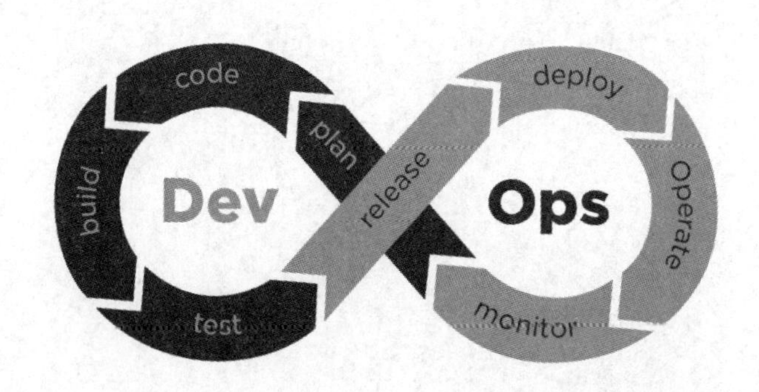

除了持续性外，莫比乌斯环还有包容性、灵活性和柔韧性的特点，这个和国内外各位专家和机构总结的 DevOps 的特性有颇多相似之处，或许这就是用二面环的含义所在。

对于 DevOps 工具来讲，民间也有更多有趣的表述，比如元素周期表、地铁线路图、金字塔等。

3. DevOps 的义

顾名思义，研发运维一体化便是研发和运维两个不同团队，可以合作互信，更聪明地工作，使得产品可以更快地高质量发布，以更好地应对如今快速变化的市场和客户需求。

就如奥运会的口号：更快、更高、更强一样，DevOps 信奉更亲密的合作，更快的、更高质量的交付。从这些定义和口号中可以看出，合作是 DevOps 的首要信条，自 Patrick Deobis 在 2009 年提出 DevOps 这个概念，至今已有 10 多年的时间，都围绕着合作展开。因为 DevOps 相信合作可以实现共赢，这里的共赢不仅限于开发和运维，还指在产品交付价值链中的各个干系人。为了更好的合作，需要文化推广；为了更好的合作，需要平台建设；为了更好的合作，需要流程优化；为了更好的合作，需要组织转型和人才培养。基于这个原则，自然而然会把各维度各层面相关的概念、工具、技术都应用到 DevOps 的实践中去，如瀑布、敏捷、精益、容器、Kubernetes、PaaS、SRE 以及云原生等。这些 IT 领域的概念虽成名有先后、各自自成一派，但彼此间又有密切的联系。

1.2　瀑布、敏捷、精益和 DevOps

1. 瀑布与敏捷

瀑布模式是一个传统的以计划驱动的系统开发实践。作为最早的软件开发生命周期（SDLC）方法之一，它把开发过程分为收集和分析软件需求、设计、开发、测试和部署各阶段。一个阶段的输出是另外一个阶段的输入。

敏捷软件开发实践早在 20 世纪 90 年代就开始使用，产生于适应和快速交付产品的需要。敏捷方法论鼓励探索新想法，并快速地确定哪些想法是可行的，因此敏捷可以适应在开发过程中不断变化的需求。敏捷中有两种主要框架：Scrum 和 Kanban。Scrum 的关键是迭代和速度；Kanban 的关键是 WIP。敏捷的实践详见第 5 章。

瀑布更适用于定义好的、可预测的、开发过程中需求不会有显著变化的软件开发项目。这在传统行业如通信行业的项目中比较普遍，通常这类项目周期并不短，但功能性需求和非功能性需求都相对固定，所有的需求都开发完了再进行测试和用户验证，再整体割接上线。瀑布开发模式在串行执行每个阶段的时候，通常使用文档作为上下游传输和交维的介质，因此往往在文档编写、更新和存储上花费的功夫较多，通过文档的交流方式也使得反馈效率较低。

而敏捷的方式是基于迭代的、增量开发的、可以快速交付可运行的业务产品。增量开发将产品分解成更小的部分，构建其中的一些，进行评估和调整。敏捷项目不是从完整的前期定义开始的，对开发中需求的可变性有较强的预期，并通过持续反馈灵活调整产品开发，满足不断变化的用户需求，这通常比预算节省很多。就如当今基于云的资源申请模式一样，从小开始配置和构建，按需扩展，弹性、灵活、节约。

2. 精益

精益通常指的是一套“精益制造”的知识，是由一位名叫大野太极的工程师在 20 世纪五六十年代在日本开发的，核心观点包含：

- 生产应以需求为基础，而不是以供应为基础。
- 小批量生产，生产效率更高。
- 花时间关注质量也能提高产量和效率。
- 雇主，而不是管理者，有责任定义他们的工作方法。
- 工人必须不断改进他们的工作方法，而不是一遍又一遍地执行预定义的任务。

简而言之，精益方法论建议消除所有不增加价值的东西，比如不必要的会议、任务和文档，并要求消除低效的工作方式，比如多任务处理；精益方法论还强调团队工作的整体性，比如优化应该是整体优化而不是局部优化；此外要求尊重工程师并信任他们。

由此可见，精益和敏捷有很多相似之处，比如小步快跑，注重质量和反馈，注重员工间的合作等；并有一致的目标，即为客户创造价值是产品开发和生产过程的唯一目标。

精益和敏捷也有明显的不同之处，比如：

- 敏捷方法关注开发过程的优化，而精益方法关注生产过程的优化；生产过程通常会预定义产品，尽可能以最经济的方式生产更多的高质量产品，生产过程的变化和返工是消极和昂贵的，而开发过程中的变化和返工很普遍，反而是良好和最优的。有趣的是，敏捷也常会通过设计原型，对原型进行测试和评估后，再开始开发，以减少浪费和返工带来的成本；值得注意的是，反馈和优化的对象在逐步后移，越来越贴近客户，比如通过金丝雀、A/B测试等来直接获取最终用户的反馈，而不是反复停留在产品经理（PO）和交互工程师（UIUX）的反馈环。
- 敏捷方法在团队中的应用范围往往不超过12人，而精益方法常常用于整个组织，团队范围会更大。

虽然敏捷和精益带来了灵活性和速度，但真正加速可伸缩、可靠代码交付的实践是在 DevOps 领域。就如大家形成的共识：瀑布注重基于文档的交流，有序却低效；敏捷注重人与人之间的沟通，灵活高效但要求团队稳定；DevOps 把瀑布和敏捷的最佳实践和产物，沉淀和固化到平台和流程中，在合作文化的推动下，持续改进快速实现客户价值。

3. DevOps

DevOps 被广义地定义为一种促进组织中这些团队和其他团队之间更好的沟通和协作的哲学；DevOps 在狭义的解释中，描述了迭代软件开发、自动化和可编程基础设施部署和维护的采用。虽然 DevOps 没有官方统一的框架，也不是一种技术，但 DevOps 环境通常有通用的实践方法：

- 持续集成和持续交付或部署（CI/CD）工具，重点是任务自动化。
- 实时监控、事件、配置管理和协作平台。
- 云计算、微服务和容器在DevOps环境的实现。

下图展示了瀑布、精益、敏捷和 DevOps 各自的特点。

瀑布

- 强计划性，响应需求变化慢
- 串行长流程
- 注重文档
- 获取客户反馈窗口少

精益

- 需求导向
- 小批量生产
- 获取客户反馈窗口多
- 持续消除浪费

敏捷

- 弱计划性，响应需求变化
- 可并行短流程
- 注重可工作交付物
- 获取客户反馈窗口多

DevOps

- 价值导向
- 合作文化
- 注重持续改进
- 利用平台沉淀

1.3 Docker、Kubernetes、PaaS、微服务、云原生和 DevOps

1. 容器

容器本质上是一种进程隔离的技术。容器为进程提供了一个隔离的环境，容器内的进程无法访问容器外的进程。最早的容器出现在 1979 年，而大家熟知的 Docker 容器到 2013 年才推出第一版，但很快变成了容器的标准，原因正是它的发布和使用便捷、生态构建完善等特点。

在传统虚拟化中，每个虚拟机有独立的 OS，Docker 是在同一个操作系统（OS）中，实现了轻量级的虚拟化；Docker 对 IaaS 厂商无疑是个利好。一方面，Docker 提供了更细粒度计算资源，进一步提高资源利用率，缩短资源开通时间，进而为进一步压缩公共服务的成本提供了可能；另一方面，对于负载均衡、缓存和防火墙等 IaaS 提供的服务也可以迁移到容器中，提供更好的可移植性。

对于 PaaS 而言，Docker 使其以更简洁的方式为开发者提供服务，Docker 可以将一个干净的开发环境直接迁移到生产环境，避免各种依赖和配置问题，减轻开发者负担，让其更专注特性开发和交付质量。

2. Kubernetes

Google 为了压制 AWS，开源了自己的容器编排引擎，成为现在的

Kubernetes，缩写为 K & s，其本质是容器编排系统，首要目的是解决分布式容器应用的可靠性和可扩展性。

就如 Docker 成为容器的标准，Kubernetes 在竞争中脱颖而出，逐步成为云原生的标准，这也得益于其强大的云原生技术生态圈，诸如监控、日志、CICD、存储和网络都有开箱即用的工具链。此外，除了满足数据中心的需求，边缘端的部署和应用容器管理也开始投入，如 2019 年容器软件提供商 Rancher Labs 发布的 K3s，轻量级开源 Kubernetes 的发行版和 K3sOS（专为 Kubernetes 而生的极简操作系统），尤其适用于边缘计算、IoT、ARM 等新兴使用场景。

在 Kubernetes 从 AWS ECS、Docker Swam、Apache Mesos 等多个著名容器编排引擎脱颖而出后，越来越多的企业选择 Kubernetes，根据 Kubernetes 的支持情况，可以将云原生技术分为三类，即 Kubernetes 原生技术、Kubernetes 适应性技术和非 Kubernetes 技术。

Kubernetes 原生技术通过与 Kubernetes 的核心深度集成来提供功能，比如通过 CRD 来自定义 API 和控制器以扩展 Kubernetes 集群功能，或者为网络、存储和容器运行时的核心组件提供基础设施插件。Kubernetes 原生通常与 Kubectl 一起工作，可以与 Kubernetes 流行的包管理工具 Helm 一起安装在集群中，并可以与 Kubernetes 的 RBAC、服务账号、审计日志等特性无缝集成。很显然 Kubernetes 原生进一步让开发者聚焦在应用开发本身，使用 Kubernetes 生态工具快速开发应用。

2019 年 Linux 基金会宣布将 CDF（Continuous Delivery Foundation，持续交付基金会）作为 CICD 领域的新基础，由 CDF 托管的首批项目包括 Jenkins（一个开源 CI/CD 系统）、Jenkins X（一个运行在 Kubernetes 上的开源 CI/CD 解决方案）、Spinnaker（一个开源的多云 CD 解决方案），以及 Tekton（一个开放的 CI/CD 组件的开源项目和规范）。其中 Tekton 便是一款 Kubernetes 原生的 CICD 引擎，这对 DevOps 在平台和工具链层面影响和演进也意义深远。

3. PaaS

在云计算经典基础理论中，将云计算服务分为三层：IaaS、PaaS 和 SaaS。IaaS 指硬件资源的虚拟化，PaaS 指应用软件运行的基础平台，包含基础数据库服务、基础中间件服务、基础开发钢框架和开发套件、应用部署运维和管理服务。PaaS 的初衷是帮助开发人员实现资源的自动调整，而不必面对 IT 基础设施管理的问题，SaaS 层则可以更专注自身业务实现，运行平台和运行中间件由 PaaS 提供。

PaaS 厂商都希望提供规范、一致的组件和环境，而企业应用，无论是开发、管理还是运维，都有各种个性化需求。这个冲突阻碍了市场对 PaaS 的认可和接受程度。另外，每一个 PaaS 厂商都在为应用提供各自的服务和 API，这就造成了应用在 PaaS 厂商之间的集成比较困难。因此虽然 IaaS 起步比 PaaS 起步还晚，但由于其壁垒更低，所以更容易获得市场认可，尤其在 Amazon 通过 IaaS 领域取得巨大成功后，Microsoft 和 Google 纷纷从 PaaS 服务提供转向 IaaS 的领域中。

然而 Docker 和 Kubernetes 的出现和不断演化对 PaaS 的市场产生了巨大影响，使很多 PaaS 服务提供商转向了基于“Kubernetes+Docker”作为平台的基础，利用其可靠、可扩展的虚拟化技术增加对异构平台的兼容性，减少了环境依赖，降低了跨平台迁移的成本。

4. 微服务

微服务是一种用于构建应用的架构方案，微服务架构有别于更为传统的单体架构方案，可将应用拆分成多个核心功能，每个功能都被称为一项服务，可以单独构建和部署，这意味着各项服务在工作或者出现故障时不会相互影响。

相比面向服务设计（SOA）的 ESB 架构，微服务可以相互通信，而且这种通信通常都是无状态的，所以采用这种方式构建的应用容错性更高，对于单个 ESB 的依赖性也更低，消除了 ESB 本身的瓶颈。得益于容器技术的不断改进，微服务的可行性也越来越高，可以通过容器在同一个硬件上单独运行一个应用的多个部分，还能更好地控制每个部分及生命周期。

微服务的优势如下：

- 加快价值交付。
- 高度可扩展。
- 出色的弹性。
- 异步部署。
- 易于访问。
- 更加开放。

由于微服务本身就是独立发布、独立部署、自治的微小服务，而 Docker

也是跨平台、独立运行、小的执行单元，所以容器是微服务框架的良好运行载体。

微服务架构中的核心组件包含网关、微服务治理、服务注册、配置管理、限流和熔断、负载均衡、自动扩容、自动故障隔离、自动业务恢复、监控和日志组件等。Spring Cloud“全家桶”基本可以实现一套完善的微服务架构，有大量的 Java 人员拥护和使用，但也受到编程语言和编程技术限制而并不覆盖所有用户和场景。

Kubernetes 提供了服务注册、配置管理、负载均衡、故障隔离、业务恢复、自动扩容等能力；Kubernetes 原生 PaaS 平台或 Kubernetes 适配型 PaaS 平台又提供了如基础数据服务、网关服务、微服务治理服务等基础服务能力。并且 Kubernetes 生态不限制编程语言，社区活跃，功能稳定。因此 Kubernetes 和 PaaS 平台是微服务技术的运行平台。这个运行平台越完善，微服务就越能发挥其优势。

5. 云原生

Bill Wilder 在他的书 *Cloud Architecture Patterns*（O’ Reilly Media，2012）中首次使用了原生云这个术语。根据 Wilder 的说法，云本地应用程序是指任何在架构上充分利用云平台的应用程序，如：

- 云平台的服务。
- 水平伸缩。
- 主动或被动的自动伸缩。
- 处理节点和瞬时故障而无须降级。
- 在松耦合体系架构中实现非阻塞异步通信。

和云原生相关的是 The Twelve-Factor App，一组用于构建作为服务交付的应用程序的模式，它和 Wilder 的云架构模式重叠，但也同样适用于一般应用开发。

于 2015 年成立的 CNCF 则给云原生提供了快速发展的土壤，CNCF 的 landscape 定义了关于 Provisioning、Runtime、容器编排、PaaS 平台、微服务治理等多个容器和微服务相关子领域的开源组件和技术标准。

CNCF 定义的云原生三大特征如下：

- 容器化封装：以容器为基础，提高整体开发水平，形成代码和组件重用，并作为应用程序部署的独立单元。
- 动态和自动化管理：通过集中式的编排调度系统来动态地管理和调度。

● 面向微服务：明确服务间依赖，相互解耦。

总结来说，云原生三个关键词是容器、DevOps 和微服务。

下图展示了云原生、云原生 PaaS 和 DevOps 三者之间的关系。

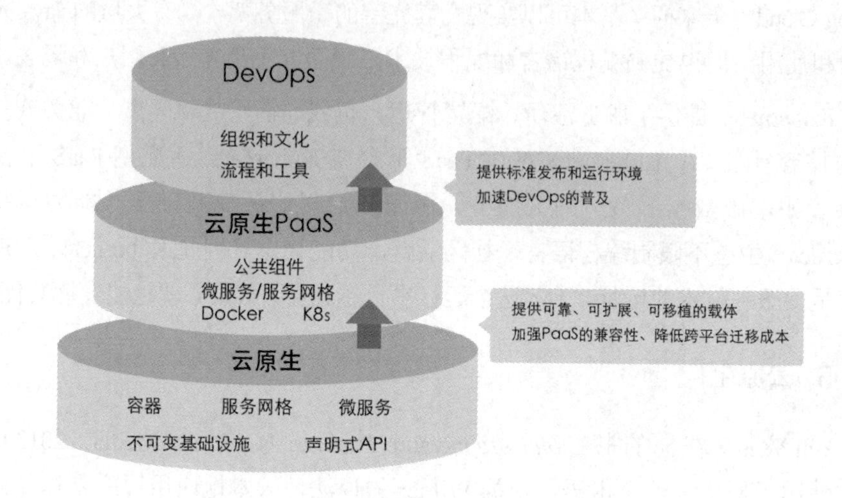

1.4 ITOM、ITSM、SRE 和 DevOps

IT Operation Management（ITOM），IT 运营管理是管理组织的所有技术元素和应用需求的过程。ITOM 包含负责无缝执行所有 IT 服务的活动，这些服务包含支持 IT 基础设施的开通、成本控制操作、可用性管理、容量管理以及性能和安全管理。

IT Service Management（ITSM），IT 服务管理，是指组织管理并向最终用户提供IT服务的方法。它涉及设计、创建、交付和支持IT服务。使用ITSM过程，组织可以开发适应不断发展的技术和期望的 IT 系统。实施 ITSM 可以帮助标准化服务交付，并为更好的业务决策生成可操作的 IT 洞察，ITSM 往往和 ITIL 一起提起，ITIL 可以认为是 ITSM 的最佳实践。

由 ITOM 和 ITSM 的定义可见它们的区别：ITSM 关于 IT 团队如何提供服务，而 ITOM 则关注事件、性能监控和 IT 团队如何处理自身的及内部操作的过程。

然而实际工作中，ITOM 和 ITSM 是紧密联系在一起，尽管有不同的活动，共同关注 ITOM 和 ITSM 可以带来如下好处：

- 自动化事件解决。
- 定位根因，隔离故障。
- 根据影响和紧急程度排序。
- 将事件升级到正确团队。
- 双向整合工单和沟通渠道。
- 从CMDB开始，控制和维护IT资产的整个生命周期。
- 优化资源配置，减少IT开支。

长久以来 DevOps 的大部分焦点都集中在应用开发和发布，这个无可厚非，因为这部分在软件生命周期前半部分，并且容易被分解和优化。但不能忘记 DevOps 是由运维发起的开发运维合作的哲学，因此 DevOps 对 IT 运维如何应产生影响是值得关注的课题。首先考虑 DevOps 对 ITOM 的功能领域的影响。管理资源 / 服务开通、容量、可用性和性能，其中资源 / 服务开通可能是 DevOps 发挥最大影响的领域。因为如果没有基础设施和应用程序组件的自动开通，将很难实现 DevOps 团队的标志性实践—持续流程。基础设施及代码的风潮也与开通自动化运动异曲同工。

除了服务开通，DevOps 在 APM 领域的影响也很深远。早些年工程师对应用性能尤其不满，这种不满使得 APM 有了显著的变化，深刻地转向了对 DevOps 友好的方法。包含开源软件的选择，如 ELK 的采用；也有很多专业公司如 AppDynamics、New Relic 等提供了灵活的 SaaS 服务和丰富的 API 能力开放。有趣的是，尽管 APM 属于 ITOM 中性能管理的一部分，但它却是以开发为中心的。

相比之下，基础设施的监控 ITIM（包含网络监控 NPMD）和最近兴起的 DEM（数字体验监控）的成熟度不太高，虽然容器技术和分布式架构使得应用的高可用有了很大保障，但对计算、存储和网络、手机、WiFi、聊天工具以及各类终端设备等的监控帮助不大。ITIM 和 DEM 实现了可以增强故障根因定位和治愈的效果，同时可以通过全面的用户行为分析来进一步提升用户体验和推动业务价值实现。在 DevOps 文化的驱动下，ITIM 和 DEM 也将提升自动化能力以达到持续操作和持续优化。

然而真正转向基于云的 DevOps 方法的一个有趣的挑战是需要解决大数据问题。IT 基础设施和网络设备产生的数据量非常庞大，如何快速高效处理这些数据，区分有用和无用数据，提供最终有价值的结果，就是 AIOps 当前兴起的原因。

SRE 是 Site Reliability Engineering 的缩写（其中 site 是指 website），可以翻译为网站可靠性工程，是由 Google 创造的。SRE 的首要工作任务是保证 SLA，如果你是 SRE 工程师，那么工作内容大概会是：

- 容量规划与实施。
- 部署新的服务集群。
- 冗余与容错。
- 负载均衡。
- 上线新的服务。
- 监控。
- 值班。
- 救火。

因此 SRE 其实包含了 ITSM 和 ITOM 所关心的所有事情，即如何提供优质的服务给用户，如何保障运维工程安全可靠。在 DevOps 思维的指引下，SRE 的日常工作会和开发合作，讨论非功能需求，甚至共同使之实现；SRE 也会使用 DevOps 工具链的 CICD 能力、实时监控能力等来发布新服务、定位故障和解决故障。

下图展示了运维领域 SRE、ITSM、ITOM 之间的关系，以及它们与 DevOps 之间的关系。

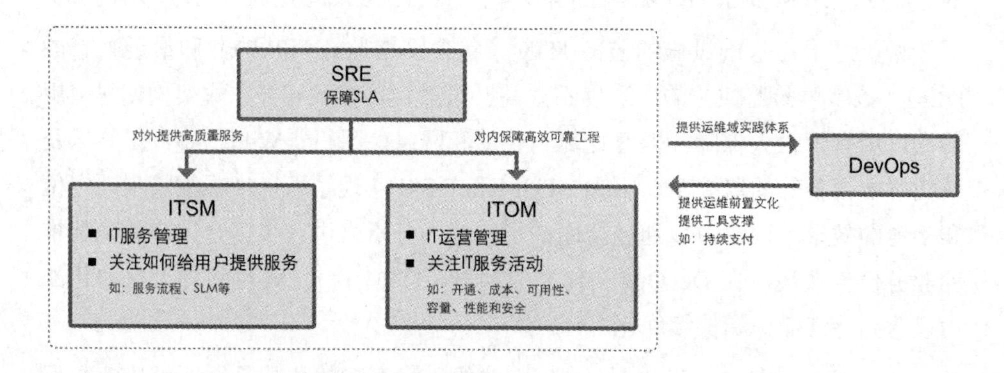

第2章 企业级 DevOps 实践框架

2.1 DevOps 实践框架概述

企业数字化转型过程中，对于如何实施 DevOps，实施过程中有哪些关键步骤，整个研发管理和开发过程如何改进，如何才能分阶段循序渐进地实施推进等，往往并不清楚。这就导致很多企业在实施 DevOps 的时候往往只是个别的开发小组或项目在进行一些敏捷和持续集成的实践，而很难将整个 DevOps 上升到组织级，形成组织过程资产。

从全局的角度出发，企业进行转型的根本原因在于更好地向客户交付价值，同时，提升自身的效能。也就是说，企业转型的目标聚焦在“价值交付、效能提升”。下图所示为 DevOps 整体实践框架，通过价值流分析，识别现有的瓶颈，围绕现状，选择合适的项目进行转型试点，通过对试点项目的总结和回顾，结合试点的情况，逐步向多项目、组织级进行推广。

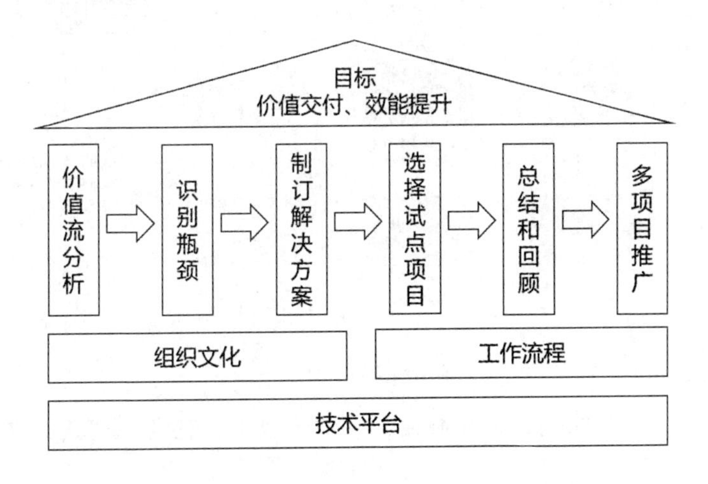

DevOps 的转型离不开组织文化的支持，构建合理匹配的工作流程，才能够有效推动转型最终落地。技术平台底座，将为整个转型过程提供有力的工具支撑，加速转型的实践和推广。后面的章节将对该实践框架进行详细解读。

2.2 DevOps 实践步骤详解

1. 价值流分析

价值流的概念源于工业生产，是指从原材料转变为成品、并给它赋予价值的全部活动，包括从供应商处购买的原材料到达企业，企业对其进行加工后转变为成品再交付客户的全过程。在软件开发交付领域，类似流程同样适用。如下图所示，展示了价值流分析的一个样例。

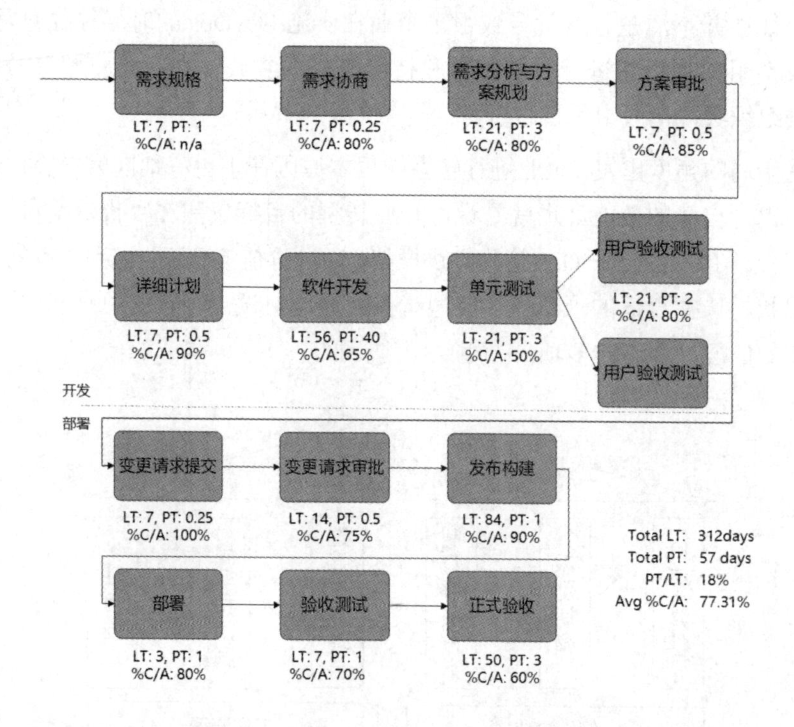

价值流分析，包含三个关键指标：

- LT：Lead Time，前置时间，当前流程中，任务从创建到交付所需的时间。

- PT：Process Time，处理时间，任务从实际开始处理到完成所需的时间。
- %C/A：Percent Complete and Accurate，完整性和准确性的百分比（一次性通过率），是当前流程收到来自上游流程无须返工的任务数量或工作次数所占总量的百分比。

2. 识别瓶颈

通过价值流的分析，可以初步得到系统现状的整体情况。但是由于数据沉淀和统计尚不完整，如 PT 不准确，%C/A 暂无，可能导致无法准确识别哪个节点是瓶颈或优化点。所以，需要从相关节点逐步考虑优化项。根据前期收集的信息，制订相应的调研计划，可以采用访谈、问卷等多种方式进一步收集相关信息，完善价值流分析，最终得到系统的瓶颈、用户的痛点等，从而让改进解决方案更加有的放矢。

- 是否需要组织变革？
- 是否需要文化推广？
- 是否需要流程改进？
- 是否需要平台建设？

3. 制订解决方案

根据识别出的系统瓶颈、用户痛点等，对于不同的优化点，确定相应提升点的优先级，并且设定相应的改进基线和提升目标。

4. 选择试点项目落地

选择合适的试点团队对于 DevOps 的实践非常重要，通常可以根据不同的团队和产品的特点，尤其是团队人员特性、团队能力、产品生命周期、产品市场环境等相关的信息进行选择。

5. 试点项目总结和回顾

通过试点项目执行的实际情况，回顾组织、文化、流程、平台建设等的具体情况，评估目标完成率，优化整体方案，制订更合适的解决方案。

6. 多项目推广

多项目的推广离不开人才培养，建立起合适的人才培养机制，可以为 DevOps 落地提供有力支撑。多项目的推广，通常可以通过树立榜样入口，以榜样的力量推动 DevOps 的传播，通过合理的管理与激励、可落地的推广路线图，让各项目从感受、接受到满意，最终推广。最后，对于推广活动进行持续反馈反思和经验总结，便于后续项目推广。

2.3 DevOps 实践底座

1. 组织文化

企业 DevOps 实践离不开企业 DevOps 文化建设，通过价值流的梳理，我们可以识别出相应的瓶颈，完善的工具平台建设，可以加速 DevOps 落地，但是在不同的团队进行命令式的推广，往往会受到很大阻力，很难命中真正的焦点，DevOps 的热度也会随着时间的推移，慢慢淡化，甚至逐步变成形式主义，偏移了 DevOps 的本质。

如何进行企业 DevOps 文化建设，为 DevOps 应用培养合适的文化土壤，持续推动 DevOps 体系的不断更迭式的成长？如下图所示为企业级 DevOps 文化建设的要素，在第 17 章中，将分别从文化建设、人才培养、敏捷成熟度持续评估三个方面进行详细的描述。

DevOps文化建设
文化建设，贯宣先行
文章专栏
知识可视化
案例专题演讲
开发工作坊
敏捷教练人才培养
企业公开课
敏捷训练营
人才进阶实训
黑带大师竞赛
敏捷能力认证
敏捷资质认证
团队敏捷成熟度评估
企业内训敏捷认证

此外，通过对企业 DevOps 文化建设，还可以加强团队凝聚力，向着同一个方向努力，加强团队内的协作、团队间的合作，从而更有效地支撑团队快速交付和企业战略目标实现。

2. 流程

不同的企业在实施 DevOps 的时候可以根据企业实际情况制定不同的流程。流程核心的部分是要实现持续集成和持续交付能力，里面涉及最基本的内容包括需求环节、开发环节、测试环节、预演环节、生产交付环节。开发交付领域主要涉及后四者，也是持续集成和持续交付的核心环节。如下图所示为一个通用的 DevOps 流程，后续章节将结合工具平台对相关的环节活动进行详细解读。

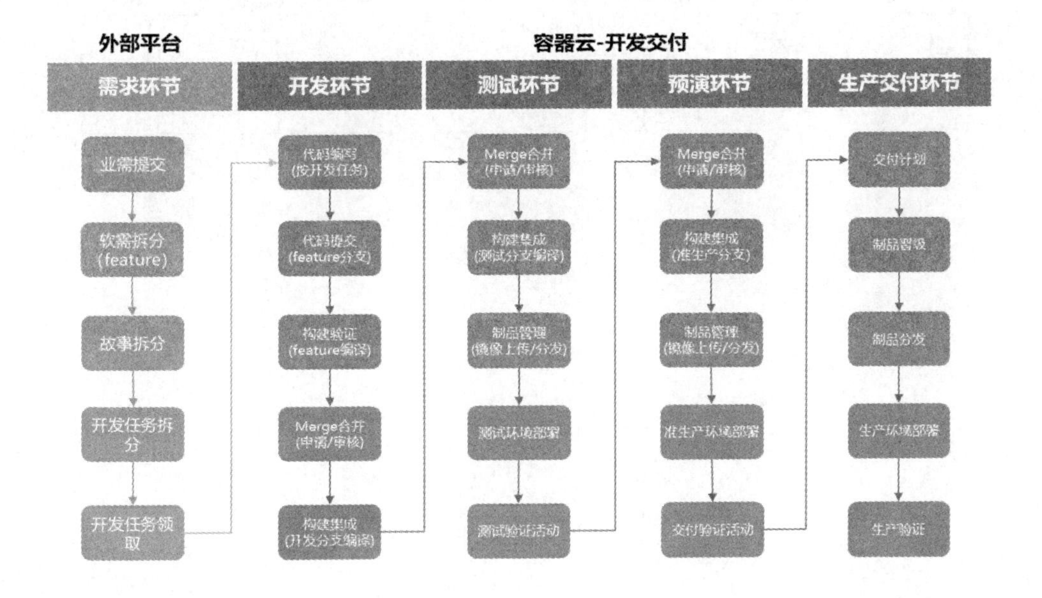

3. 技术平台

毫无疑问，云原生已经成为当今信息技术一个非常流行的概念，虽然 DevOps 体系的建设本身不依赖云原生技术底座，通过传统的数据中心提供的基础服务，也能够满足其基本需求，但是云原生生态的蓬勃发展给云原生 PaaS 提供了最佳载体，其在可靠性、可扩展性、可移植性上有着天然的优势。云原生的 PaaS 为 DevOps 提供了标准的发布和运行环境，同时也加速了 DevOps 的流行。如下图所示，一张关系图描述了技术平台与 DevOps 各环节的关系。

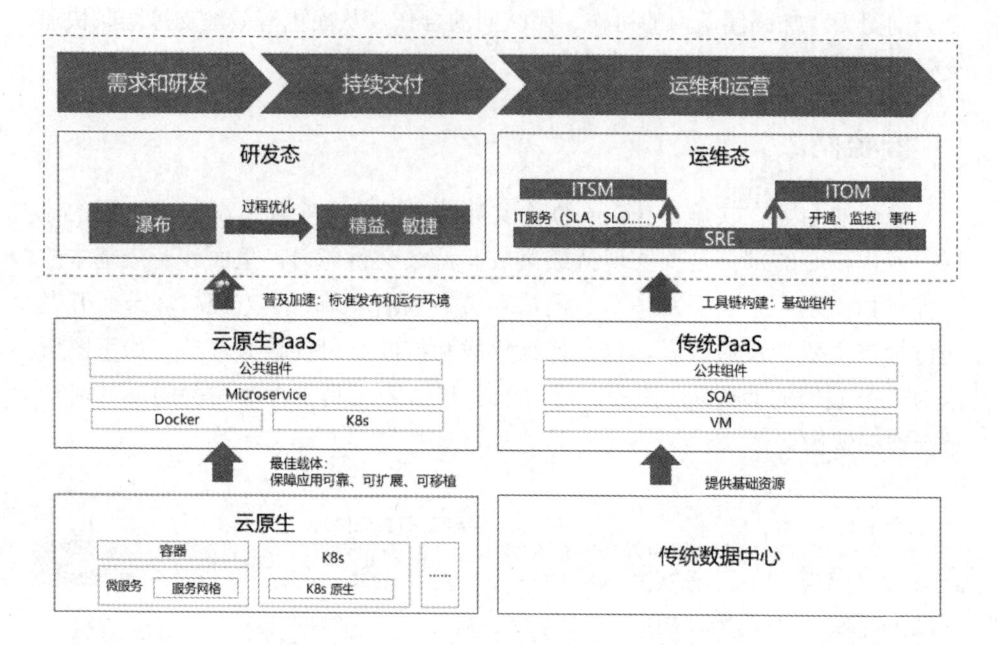

第二部分
DevOps 之敏捷开发

提到 DevOps，很自然地和敏捷的概念联系到一起，诚然，敏捷管理作为 DevOps 的三大支柱之一，是 DevOps 不可或缺的一个重要组成部分，软件在计划、需求、设计和开发的各个环节少不了敏捷文化的指引。

第 3 章会解读敏捷开发的起源、敏捷宣言和敏捷十二原则，并介绍一些常用的敏捷开发方法论和框架，梳理敏捷管理与 DevOps、Scrum、XP 与 DevOps 的关系，让大家对于敏捷开发的理论有初步整体的认识。

Scrum 是 DevOps 开发阶段公认的最适合使用的方法，第 4 章将详细介绍 Scrum 相关的理论知识。

软件需求是敏捷开发的入口，涉及需求以何种形式展现和管理、需求如何进行估算、需求如何验收等。第 5、6 章将介绍常用的需求撰写形式和需求管理方法，结合敏捷需求应用案例的解析，帮助大家理解敏捷需求的基础理论。

软件项目具备“不确定因素多、研发监管难”的特点，第 7 章将从敏捷的角度出发，结合 Scrum 框架下的项目管理最佳实践，介绍敏捷项目管理是如何在软件项目管理过程中开展各项工作的。

第3章 敏捷开发基础概念

3.1 敏捷开发起源

敏捷开发并非由某人或某个机构创造的一种软件研发方法论或实践方法，而是对众多符合敏捷精神的软件研发方法论和相关实践方法的汇总。

这些方法论和实践方法产生的时间和目的虽不尽相同（有的时间跨度接近10年），但它们有着共同的特点，即能帮助实现“敏捷宣言”中提到的价值观，并能够体现敏捷精神。

为使读者更加清晰地了解敏捷思想产生的背景，以下将对敏捷宣言诞生前出现的一些重要的相关事件，以及敏捷宣言的诞生过程，进行简单介绍。

3.1.1 敏捷思想的涌现

（1）1990年，在Opdyke的著作中便出现“重构”一词。

（2）1995年，在OOPSLA大会上，Ken Schwaber和Jeff Sutherland联合发布了Scrum框架。

（3）1995年，Ken Schwaber在其早期著作中解释了Sprint和Backlog的概念。其中SCRUM一词来源于早在1986年Hirotaka Takeuchi和Ikujiro Nonaka合著的著作。

（4）1998年，Kent Beck在其两篇文章中，详细介绍了极限编程的重要价值观——沟通、简单、测试、勇气，以及“用户故事”“结对编程”“认领任务”“持续集成”“单元测试”“迭代研发”等最佳实践方法，同时重点强调了“人”在软件开发中的重要性。

（5）1999 年，Peter Coad、Eric Lefebvre、 Jeff De Luca 三人在其著作中介绍了“特性驱动开发”方法（Feature-Driven Development，FDD）。

（6）1999 年，Martin fowler、Kent Beck、John Brant 等人在合著的著作中详细介绍了软件重构实践，使得“重构”一词得以普及。

3.1.2 敏捷宣言的诞生

2000 年春季，Kent Beck 在美国俄亥俄州组织了一次由极限编程支持者和一些“圈外”人参与的聚会，与会者表达了对“极限编程”（Extreme Programming）、“自适应软件开发”（Adaptive Software Development）、“水晶软件开发方法”（Crystal）、“SCRUM”等所谓“轻量级”软件研发方法的支持，但对外并未声明任何正式宣言。

2000 年 9 月，Robert C. Martin 发出了下一轮聚会的邀请，准备邀请多位“轻量级”软件研发方法方面的领军人物，并初步定在 2001 年的 1—2 月在芝加哥举行。但会前经过与会者讨论，最终将聚会地点定在了犹他州的雪鸟滑雪场。

2001 年 2 月 11—13 日，在犹他州峡谷滑雪胜地雪鸟滑雪场，17 位与会者（包括 Kent Beck、Ken Schwaber、Jeff Sutherland、Martin Fowler 等多位软件研发方法领军人物）经过两天的讨论后，共同宣布并签署了《敏捷软件开发宣言》，敏捷宣言由此诞生。

3.2 敏捷宣言解读

如下图，敏捷宣言中的价值观只有四句话，由于其内容过于抽象，使很多想了解敏捷思想的初学者无从入手。

敏捷软件开发宣言

我们一直在实践中探寻更好的软件开发方法，
身体力行的同时也帮助他人。由此我们建立了如下价值观：

个体和互动 高于 流程和工具
工作的软件 高于 详尽的文档
客户合作 高于 合同谈判
响应变化 高于 遵循计划

也就是说，尽管右项有其价值，
我们更重视左项的价值。

其实，此宣言也有其产生的背景，如果缺少对此背景的了解，不但不能理解其内容的精髓，还有可能遗漏或曲解其中含义。比如，在关注敏捷宣言四个价值观的同时，常常忽略敏捷宣言开头和结尾的两句话，其实它们也是敏捷宣言重要的组成部分。

以下试着对敏捷宣言进行较为深入的解读，以便初学者可以迅速了解其含义。

- *“我们一直在实践中探寻更好的软件开发方法，身体力行的同时也帮助他人。”*

首先，敏捷宣言是对具有敏捷特点的众多软件开发方法的汇总和提炼，因此只要符合敏捷宣言的方法论和方法，就可以认为是敏捷开发方法。

其次，这些软件开发方法都来源于实践，并重视实践，而不是某一个机构制定的产物。同时也要注意，正因为是实践产物，我们在使用某个敏捷方法时，一定要关注其产生的背景和适用的条件，避免误用。

最后，在这些方法中不存在某一种方法是最好的或是最通用的。未来还会有更好的软件开发方法出现，敏捷方法及其实践并不是止步不前的，而是不断发展，不断前进的。

- *“也就是说，尽管右项有其价值，我们更重视左项的价值。”*

首先，“右项”代表了传统软件研发方式，即采用文档驱动和流程驱动的方法进行软件研发和项目管理的方式。例如，传统的瀑布模型和CMMI模型，其假定在项目的初期即可确定软件需求的范围和研发周期，并在设计、开发、测试阶段通过文档进行研发进度及成果的确认，希望通过高质量的文档和严格规范的流程，确保及时交付高质量的软件产品。

其次，“左项”代表了具有敏捷价值观的软件研发方式，例如，极限编程和 Scrum 承认项目初期无法准确预知软件需求的范围，期望通过不断产出可用的软件来进行研发进度及成果的确认，同时强调与客户的合作，而不只是完成客户的要求，更重要的是强调了“人”和“人与人的沟通”在软件研发中的重要作用。

最后，左右各项并非对立，只是在承认“右项”作用的同时，基于经验主义，坚持从实际出发，从而更加关注“左项”中的内容，以避免“右项”可能对软件研发工作产生的负面影响。

- “个体和互动高于流程和工具。”

任何软件研发过程都需要制定明确的流程。但不成熟的流程管理可能出现诸多问题，比如流程出现了僵化，组织过度依赖流程管理，过时的流程脱离了实际情况。

敏捷方法则鼓励激发研发人员个体热情，提倡通过协作互动解决日常问题，不做流程中的要素，而是做真正建立流程和推动流程持续改进的主力。

- “工作的软件高于详尽的文档。”

软件行业是知识密集型行业，因此文档对沉淀和固化软件研发过程中的信息及知识起到了极其重要的作用，但其使用方式和内容格式也经常被人诟病。

人们往往认为详尽的文档可以促进工作交流并保证信息传递的正确性，但实际上这些文档却常常因为需求的频繁变更或者更新不及时，使其内容很快与当前软件实际功能产生较大差异，成为“无用”的文档。

文档在编写过程中，受限于编写人对业务知识和技术知识的理解，存在遗漏、错误、表达偏差等情况，而消耗大量时间的审阅工作也往往被忽略，这也导致文档的质量存在较高风险。

同时，传统项目管理往往将文档作为必要的阶段性成果产出，用于确认和推进项目进度，现实中却常常出现文档符合了项目管理标准，但软件还是达不到用户交付要求的现象。

为了避免类似问题，敏捷方法倾向于回归软件研发的初心，即更加关注可工作软件的产出，并将其作为衡量研发成果的重要标准，同时将文档作为实现该目标的重要方式，但不对其过分依赖。

- “客户合作高于合同谈判。”

传统软件项目在项目之初便花费了大量时间和精力与客户谈判功能范围、时间进度，以期望尽可能地捕获用户需求，锁定交付周期，确保合同顺利执行，但其结果往往是项目成果符合合同内容但软件功能不符合用户的预期，同时常常为了赶进度，牺牲了软件的性能和质量，对用户的利益造成损害。

敏捷方法则承认项目初期无法大体预知客户真正的和全部的需求，而是通过在项目中频繁地与客户进行沟通和协作，将最有价值的软件功能不断地提供给客户，从而使最终交付的软件既满足用户高价值的需求，也为客户提供持续的竞争优势，最终能够获得客户对项目及产品的认可。

- “响应变化高于遵循计划。”

传统软件研发项目中，项目团队在项目初期已经制订了详细的研发计划，进行了详细的工作分解，以期避免项目中可能出现的各种风险，同时可以监控项目各阶段的工作进度。

而现实中往往因为客户的需求变更、软件质量缺陷、人员变更等不确定的因素的出现，导致项目计划必须进行变更，而项目管理者常常惧怕这种变更带来更多的不确定性，因此竭尽全力预防变更、控制变更，结果却力不从心，项目延期、质量下降成为必然。

敏捷方法也进行项目计划的制订，但与其不同的是承认项目中将会发生各种不确定的事件，不是惧怕和阻止这些事件的发生，而是通过制订快速响应的方式合理地调整“计划”，以应对发生的“变化”。

3.3　敏捷十二原则解读

敏捷十二原则是对敏捷宣言更加具体的阐述和解释，但其中涉及的一些概念仍有些晦涩，容易使刚接触敏捷概念的初学者产生误解。

以下尝试对敏捷十二原则进行较为深入的解读，以便初学者可以迅速了解其含义。

- “我们最重要的目标，是通过持续不断地及早交付有价值的软件使客户满意。”

与传统软件研发方法不同，敏捷方法认为软件研发的目标是为了交付价值，增强客户竞争优势，以便让客户满意，而不是简单地完成客户列出的所有需求。

有价值的软件产品也并不是一次性交付的，而是通过小批量、多批次的方式持续不断地交付，通过不断接受用户的反馈以便在后续的迭代中进行持续改进和优化，使得产品在最终交付时更加贴近客户的实际需求。

虽然每次交付都完成了某些有价值的客户需求，但其中需求的价值大小和优先级是不同的，我们应尽早交付高优先级、高价值的软件能力，从而有更大的余地应对未来不确定的需求和变化。

- “欣然面对需求变化，即使在开发后期也一样。为了客户的竞争优势，敏捷过程掌控变化。”

敏捷方法认为，软件研发过程中用户需求具有不确定性和易变性，因此不要想方设法去避免它，而要想方设法去合理应对它。

正由于需求的易变性，我们在项目初期进行需求收集后不应阻止用户继续提出新的需求，不管项目前期或是项目后期，当有高价值的用户需求出现时，我们都应设法去实现它，以便为客户带来持续的竞争优势。

敏捷方法提供了实现上述思想的诸多方法和工具，从而较传统的软件研发方法更能适应研发过程中出现的各种变化。

- “经常地交付可工作的软件，相隔几星期或一两个月，倾向于采取较短的周期。”

敏捷方法中的交付周期常常被设定为一个星期到一个月，这样设定的原因常常有以下几点：

首先，频繁交付可工作的软件，可以促进用户反馈对交付需求的真实使用价值，同时促进各方对需求理解的一致。

其次，通过周期性的交付，可以同步验证项目进度是否正常，而不必简单依赖文档或报告进行跟踪和反馈。

最后，较短的交付周期内，研发人员可以聚焦于较小范围的需求，从而更容易发现需求中潜在的研发风险。

- “业务人员和开发人员必须相互合作，项目中的每一天都不例外。”

传统软件研发过程中，业务人员与开发人员更多是通过文档进行沟通，认为需求收集是研发流程的上游，开发是研发流程的下游，两个流程通过详尽的需求文档进行传递。

敏捷方法则认为需求和开发是相互交互的关系，而不是单纯的顺序关系，即开发的同时需要澄清需求，业务需求也需要通过开发进行验证。

同时业务人员与开发人员的相互协作，也使得双方可以及时地了解项目进度和软件产品功能，从而及时发现项目中的潜在风险。

- “激发个体的斗志，以他们为核心搭建项目。提供所需的环境和支援，辅以信任，从而达成目标。”

敏捷方法极为重视“人”在软件研发中的作用，认为软件开发人员并不是管理流程上的被管理者，也不是浩瀚文档的编写者，而是产出有价值软件的主力军。

为了唤醒开发人员的积极性和主动性，一切流程或者文档，应以最大发挥“人”的作用而搭建，而不是围绕“合同”“部门”“过程交付物”搭建。

为了改变以往开发人员被动接受命令的管理模式，就要对其进行适当授权，加大信任和宽容，提供良好的环境，使其成为及时交付高质量软件的重要负责人。

- “不论团队内外，传递信息效果最好、效率也最高的方式是面对面的交谈。”

实践证明，文档适用于传递或保存“信息量小”“描述准确”“变化不频繁”的信息。

虽然文档具有传递信息的功能，但如果希望准确还原其中文字或图片的原有意图，还是需要“人”对其进行许多具体的“解释”。

相对于文档，面对面的交谈适用于“短期”“大信息量”“信息模糊”“需要频繁确认”“统一认识”等场景。而软件研发过程正是这样的场景，面对面的交谈比文档传递更适合此场景。

- “可工作的软件是进度的首要度量标准。”

敏捷方法的目标是为用户提供有价值的软件，因此可工作的软件应被作为度量的首要标准。

而文档的规范和流程的规范只是保证产出的必要条件，但不是充分条件，即便有了规范的文档和流程，也不一定能为客户交付有价值的软件。

与此同时，我们要注意对“可工作的软件”质量的把控，虽然敏捷方法并不要求每次交付完美的软件，但也应该是稳定和可靠的软件，否则每次迭代产出的软件貌似可用却不可靠，给后期带来更多的且不可预知的风险。

- “敏捷过程倡导可持续开发。责任人、开发人员和用户要能够共同维持其步调稳定延续。”

敏捷方法与传统方法一样都期望研发过程是可控的、稳定的、可预测的、可比对的，而不是为了应对变化而变得随意和不可预知。

为了提供稳定可期的研发过程，敏捷方法一般都提供固定的迭代交付周期，虽然不同项目或团队的周期可能不同，但一般选择一个周期后就不要轻易改变。

迭代周期的稳定不是仅靠固定的日期长度来保证，责任人、开发人员还需要保证迭代过程中团队人员的稳定，保证研发内容数量的稳定，才能保证每个迭代的稳定。

- “坚持不懈地追求技术卓越和良好设计，敏捷能力由此增强。”

敏捷迭代过程因为过于追求短期快速交付用户价值，有可能忽视中长期技术及设计积累，此种问题常常出现在刚刚应用敏捷方法的团队中。

而良好的设计能力、重构能力、卓越的技术，是保证“快而不乱”的重要手段，在保证短期快速交付的同时又兼顾长期技术和设计的积累。

我们要时刻注意到，没有良好的设计能力，重构能力，卓越的技术，敏捷的产出将不稳定且不可持续。

- “以简洁为本，它是极力减少不必要工作量的艺术。”

敏捷方法中常常通过搁置低价值或大颗粒需求的分析，不做过于复杂的架构设计，从而减少当前迭代不必要的工作量。

敏捷方法提倡在当下进行有限的投入，在未来对不足进行小幅改进，从而避免因无效投入过多造成未来出现较多浪费。

- “最好的架构、需求和设计出自自组织团队。”

自组织团队提倡自我探索、自我选择、自我实现。其背后一个重要的假设是外部对团队的管控，常常是低效且落后于实际情况的。

自组织团队在得到相关的授权和信任后，可以结合外部实际情况和内部团队自身特点，进行一定范围内的自我管理、自我调整，不断适应各种变化，做出更加合理的应对。

但与此同时我们也应注意到，达成自组织团队的条件是较为苛刻的，需要较高素质的团队成员、较长的自组织团队成长周期、较为完善的周边管理及考核方法，更重要的是得到管理层的认同。

- “团队定期地反思如何能提高成效，并依此调整自身的举止表现。”

敏捷方法中的“定期反思”，是戴明 PDCA 闭环管理思想在其中的具体体现，用于辅助后续迭代计划的制订。

由于敏捷提倡迭代，承认本次迭代不完美，需要依靠后续迭代不断进行改进，因此需要进行回顾及反思，分析问题原因，制订改进计划，以便保证下次的迭代对其及时进行改进。

团队定期回顾后，其对外公布的回顾内容还可以帮助外部管理者和相关人员及时了解团队情况，以便对其进行帮助和指导。

3.4　敏捷开发常用方法论及框架

敏捷思想诞生前出现了众多符合敏捷思想的软件研发方法论，有的偏重软件对象设计、有的偏重用户价值，也有的在历史长河中慢慢消逝。

本节选择了 5 个具有代表性且当下仍有实用价值的敏捷方法论进行简单介绍，以便后续感兴趣的读者对其进行深入的了解和学习。

3.4.1　极限编程

极限编程（Extreme Programming，XP）有着明显的对软件开发中“人”的尊重的特点，点燃了团队成员的工作热情，使软件开发人员的生存环境得到极大改善。

更可贵的是极限编程提供了众多各具特色的软件研发工程实践，尽管部分实践也存在争议，很少有企业使用了全部实践，但仍值得我们去深入学习和研究。

（1）五个价值观：简单、沟通、反馈、尊重、勇气。

（2）研发流程：极限编程研发流程如下图所示。

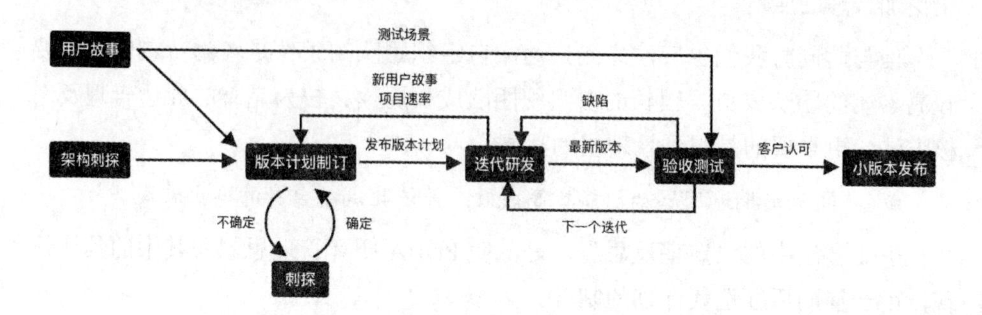

（3）最佳实践集：用户故事，版本计划，频繁发布小版本，迭代计划，开放舒适的工作环境，每日站会，CRC 卡，系统隐喻，尽早规划非功能需求，随时重构，随时与客户交流，所有代码均要进行并通过单元测试，测试驱动开发，结对编程，持续集成，代码集体所有，用户接收测试。

3.4.2 Scrum框架

不同于其他敏捷方法论，Scrum 只提供了敏捷框架，规定了框架中的角色、工件、活动和价值观等必要组成内容，保证符合敏捷精神的同时，也可以与其他敏捷方法实践相结合，从而适应不同研发团队的应用需求。

（1）三大支柱：“透明”“检视”“适应”。

（2）价值观：“承诺”“专注”“开放”“尊重”“勇气”。

（3）成员角色：“Product Owner”“Scrum Master”“Team Members”。

（4）三个工件：“产品 Backlog”“迭代 Backlog”“产品增量”。

（5）五个活动事件：“迭代”“迭代计划会议”“每日立会”“迭代评审会议”“迭代回顾会议”。

3.4.3 特性驱动开发

如同“用户故事”与“Scrum”“极限编程”的关系一样，“特性驱动开发”

（Feature-Driven Development，FDD）中的“特性”是任务拆解的源头和后续迭代需要完成的主要工作和交付对象。其优点是通过 UML 语言规范地描述了整个系统通过“特性”逐步实现的过程，但因其主要从开发者视角开展敏捷工作，与“Scrum”相比明显缺少用户价值的体现和传递过程。

（1）研发流程：特性驱动开发研发流程如下图所示。

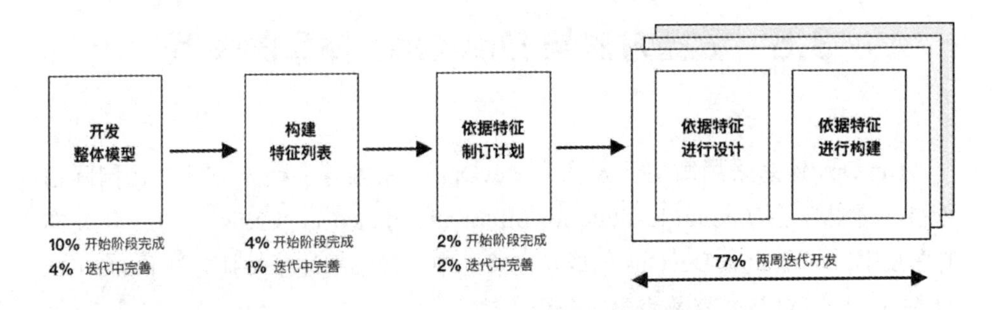

（2）成员角色：首席开发者、类所有者、特性团队。

3.4.4　看板

看板（Kanban）方法并非软件工程方法，其可对任何具有明确流程的知识性工作进行管理。敏捷开发常用方法论之所以包括看板方法，主要由于其对透明、迭代、回顾、关注价值流等价值观和特性的支持与敏捷思想天然契合，支持敏捷的可视化，特别适合应用于软件生命周期维护类产品和运维管理。

（1）价值观：透明、均衡、协作、用户价值流、理解、认同、尊重。

（2）最佳实践集：可视化看板，限制在制品，梳理工作价值流，确定明确的规则，反馈回顾，流程逐步演进。

3.4.5　验收测试驱动开发

验收测试驱动开发（Acceptance Test Driven Development，ATDD），主要通过促进用户、产品经理、开发人员、测试人员的协作，共同对某一软件功能用业务语言进行描述，将其作为后续功能开发和检测的依据之一。

值得注意的是此概念最初由 Kent Beck（JUnit 工具编写者、测试驱动开发的倡导者）在其 2003 年著作中简要提及，但之后他又很快对此方法论提出了反对意见。

之后由于“行为驱动开发”方法论（Behavior Driven Development，BDD）和相关的自动化测试工具（如 FitNesse 和 Cucumber）的出现，使得 ATDD 开始流行。

3.5 敏捷方法与 DevOps 体系的关系

DevOps 体系采用敏捷开发作为 DevOps 体系推荐的研发方法，在国际信息科学考试学会（Exam Institute for Information Science，EXIN） 2021 年发布的白皮书——《企业 DevOps 的成功之路》中，详细阐述了敏捷方法和 DevOps 的关系。以下对其内容做简要的介绍。

3.5.1 敏捷管理与DevOps

敏捷管理是 DevOps 三大支柱（敏捷管理、持续交付、IT 服务管理）之一，建立一支训练有素的敏捷团队是 DevOps 成功实施的关键。

敏捷管理的意义在于，希望敏捷团队能够提供速度稳定的研发节奏，同时能够有效地应对可能发生的各种变化，并在此条件下发布优质的代码。

在下图所示的“DevOps 的知识体系”中，明确表明了“敏捷管理”在其中的位置。

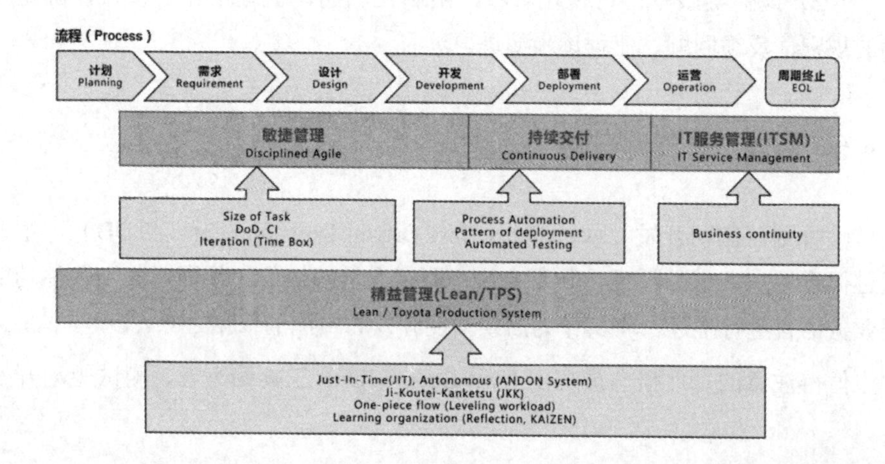

3.5.2　Scrum、XP与DevOps

Scrum 被认为是 DevOps 开发阶段最适合使用的框架。而 XP 中的一些最佳实践，如结对编程、测试驱动开发和重构，则是有效提升软件质量的方法。又因为 Scrum 属于开放的敏捷框架，所以 XP 中的最佳实践可以很好地融入其中，成为 DevOps 重要的组成部分。

在下图的“DevOps 配置示例”中，明确表示了 Scrum 在 DevOps 中的位置。

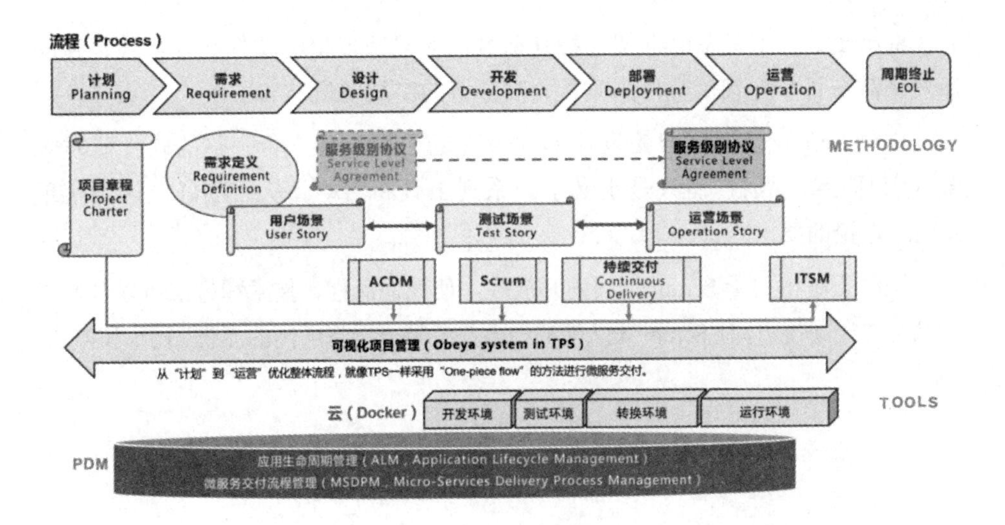

第 4 章 Scrum 框架

Scrum 是一个轻型的框架，特别适合应对复杂多变的软件研发环境，帮助研发团队在每个迭代后交付高质量、高价值的产品增量。

由于 Scrum 轻型框架的设计形式，决定了其并非一套完整的软件研发规范或流程指导手册，而只是定义了一系列工具和活动，从而刚好能达到实现 Scrum 理论的要求。

同时正是得益于 Scrum 框架的开放性，使其他流程、技术和方法可以与其进行结合并一同使用，让 Scrum 团队能够结合自身特点选择所需的流程、技术和方法。

4.1 Scrum 框架三大支柱

Scrum 框架中的哲学思想主要基于经验主义理论，特别强调在研发中不断发现、总结出的实际经验对于研发过程和研发产品的重要性。如下图所示，其包含的各类敏捷活动及工件均体现了 Scrum 框架三大核心支柱——透明（Transparency）、检视（Inspection）和适应（Adaptation），使 Scrum 更加适用于当下复杂多变的软件研发环境。

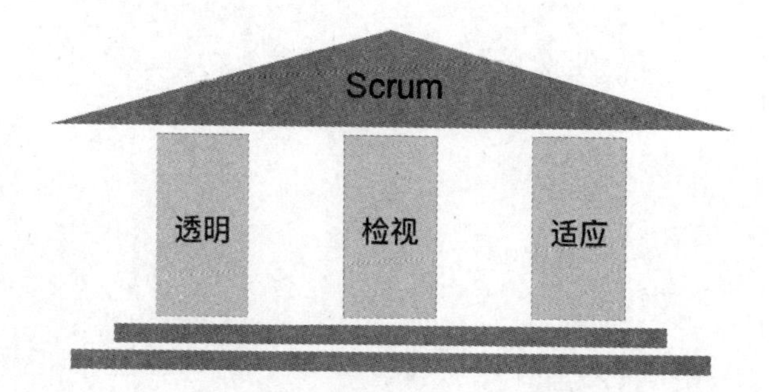

相比于 Scrum 框架中定义的具体工件和敏捷活动，透明、检视、适应这三大支柱较为抽象，因此需要对这三大支柱和它们之间的关系进行详细的解释说明。

1. 透明

经验主义强调“知识”是建立在对工作经验的不断积累之上的，如果研发过程或研发成果不“透明”，工作中出现的问题就无法被发现和解决，总结经验更无从谈起，而在没有经验指导下所做出的各种决策可能是与实际不符的，甚至是错误的。

因此 Scrum 要求软件研发过程及成果必须透明地呈现给当前研发活动的参与者与干系人。从而通过集体智慧及时发现研发过程中存在的“问题”及“风险”，并做出合理的应对，以确保每个迭代产出高质量、高价值的产品增量。

同时“透明”也是开展后续“检视”活动的先决条件，缺少“透明”则无法对研发过程进行足够的“检视”，导致无法对现状中存在的问题和不足进行合理的解决与改进。

值得注意的是，人们往往由于各种原因并不希望过程和结果透明，比如害怕他人发现自己的不足或不想别人干涉自己的工作，Scrum 为了避免此类问题的发生，提供了相应的工件和敏捷活动，通过在研发过程中使用这些工件和活动，可以满足 Scrum 框架对“透明”最基本的要求。

2. 检视

经验主义认为，经验的来源不是他人给予或总结的，而是靠自身不断习得和积累的，并且过去习得的经验也不一定能够适应未来更长一段时间后的实际情况，因此需要我们在实际工作中持续不断地去发现问题、分析问题、解决问题，决不能认为当前有效的经验或方法是长期有效、一劳永逸的。

Scrum 正是基于这样的理念，要求 Scrum 团队要对软件研发过程及成果进行频繁地检查，其目的就是及时发现过程中出现的各种问题，检查产出成果是否满足用户的要求，通过用户对交付成果的验证反馈来实现后续交付的成果更贴近于用户真实的业务需求，从而更好地支撑用户业务发展。Scrum 团队通过对发现的问题和不足及时分析，以便积累经验在未来做出相应的改进和调整。

在“检视”过程中，我们也要不断提高发现问题的能力，能够准确识别出需要解决的问题，比如我们身边往往存在着一些应该被解决的问题，像前置时间过长，等待时间过长等问题，只不过由于我们没有意识到它是问题，久而久之习以为常了而已。

不断进行“检视”只是经验积累的重要一环，但这并不是结束，还需要最后一步，即“检视”后进行的“适应”调整。

3. 适应

经验主义的一个重要过程就是将习得的经验转化为知识，从而不断改进工作方式，以便合理地应对未来的变化和不确定性。因此 Scrum 也要求 Scrum 团队在软件研发过程中依据经验的累积对工作方法不断进行科学合理的总结，并做出适应性的调整。

而“适应”也是 Scrum 框架三大支柱中实现难度最大的一个，因为经验积累和转化的过程主要由一线团队完成，但一线团队往往缺乏足够的相关能力和改进动力，特别是当组织对其缺少授权或授权不充足，也会客观地限制一线团队改进、适应的能力，以至于团队不能很好地完成改进和适应。针对这个问题，Scrum 框架提倡建立自组织团队，并将其作为软件研发的基本团队形式，希望管理层可以对团队在一定范围内进行充分的授权，通过团队集体智慧弥补经验的不足，更好地进行经验的积累和对环境的“适应”。

4.2 Scrum 价值观

如下图所示，Scrum 框架具有五个价值观，即勇气、开放、承诺、专注、尊重。只有对其进行深入理解并熟练掌握后，才能充分发挥 Scrum 框架的作用，否则只能是形式上的“敏捷”而不是思想上的“敏捷”。

1. 勇气

“团队成员应该有勇气去做他们认为对的事情，同时有勇气面对工作中出现的困难。”

传统的研发团队成员往往是缺乏勇气的，主要原因在于传统团队的管理模式通常是命令式的，任务的分配通过自上向下的方式进行指派，使得团队成员只能被动接受上级指派的计划、命令和任务，即便想提出一些有益的想法和建议，也常因为有限的话语权、固化的组织流程、多层级的管理方式导致无法实现。

与之相反，Scrum 团队推荐建立自组织型团队，在 Scrum 团队内部没有复杂的层级管理关系，团队成员之间是平等的，每位成员均拥有一定的发言权和决策权，使其有勇气提出自己的意见和建议，从而为团队贡献自己的价值。

从这个角度来讲，勇气可以被认为是组织赋予团队成员的，也就是说创造良好的环境是激发团队成员勇气的必要条件。

2. 开放

“软件研发过程向团队成员及用户完全开放，双方共同应对过程中出现的挑战。”

传统软件研发过程对于用户来说往往是不透明的，用户不易发现研发过程中存在的问题，也不了解项目或产品真实的工作状态和进度。经过长时间等待后，在产品开发完成、测试阶段结束提交给用户验证后，用户才能从提交的软件产品中发现质量、需求差异、非功能性缺陷等问题，但此时为时已晚，大量的修复、回归测试、补充开发、需求变更等工作非常容易造成软件研发项目延期，甚至失败。

敏捷方法与之不同，其主张尽力邀请用户也参与到研发过程中，让研发过程对用户完全透明，以便让研发团队的设计和成果可以快速地展示给用户，用户的想法和意见也能最快地传递给研发团队，通过短周期的交付，用户真实地快速验证，从而提早发现潜在问题，让这些问题在后续的迭代中进行修复和改进，这样可以降低项目整体风险，提升项目的成功率。

3. 承诺

“Scrum 团队承诺完成他们的任务目标，并在完成过程中彼此相互支持。”

首先，我们要关注此处的承诺的发起者是“团队”而非“个人”。“团队”进行承诺，体现了集体决策的过程，这符合 Scrum 追求的自组织团队的目标，即团队自己选择做什么、怎么做，我们只需在迭代中关注团队是否完成了计划，关注团队的产出，而团队中有关个人和实现的问题由团队自己处理和解决。

其次，承诺的对象是本期迭代的任务目标，因为团队无法对团队外的任务完全负责，也无法对后续迭代尚未确定的任务负责，所以团队只需要专注于本次迭代内的任务目标即可。

最后，“承诺”一词常常有两种解读，一种观点认为既然是“承诺”，团队在迭代结束前必须想方设法加班加点去完成承诺的任务，不考虑迭代过程中出现的障碍和特殊情况。而另一种观点认为“承诺”是团队集体确认了努力的目标，并共同遵守在迭代过程中为实现这个目标而不懈努力，但最后是否能完美实现并不强求，而要实事求是地客观分析过程及结果。我们更倾向于第二种观点，即认为“承诺”是指团队在迭代开始前集体选择本期迭代要实现的目标，并对可能出现的问题和风险进行分析判断，集体确认本期迭代任务可以完成，并敢于积极解决完成过程中出现的各种问题，这个过程是一种自信和决心的体现，而不应成为一个盲目立下的“军令状”。

4. 专注

“Scrum 团队应该时刻专注于每个迭代中的各项工作，同时关注这些工作的进展是否与团队既定目标一致。”

首先，团队的工作重点是每个迭代中的各项任务，这些任务都在迭代初期经过了所有团队成员的分析和评估。

其次，虽然任务最终是由某个人完成的，但不应只有个人对其关注，整个团队都要在任务的迭代过程中给予关注，以便贡献集体智慧，用团队的力量发现任务实现过程中的问题与风险。

最后，在处理本期迭代任务的同时，我们还应注意这些任务与本期迭代目标是否一致，与整个产品目标是否一致，避免出现短期任务与长期目标脱节，迭代任务与产品目标脱节的问题。

5. 尊重

“团队成员应具备足够的能力并能够独立完成任务，从而取得成员间的尊重。”

团队应当提倡“彼此尊重”，但往往也容易陷入一个误区，即团队氛围虽然是事事平等，一团和气，但团队能力却逐渐变得平庸，导致每个迭代并不能实现较高的迭代目标。

其原因可能是误解了获得“尊重”的方式。“尊重”不是团队成员无条件给予的，而是通过“提高自身能力”的方式，经过团队成员“认可”后获得的。

因此我们应鼓励团队成员不断提高自身能力，不仅可以独当一面，承担责任，还能在必要时给予团队其他成员足够的支持，在团队内或团队间力所能及地进行分享，只有这样才能获得团队成员的认可，赢得团队全体成员的尊重。

4.3　Scrum 框架中的角色

在 Scrum 框架中，一个 Scrum 团队是最基本的团队组成形式，如下图所示，其中包含了三种角色，即 Scrum Master、Product Owner（以下简称 PO）和 Team Members（以下简称团队成员）。一般该团队的人员数量控制在 5～9 人，最多不超过 10 人，团队成员之间没有层级之分。团队属于跨职能团队，即成员具有完成迭代任务所需的所有能力。所有的 Scrum 团队都应具有自组织团队的特点，团队有一定的决策权，可以自己决定迭代中“做什么”和“怎么做”。

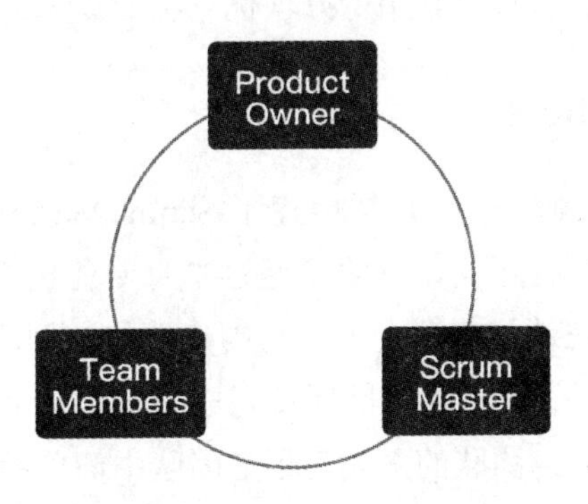

接下来对 Scrum 团队中三种角色逐一进行介绍。

1. Scrum Master

Scrum Master 的首要职责便是帮助组织依据 Scrum 官方指南建立 Scrum 团队并开展日常 Scrum 要求的各项活动。努力让团队中的每一个人都了解敏捷开发的理论和实践，从而使团队成为跨职能、自组织的团队。同时鼓励团队成员从关注研发内容转向关注为用户创造价值，并不断发觉和优化本团队的研发最佳实践，使得团队的研发效率和质量不断提升，实现持续的改进。

Scrum Master 除了帮助团队成员，还要给 PO 提供足够的支持，包括帮助 PO 找到建立产品目标及管理产品待办列表的有效方法，让 PO 能更加准确地向团队成员澄清产品待办列表中的各项内容。

Scrum Master 除了帮助团队内部，还需要对外部的相关干系人进行影响，使其对 Scrum 有足够的了解，才能使其融入团队 Scrum 日常工作中，并对团队日常 Scrum 工作提供更好的支持，从而避免相关干系人与 Scrum 团队产生沟通障碍。

2. Product Owner

首先，PO 工作的重要目标就是努力确保团队的交付物能为用户提供最大的价值，并与产品目标相一致。

其次，PO 是产品目标及产品待办列表唯一的管理者，管理内容包括：沟通并创建产品目标，创建和澄清产品待办列表，调整产品待办列表中待办项的优先级等。

最后，为了使 PO 能够更好地完成以上工作，组织应对 PO 进行足够的授权，包括制订产品待办列表和决定其中待办项优先级的权利。

3. Team Members

Team Members（团队成员）是指除了 Scrum Master 和 PO 外其他具有专业能力的成员，但与以往不同，其除了通过本身专业技能完成任务，还需要为集体贡献智慧，包括在迭代启动会上参与创建迭代计划，制订“完成的定义”（Definition of Done），针对迭代目标及完成情况对现有工作内容及方式做出适应性的调整，从而成为团队的主人而不是团队中简单的组成部分。

4.4　Scrum 框架中的工件

Scrum 框架定义了三个工件，这些工件内容对于团队内外成员均是公开可见的，每个工件都体现了迭代中具体的一部分工作内容，所以相关人员通过观察工件的内容和状态，就能清晰地了解迭代中目标完成情况和各项工作开展情况，从而及时给出相应建议并对工作内容和方式做出调整和改变。

1. 产品待办列表

如下图所示，产品待办列表（Product Backlog）是一张有序列表，列表中放置与产品功能有关的需求待办项，这些待办项通常以用户故事的形式呈现，并且是 Scrum 团队迭代工作的唯一来源。

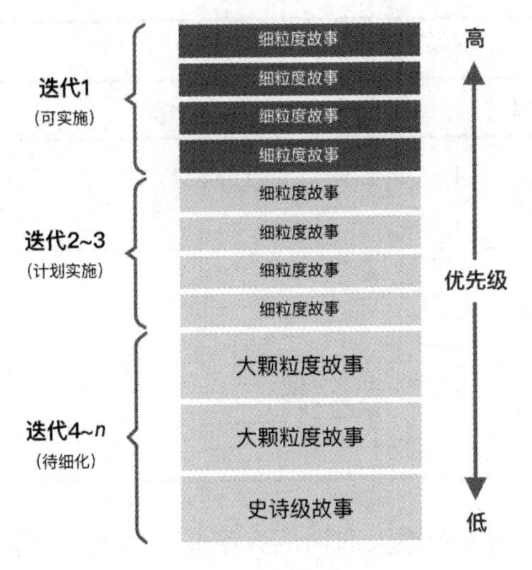

产品待办列表

PO 负责管理产品待办列表，并在研发过程中向团队成员澄清待办项的内容，并引导团队成员一同参与讨论。

一个维护合理的产品待办列表一般符合 DEEP 原则，即详细说明（Detailed appropriately）、应急（Emergent）、估算（Estimated）和按优先级排序（Prioritized），具体解释如下：

（1）越靠近列表顶部的用户故事，越要对其进行详细的描述，以便在下个迭代中有效地开展研发活动。

（2）待办列表的内容不是一成不变的，可按照实际情况对其不断拆分与细化，例如接近顶部的用户故事粒度就较细，靠近底部的用户故事粒度就较粗。

（3）待办列表的内容应是可以预估的，例如越靠近列表顶部的用户故事预估越准确，而靠后的用户故事则预估较粗。

（4）需求越明确、拆解粒度越细、优先级越高的用户故事在产品待办列表中靠前排放，需求不太明确、粒度较大、优先级不高的用户故事则靠后排放。

2. 迭代待办列表

迭代待办列表（Sprint Backlog）是由团队成员共同制订的，如下图所示，其中包含三方面内容，即本次迭代的目标、具体的工作计划和依据计划分解出的工作任务。

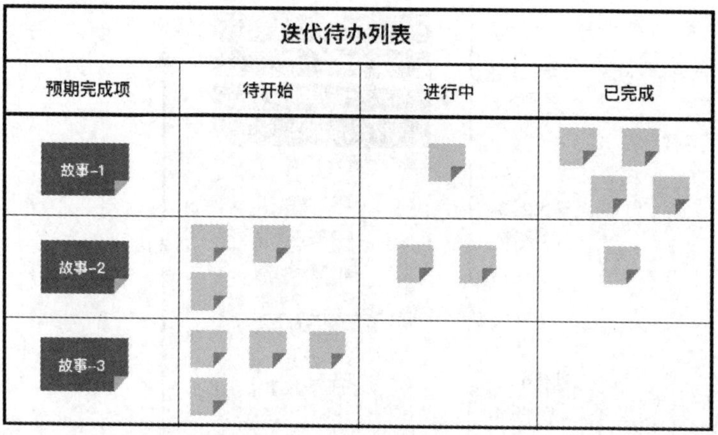

迭代待办列表			
预期完成项	待开始	进行中	已完成
故事-1			
故事-2			
故事-3			

首先，PO 代表相关干系人向团队介绍其对本次迭代研发内容的期望，团队成员以此作为参考从产品待办列表中选出对应的用户故事，作为本次迭代的开发内容，并建立本次迭代的迭代目标。

其次，团队成员依据迭代目标及选出的用户故事，结合当前团队的实际情况，制订可行的研发工作计划，以期在迭代结束后顺利交付高价值的产品增量。

最后，为了确保制订的研发计划顺利执行，团队成员还需要对计划进行详细的任务分解，分解出每人每日需要完成的具体工作，形成任务待办项放入迭代待办列表，以便后续进行跟踪确认。

3. 产品增量

Scrum 团队完成了本次迭代相关的用户故事后，这些用户故事所对应的一组研发产出物即为本次迭代的“产品增量”。

产品增量一般由一组有价值的交付物组成，常包括可工作的软件、可发布的代码、测试报告及其他相关文档。

产品增量还需要满足“完成的定义”，如果达不到相应的“完成”标准，则不能认为其是一个产品增量，需要对其继续补充和完善。

每期迭代所产出的产品增量应尽快展示给相关干系人，以便让其对产品增量进行检验，同时便于收集各方对产品增量的意见和建议，此过程一般选择在迭代回顾会议中进行。

4.5　敏捷迭代与敏捷活动

Scrum 定义了“迭代”（Sprint）的概念，并围绕其开展了 5 个敏捷活动，分别为产品待办事项列表梳理、迭代计划会、每日立会、迭代评审会、迭代回顾会。每个迭代都要完整地开展这 5 个敏捷活动，因为每个活动均是检视和调整 Scrum 工件的机会，也使得整个迭代的过程更加透明。

Scrum 的敏捷活动是以会议的形式开展的，建议会议在固定的时间和地点召开，以便增加其规律性，如果组织中还需要除此以外的其他会议，则建议将额外的会议尽可能整合进敏捷会议，从而压缩和减少所需的会议数量。

下面对“迭代”及 4 项“敏捷会议”分别进行介绍。

1. 迭代

“迭代”可以理解为一个固定大小的时间盒，把这个时间盒想象成一个微型的项目，在这个时间盒内团队将先前的计划和研发想法转化为真正的产品增量，从而通过产品增量实现用户价值。

需要注意的是这个时间盒的时间长度不能太长，因为研发过程的复杂度和可能发生的风险会随着时间的延长而急剧上升。同时也要注意一个迭代完成后就需要启动下一个迭代，从而保证迭代的稳定性和一致性。而且要尽量避免在迭代中接受影响本次迭代目标的变更，可以将变更收集分析后排在后续迭代中。

同时还要注意的是，迭代过程中产品待办列表及迭代待办列表中的内容仍然会随着团队对需求和任务的不断深入理解而不断被细化，绝不是进入迭代研发后就固定不变的。

最后，迭代开始后尽量不要提前或延后结束迭代，以免打乱迭代周期的稳定性，只有当迭代目标或客观环境在迭代中发生巨大改变，迭代已经无法继续下去，迭代的产出也不具备价值，此时 PO 可以取消迭代，但被取消的迭代工作都将被视为浪费，所有的工作成果都需要回退到迭代开始前的状态，重新开始新的迭代。

2. 迭代计划会

在每次迭代开始前研发团队需要开展“迭代计划会”（Sprint Planning），由 Scrum 团队共同组织完成，其目的主要是确定本次迭代的目标和交付价值，需要团队完成产品待办列表中的哪些待办需求，并对如何完成这些需求制订详细的计划，将需求拆分为任务，并对任务估算工作量，从而形成迭代待办列表。

对于迭代计划会的长度，Scrum 框架推荐一个迭代周期为两周的迭代，其迭代计划会时长不超过 4 小时。

对于迭代计划会的流程，大致如下：首先，PO 向团队成员推荐本期迭代期望完成的产品待办列表中的需求待办项，并从增加用户价值的角度阐述其推荐的原因，同时确保其理解了需求待办项中的内容，努力使每位参与者均参与讨论并发表意见；其次，团队成员依据建议设定本期迭代的目标，选定本次迭代需要完成的需求；最后，团队成员共同制订完成这些需求待办项的具体研发方案，拆分出迭代任务，对迭代任务进行工作量估算，形成迭代待办列表。

3. 每日立会

在每天的研发过程中需要进行“每日立会”，会议主要由团队成员开展，如果当日立会内容涉及其他相关人员，也可邀请其参加。每日立会的召开时间不超过 15 分钟，同时为保证其规律性及效率，每日立会需要在固定的时间和地点以站立讨论的方式召开。

此会议的主要目的是在会上检视当前研发过程的进展，并与本次迭代目标进行对齐，防止研发进展与迭代目标产生偏离。同时团队成员可以在会上沟通研发进度、识别障碍、做出相应决策。

如果会议内容涉及产品待办列表及迭代待办列表中内容的细化，会后还需及时对其内容进行同步调整与更新。

当然，团队成员间的沟通并不只局限于每日立会，任何有需要的时候都可进行沟通。

4. 迭代评审会

在迭代即将结束前，团队需要组织一次“迭代评审会”（Sprint Review），会议可以邀请与迭代产出的产品增量有关的用户或其他相关干系人共同参加，一般两周时长的迭代需要召开 2 小时左右的迭代评审会。

迭代评审会的主要目的是让 Scrum 团队和用户以及相关干系人一同演示、确认本次迭代的产出物——产品增量，评估其是否达到了用户设定的验收标准。其次还要关注是否需要依据当下情况对产品待办列表中的内容做出调整，用户和相关干系人还要对下一个迭代给出一定的思考建议。

5. 迭代回顾会

迭代结束后，团队即可举行“迭代回顾会”（Sprint Retrospective），其主要目的是通过回顾当下研发过程，对本迭代的实现过程进行复盘和反思，针对迭代中出现的问题和需要改进的要点共同规划未来提升研发质量或效率的方法，进行持续改进，一般两周时长的迭代，迭代回顾会不超过 2 个小时。

会议中讨论的内容可以包括本次迭代中“哪些做得比较好”“哪些问题需要停止”“哪些问题解决掉可以做得更好”等。

更重要的是在会议结束后，团队要将提出的提升研发效率和质量的好的方法带入下一个迭代，使其在下一个迭代中发挥作用，将识别出改进项在下一个迭代真正落实和实现。

4.6　Scrum 敏捷团队

Scrum 框架不只为研发团队提供实施敏捷方法所需的工件和活动，同时还设定了 Scrum 敏捷团队成员的角色及职责，并提出了构建敏捷团队最基本的要求。

本节内容分为两部分，第一部分介绍 Scrum 敏捷团队成员的主要职责，使读者充分了解敏捷团队中每个成员角色的作用。第二部分介绍 Scrum 敏捷团队的构建要求，以便构建的敏捷团队能最大程度发挥 Scrum 框架的作用。

4.6.1 团队成员及职责

Scrum 框架只为敏捷团队定义了三种角色——Product Owner、Scrum Master、Team Members，但其通过给不同角色设置专属的职责，并规定了三者沟通和协作的方式，使这三类成员组成了可以实现 Scrum 框架的最小团队。

如下图所示，列出了每类角色的主要职责，并结合日常工作场景对职责内容及完成方式进行了相应说明。

Product Owner

1. 产品、需求由一人负责；
2. 产品价值最大化；
3. 撰写用户故事、设定验收标准、估算故事点、设定优先级；
4. 维护产品待办事项列表；
5. 帮助相关干系人充分了解产品待办事项列表中的内容；
6. 每个迭代前准备好具有“DoR”属性的用户故事；
7. 用户故事完成时进行验证。

Scrum Master

1. 作为团队潜在的服务型领导；
2. 为团队提供Scrum框架实施建议；
3. 帮助PO及团队成员理解Scrum框架规则；
4. 维护Scrum框架规则；
5. 引导团队提升效能；
6. 帮助团队避免干扰、移除阻碍；
7. 增强外部干系人与Scrum团队的沟通。

Team Members

1. 创建、维护迭代待办事项列表；
2. 定义完成标准；
3. 致力于完成迭代的产品增量；
4. 掌握“承诺”方法；
5. 保持稳定的团队研发速率。

1. Product Owner 的职责

1）负责“产品”与“需求”

每个敏捷产品需要配备一位 PO，其承接以往产品经理、需求人员、业务人员的部分或全部职责，包括收集原始需求、维护产品待办事项列表、制订产品发布计划、与用户及相关干系人沟通等工作。

需要注意 PO 不能兼职或由类似产品团队或业务委员会等组织来集体负责，所有相关工作应由 PO 一人负责。但由于 PO 日常工作繁重，因此在需要时可由其他人员承担一部分 PO 的工作，但最终的检查和确认需要由 PO 单独负责。

例如可以将一部分需求编写工作交由需求分析人员协助完成，待其完成后再交予 PO 进行验收并发布。

2）使产品价值最大化

PO 的首要工作目标就是努力为用户提供高价值的产品，为了实现此目标，需要 PO 协助团队成员在每个迭代中都要尽可能交付高价值的产品增量。

PO 主要通过开展以下工作来实现上述目标：首先，当客户提出需求时，先对需求进行分析并拆分为用户故事，之后在用户故事中体现出该用户故事将会给用户带来何种价值，最后明确用户故事的优先级；其次，在迭代计划会上优先挑选出高价值的用户故事供团队进行选择和讨论，综合考虑各种工程因素确定迭代交付范围；最后，当团队完成用户故事研发后，依据“验收标准”对用户故事进行验收，确保对应的产品增量能为用户带来预期的价值。

3）撰写用户故事、设定验收标准、估算故事点、设定优先级

在 Scrum 框架中，用户需求主要以用户故事作为载体，并且围绕用户故事需要开展一系列的撰写和管理工作，例如用户故事的撰写、验收标准的制订、故事点估算、用户故事优先级设定，等等工作。

PO 为了能够准确、高效地完成上述工作，需要熟练掌握多种用户故事撰写和管理的方法及工具。例如，在针对用户提出的需求进行拆分和编写用户故事时要遵循“I.N.V.E.S.T.”原则，在设定用户故事优先级时要遵循“MoSCoW”法则和 100 分技巧，在进行用户故事工作量估算时要熟练掌握“故事点”方法等。

4）维护产品待办事项列表

产品待办事项列表是 Scrum 框架中三个重要工件之一，PO 负责对其创建与维护工作。其主要维护工作包括以下几方面内容：

首先，PO 需要通过产品待办事项列表记录各方提出的需求。这里提到的“需求”既可以是用户的真实需求，也可以是某种期望或建议，还有可能是反馈的缺陷故障，或者团队内部自优化内容。同时“需求”也不只限于用户需求，也可以是研发人员、测试人员或管理人员等相关干系人对产品提出的合理建议。PO 负责将所有这些“需求”及时录入产品待办事项列表中，从而确保不遗漏需求，以便后续对需求进行分析与细化。

其次，PO 需要在产品待办事项列表中维护需求的优先级。用户故事的优先级越高，在产品待办事项列表中的排列位置越靠前。PO 在最初收集需求时

首先要评估需求优先级，之后才能将其放入产品待办事项列表，此外在后续迭代研发交付过程中还需要 PO 根据市场情况、客户业务发展、产品交付目标，随时调整需求在产品待办事项列表中的优先级，以便准确体现出用户故事对于客户的真实价值。

最后，PO 需要在适当的时间对粒度较粗的用户故事进行拆分和细化，形成新的用户故事，放入产品待办事项列表中，供后续迭代开发交付。

5）帮助相关干系人充分了解产品待办事项列表中的内容

PO 应尽可能使相关干系人充分了解团队当前所有需求的研发情况，其中包括需求的内容及完成进度等信息。

首先，PO 应及时对产品待办事项列表中的内容进行维护和更新，确保相关干系人能够更加准确地了解需求内容及需求完成度。

其次，建议 PO 在迭代计划会议开始前，对产品待办事项列表中需要实现的用户故事内容与用户进行充分的沟通，使用户了解团队在迭代中计划完成哪些用户故事，以及完成用户故事后将会获得哪些价值。

最后，在迭代评审会后，PO 要将评审会上发现的问题建立相应的用户故事变更或 Bug 任务放入产品待办事项列表中，以便进行后续迭代开发交付，同时收集会议上用户提出的新需求、新建议，形成新的用户故事放入产品待办事项列表中。

6）每个迭代前准备好具有“DoR”属性的用户故事

PO 一般需要提前准备好下一个迭代期望完成的用户故事，否则在下一个迭代的迭代计划会上，团队成员就无法开展诸如用户故事理解、讨论、任务拆解、工作量估算等工作，影响整个迭代的开展。

因此，一般建议 PO 在本次迭代的中期就开始进行用户故事的相应准备，具体工作内容包括完成对用户故事的拆解，完成对用户故事的细化，编写用户故事对应的验收标准，对用户故事的故事点进行估算，同时还要与用户对用户故事内容进行沟通和确认。

7）用户故事完成时进行验证

当每个用户故事完成时，PO 都需要对交付物进行验证，以便评估其功能和价值是否符合预期，是否能称其为本迭代的产品增量。

此类验收一般是以用户故事的“验收标准”作为验收依据，PO 会逐一核对“验收标准”中的内容，只有交付物的功能与之完全符合，才允许其通过验证，否则需要研发人员继续完善。当然，“验收标准”只是 PO 对交付物进行验证的基本标准，PO 可以依据实际情况增加其他的验证方式，如通过高保真及测试用例中的内容对交付物进行验证，但需要在迭代计划会议上提前对团队说明。

最后，需要注意此类验收与测试人员的测试工作是有区别的，主要体现在用户故事的验证工作一般是在测试人员完成相应功能测试后才进行的。

2. Scrum Master 的职责

1）作为团队潜在的服务型领导

Scrum 敏捷团队并没有设置诸如“团队负责人”“技术负责人”等领导职位，而是尽可能实现团队的扁平化管理，鼓励团队实现自组织。当然，在需要时 Scrum Master 可以作为团队潜在的领导，以便承担相应的领导责任。

但需要注意的是，与传统团队领导职责不同，Scrum Master 属于“服务式”领导而非“命令式”领导，即其工作重点应以帮助团队解决困难和障碍为主，以引导团队发挥集体智慧实现组织目标的方式对团队进行管理，而非给团队成员直接下达任务或命令。

2）为团队提供 Scrum 框架实施建议

由于每个研发团队的成员经验和所处项目性质均有差别，因此 Scrum Master 在推进 Scrum 框架实施过程中，需要针对团队及项目特点制订相应的实施计划和方案。

例如，Scrum Master 应依据团队的工作内容及项目性质为团队推荐合理的迭代周期；依据团队成员对工作完成的要求，引导团队制订相应的“完成标准”；以敏捷方法的价值观为依据，在授权范围内收集团队的度量数据来评估团队敏捷成熟度和团队成员效能；依据团队成员相互协作的习惯，帮助团队制订合理的团队公约。

3）帮助 PO 及团队成员理解 Scrum 框架规则

由于 Scrum 框架下的敏捷研发方式与传统的研发方式存在较大区别，有一定的学习曲线和学习成本，特别是当敏捷团队初次建立时，需要 Scrum Master 对 PO 及团队成员进行相应的培训赋能和辅导。

这种培训赋能和辅导工作主要体现在使团队成员能够顺利开展 Scrum 框架中的各项主要活动，同时使其了解并熟练使用 Scrum 提供的工件。例如，Scrum Master 带领团队按照 Scrum 框架召开"迭代计划会""每日立会"等会议，达到会议目标；帮助 PO 学习和了解"产品待办事项列表"的创建和维护方法等。

此外，在团队初步掌握了 Scrum 方法后，还需要引导团队关注、理解、实现 Scrum 提倡的五个价值观——勇气、开放、承诺、专注、尊重。例如，在"迭代计划会"中引导团队成员有"勇气"对迭代目标进行"承诺"；在日常工作中努力维护团队"开放"的协作氛围；时刻引导团队"专注"于当前的任务、用户故事的完成以及迭代目标的实现。

4）维护 Scrum 框架规则

由于 Scrum 框架只给出了团队实现敏捷方法所需的最基本的要求，并未限制其他具体实现方式，因此团队可以结合自身特点进行相应规则、流程的制订和执行。

但团队制订的规则、流程很有可能与 Scrum 框架中提倡的价值观有所冲突，此时 Scrum Master 需要对这些冲突加以识别，及时防止其对 Scrum 方法及价值观产生的影响。例如，当迭代已到达规定的结束时间时，团队可能因为存在未完成的高优先级的用户故事，希望延长迭代时间继续进行研发，此时 Scrum Master 就要对此行为进行阻止，因为其明显违背了 Scrum 框架中"迭代要有固定时间长度"的规则。

5）引导团队提升效能

Scrum Master 除了指导团队按照 Scrum 框架的要求开展迭代研发交付，更重要的是能够引导团队进行效能的提升，即 Scrum 只是团队效能提升的"起点"而不是"终点"。

但需要注意的是，Scrum Master 要成为效能提升的"引导者"，而不是提升目标和计划的"制订者"，因为只有团队成员自己才真正了解应该提升哪方面的研发效能，并选择更适合团队的效能提升方式。因此，Scrum Master 可以通过分析团队当前效能情况，向团队提供效能提升的建议，辅助团队制订合理的提升目标，并进行相应的过程跟踪，从而完成引导团队提升效能的工作。

6）帮助团队避免干扰、移除阻碍

团队在每个迭代中都可能受到来自内部、外部、相关干系人的干扰，此时需要 Scrum Master 尽量降低这些干扰对团队造成的影响，并且帮助团队及时移除已经发生的阻碍。

例如，当团队内部出现技术障碍时，应推动团队集体分析确定解决方案并实施，如果发现需要进行内外部协调，则尽力建立相应沟通渠道，以便加快解决技术障碍的进度。又如，当外部团队因各种原因需要相关研发人员进行长时间协助时，需要 Scrum Master 积极对外进行沟通，明确协助的具体时间、内容，从而协调对已有工作内容进行调整，将外部因素对团队产生的干扰降到最低。

7）增强外部相关干系人与 Scrum 团队的沟通

Scrum Master 不仅要确保团队在 Scrum 框架下顺利开展日常研发工作，还要让团队以外的相关干系人了解 Scrum 框架，促进其与团队建立满足敏捷方法要求的协作关系。

例如，Scrum Master 要向用户介绍在 Scrum 框架下如何与 PO 进行沟通和协作；要向项目经理及相关项目干系人介绍如何通过 Scrum 工件检视团队工作进度；要向部门领导介绍如何对团队进行合理授权，促进自组织团队的形成。

3. Team Members 的职责

1）创建、维护迭代待办事项列表

Team Members（团队成员日）常除了开展必要的研发工作外，最主要的工作便是创办和维护迭代待办事项列表。迭代待办事项列表属于 Scrum 框架中的三大工件之一，一般是一张有序列表，里面记录团队成员本次迭代需要完成的具体任务，这些任务也可通过看板进行展示并进行可视化跟踪。团队成员及相关干系人通过检视迭代待办事项列表中任务的状态，及时准确地了解具体工作的进度，从而对任务可能出现的问题和风险进行规避与处理。

团队成员对迭代待办事项列表有如下几项维护和管理工作：首先，在迭代计划会上，团队成员期望对本次迭代进行交付的用户故事进行任务拆分，并评估任务可行性及对应的工作量，经全体成员同意后将其加入迭代待办事项列表中，进行后续跟踪。其次，在每日立会中团队成员向团队介绍自己领取任务的完成情况，并在迭代待办事项列表及对应看板中调整属于自己的任务状态，更新未完成任务的剩余工时及任务实际使用工时。最后，当任务完成时，领取任务的团队成员将其拖动到“完成”状态，并告知相关干系人，等待后续检查或验证。

2）定义完成标准

Scrum 框架并没有强制团队制定研发流程及规范，但需要团队全体成员制定任务完成的标准，从而便于对完成的任务进行检查及验收，防止成员间的理解偏差，减少由此导致的返工情况。

团队成员定义完成标准的方式，既可以选择一次性将所有工作涉及的完成标准在首次迭代前全部设定好，但更常见的做法是先制定核心任务（如需求、开发）的完成标准，之后在每个迭代中按需逐步制定其他任务（如测试、部署、上线、文档）的完成标准。

3）致力于完成迭代的产品增量

以往团队成员主要以按时实现产品功能为工作目标，Scrum 团队倡导成员以按每个迭代产出潜在可交付的产品增量为主要工作目标。

在此目标下，团队成员具体要求关注以下几点：首先，在迭代计划会中成员要充分了解本次迭代的用户故事内容及 PO 期望达到的迭代目标；其次，在每日工作中集中研发资源按用户故事优先级从高到低依次完成相应的用户故事，不建议试图并行开展多个用户故事的研发工作，以免造成当迭代结束时用户故事均在进行中，没有完成潜在可交付产品增量的情况发生。

4）掌握“承诺”方法

Scrum 价值观提倡团队成员对迭代目标及内容进行“承诺”，因此团队成员首先需要了解“承诺”哪些内容，以及如何实现这些“承诺”。

一般团队成员需要在迭代计划会上对 PO 提出的迭代目标及待实现的用户故事做出相应的承诺。当然，承诺的前提是团队成员已经对迭代目标及用户故事的内容和要求进行了充分的了解，并且有信心能在下一个迭代中通过全员努力实现“承诺”。

敏捷方法并不鼓励团队成员仅靠积极的态度和频繁的加班来实现期初的承诺，而是希望团队成员通过以专注迭代目标，优化协作方法，提升整体工作效率和质量的方式来达到“承诺”。

5）保持稳定的团队研发速率

由于软件研发项目的性质和特点，使得团队不可避免地受到内外部环境的影响，例如突然接到临时加入的任务或成员需要临时支持外部团队的情况发生，从而导致了每个迭代团队的用户故事完成率出现波动，团队研发速率极不稳定。

如果任由类似情况出现，不仅打乱了团队正常的研发节奏，而且也会造成无法准确制订迭代计划，以及无法评估团队是否能完成产品或项目相应的里程碑。

因此，团队成员要努力使团队的研发速率保持稳定。首先，团队成员可以在迭代计划会上预先识别可能影响团队速率的风险因素，将其体现在迭代计划中；其次，团队成员将收到的外部协助请求及时交予 Scrum Master 进行沟通，以便统筹规划后续的工作计划。

4.6.2　团队构建要求

Scrum 框架除了对成员角色有所要求，其对团队的构建也有一定的要求。如果团队在构建时不能满足其中大部分要求，则很可能无法完全遵循 Scrum 框架提出的价值观，也无法发挥 Scrum 活动及工件的全部作用。

如下图所示，团队构建要求主要包括“成员数量要求”“组建特性团队”“服务型领导”“进行经验反馈”“成员需要全职”“对团队适当授权”六个部分。

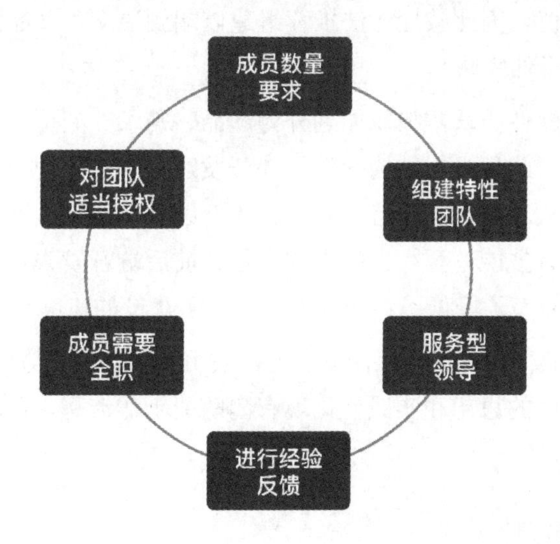

1. 成员数量要求

常见的敏捷团队成员数量应控制在 10 人以下，一般 5 ～ 9 人即可。对于需要更多人参与的软件研发项目，可以通过组建多个敏捷团队，以并行协作的方式开展研发工作。

控制敏捷团队人数的主要原因有如下两点：

（1）控制沟通成本。敏捷方法提倡团队成员日常通过面对面沟通，而非依靠文档和流程的方式进行信息传递和工作确认。同时为了充分发挥团队的集体智慧，常常进行信息的全员分享，召开必要的快速信息同步会议。以上团队成员间的沟通方式决定了敏捷团队的沟通成本随着成员数量的增加而显著升高。当团队成员超过 10 人时，沟通效率及由沟通带来的收益均会显著地降低。

（2）促进个人对团队的贡献。敏捷方法提倡关注个人，以及其对团队的贡献。当团队人数较少时，个人努力与团队成果间具有很强的关联性，使得成员更有意愿通过自身的努力为团队做出贡献。但当团队人数较多时，个人成就与团队成就的相关性大大降低，个人的努力往往无法对团队产生实质性影响，容易使成员出现“干好干坏一个样”的思想，进而削弱了其参与感与积极性。

2. 组建特性团队

首先，传统软件团队更专注于软件功能的实现，而敏捷团队则更专注于向用户交付产品价值。因此敏捷方法推荐组建以端到端交付产品为目标的特性团队，而非架构或组件团队。

其次，传统软件团队常按职能划分为产品、需求、架构、开发、测试、运维等部门或团队。此种组织结构导致软件开发过程中常出现“部门墙”现象，造成团队间沟通成本过高、等待时间过长等问题。而特性团队成员一般具备研发产品所需的所有技能，至少包括需求人员、前后端开发人员和测试人员，从而增加了沟通的效率，降低了沟通成本，提升了决策的速度和研发效率。

最后，对于架构团队或组件团队，可以采用不同的敏捷方法组建敏捷团队，并借鉴敏捷方法中的思想和实践优化现有团队的工作流程，同样可以达到提高研发效率的目的。

3. 服务型领导

敏捷团队推荐实行扁平化管理，即团队内部不设立严格的管理层级关系，虽然仍可能存在类似“团队负责人”的职责，但其管理方式从以往的“命令和控制”，转为“引导与促进”，其具体工作主要包括以下内容。

（1）激发集体智慧。敏捷团队属于小而精的团队，每一个迭代的交付物都需要团队成员共同协作完成。当研发任务遇到问题时，需要通过集体智慧才能找到适合团队自己特点的方案应对每次挑战。这也使得管理者需要从之前通过“命令、控制”的管理方式，转为通过“因势利导”激发团队成员集体智慧的方式使团队走向成功。例如，以往管理者常常为团队制订详细的“工作计划”，以确保后续执行过程可控，如今可以只给出团队需要实现的迭代目标，让团队成员自己制订更适合自身特点的工作计划和应对措施。

（2）促进团队内部协作。传统研发团队成员习惯等待管理者指出提升工作效率的方法，很少主动通过加强团队成员协作，找到提高工作效率的方法。因此，团队管理者应在日常工作中为团队创造讨论协作方法的机会，引导团队成员关注通过协作提升团队整体的工作效率。例如，可以只向团队提出缺陷率下降 10% 的目标，而将实现此目标的方法交由需求、开发、测试等相关人员协商制订。

（3）进行对外协调。敏捷团队的管理者的另一个重要工作就是对外协调。例如，本团队成员被上级领导安排了一项紧急任务，此时团队管理者应向上级沟通说明本团队当前情况，告知本次打断可能对团队进度产生的影响，同时对内进行工作任务优先级的调整，并向团队成员解释此次调整的具体原因，从而获得团队成员的理解和支持，将此次打断对团队造成的影响降到最低。

4. 进行经验反馈

Scrum 框架本身基于“经验主义”思想，同时敏捷方法又提倡“拥抱变化”，因此需要敏捷团队通过不断积累研发经验，找到更适合的工作方法，不断持续改进，从而应对外界不断发生的变化。

首先，团队应提倡“试错”文化，在面对以往经验无法处理的复杂任务时，鼓励进行短暂的试错尝试，即使失败，其“试错”的成本也相对较低，同时能够积累相关经验，提高团队自主解决问题的能力。相反，如果团队只能按照计划行事，面对风险只是规避，虽然可以很好地完成计划，但也失去了创新和成长的机会。

其次，团队在迭代过程中应重视对经验的收集与反馈。迭代拥有固定的周期，一般是 1 ～ 2 周，这给经验的收集和反馈提供了良好的机会。敏捷团队可以在迭代结束后，总结自身优点和不足，并制订下一个迭代的改进计划，在下一个迭代中进行改进，从而实现持续不断的自我优化。

5. 成员需要全职

因为敏捷团队更关注团队整体效能，期望通过全员自我激励、自我调节、自我改进，找到团队最佳的协作方式。如果成员存在兼职情况，虽然可以达到“人力资源”的充分利用，但有可能带来“多头管理”的问题，同时使兼职成员难以将工作目标聚焦到团队效能提升上，而更多地忙于协调自己手中的兼职任务。

敏捷团队虽不提倡成员兼职，但现实中很难避免兼职情况的出现，因此可以让兼职成员有计划有规律地接收外部任务，将外部工作纳入迭代中进行管理，重新聚焦到团队整体目标。例如，外部团队可能因为产品历史遗留问题，需要本团队某位成员对其进行一定技术支持，此时可将此任务排入敏捷团队的迭代中，由团队统一进行管理，同时团队管理者做好对外协调的工作，从而降低因成员兼职而对团队造成的影响。

6. 对团队适当授权

敏捷团队提倡通过唤起团队成员个人主动性，努力实现自组织团队。 但实现自组织团队的前提是需要对团队进行适当的授权，即让团队有权利自行决策“做什么”和“怎么做”。

例如，团队可以自行对需要完成的任务安排优先级，并依据此优先级制订产品或项目计划，之后可以决定先完成主要架构的详细设计，然后再进行开发，还是先实现主要功能，之后再通过重构的方式完善架构。

第5章 敏捷需求形式与场景应用

本章首先从软件需求的角度简要介绍传统和敏捷方法中常用的需求撰写形式和需求管理方法；然后介绍敏捷方法中用户故事的编写、估算、验证方法，最后通过虚拟的需求管理案例，模拟应用敏捷方法应对由于需求变更引发的适应性调整。

5.1 软件需求

软件需求在软件项目中起着决定性的作用，它是用户与研发团队进行沟通的基础和桥梁。如果软件需求出现问题，将会对软件项目造成重大影响。想要有效地开展需求收集和管理工作，很可能会遇到许多实际困难，例如用户与研发团队对于需求的理解不一致，用户频繁地变更需求导致项目延期等。为了解决这些软件研发过程中遇到的困难，在软件工程发展过程中出现了许多优秀的需求分析和管理方法。

下面仅从“软件需求的形式”和“软件需求管理”两个方面对常用的软件需求方法进行介绍，并对它们的特点进行简要的分析和说明。

5.1.1 软件需求的形式

虽然软件需求收集和分析的方法众多，且各具特色，但无论使用哪种方法，最后均要形成固化的文档，以便指导后续研发，而常见的文档形式大体有三种，即需求规格说明书（SRS）、用例（User Case）、用户故事（User Story）。

如下表所示，“需求规格说明书”是最常见的需求组织形式，其一般通过自然语言进行描述，并配以数据流图、流程图对业务逻辑及产品能力做更完整的描述。文档主要的编写格式和标准可借鉴 ISO 国际标准以及 GBT 国家标准，其预定义了软件需求文档中的常见的内容，并统一和规范了书写标准。支持这种标准化文档的需求管理方法则以 CMMI 能力成熟度模型较为常见，其提供了众多成熟的需求管理最佳实践，尤其是在管理大型软件研发活动时更能发挥其系统性、规范性的作用。“需求规格说明书”是以文档的形式对需求进行描述和记录，虽然其学习成本较低，只要依据标准格式撰写即可，但后续对文档的管理和维护成本相对较高，比如需要组织各类评审会，并频繁地更新和修正文档内容，才能保证文档内容在整个软件研发生命周期中的准确性和一致性。

需求规格说明书

	需求规格说明书	用例	用户故事
内容形式	自然语言、流程图等	自然语言、UML 图	自然语言、卡片形式、交谈
格式标准	IEEE/ISO/IEC 29148 GB/T 9385-2008	Unified Modeling Language	用户故事模板、3C 原则、INVEST 原则
方法论	CMMI	统一软件开发过程（Rational Unified Process）	极限编程；Scrum
管理成本	• 学习成本低 • 管理成本高 • 维护成本较高	• 学习成本较高 • 有相应工具支持管理与维护	• 有一定的学习成本 • 短期管理 • 维护成本低（用户故事完成后可丢弃）

用例文档是另一种主流的需求组织形式，其使用规范的语言和 UML 图形（如交互图、活动图、顺序图、状态图）描述用户与系统之间的关系以及两者间复杂的交互过程，因为有全流程的建模工具对用例文档进行支持，减少了创建、保存和维护的工作量，与之对应的需求管理方法则是统一软件开发过程（Rational Unified Process）。与传统需求文档的关注点不同，用例更加关注对用户实际使用场景的描述，通过描述场景中的人与系统的交互，不仅能梳理现有需求，还能发觉潜在的需求，同时应用结构化的语言和规范的 UML 图形表示这些需求和交互过程，使得用例文档撰写更加规范且易于维护和管理。虽然用例文档优点众多，但其应用的必要条件是用户和研发团队都要学会使用 UML 语言表达需求，对用户能力要求较高，且随着系统复杂度的升高，用例的撰写难度也会随之增加，整体来看还是有较高的学习成本，需要丰富的经验

积累才可以熟练使用。

用户故事则是另一种主流的需求组织形式，其常见于各类敏捷方法，一般以写有文字的小卡片的形式呈现，其目的是让用户与研发团队专注于卡片上的需求内容，并围绕其展开沟通和讨论。与用例不同，用户故事希望通过交付用户故事对应的可工作的软件来实现用户价值。用户故事的格式虽然没有严格的规范或标准，但随着用户故事的不断普及，人们总结了许多符合最佳实践的模型与原则，比如 3C 模型和 INVEST 原则等。主流敏捷方法中极限编程和 Scrum 均通过用户故事对需求进行收集和管理。由于其形式简单，生命周期较短（用户故事完成后即可丢弃），因此维护和管理成本较低。总体说来，虽然用户故事初步掌握较为容易，但想要熟练掌握用户故事的撰写方式及其使用方法，还是有一定的学习曲线，也需要一定的经验积累。

综上所述，软件需求说明书关注的是用规范的格式进行需求编写；用例更关注用户与系统的交互，通过分析用例场景，来挖掘和固化需求；用户故事则着眼于促进用户与研发团队的频繁沟通，以用户价值为目标，通过用户与研发团队面对面的沟通，快速进行需求细节的讨论和最终确认。三者各有特点，侧重不同，但不是相互排斥的，我们可以根据实际情况，结合三者的优点，开展需求文档编写工作。

5.1.2　软件需求的管理

需求文档编制完成后，还需要开展一系列的需求管理工作，通常包括“确认”“评审”“变更”“跟踪”四个方面的内容。较为成熟的软件过程方法论 CMMI 和 Scrum 均对需求管理工作提供了有力的支持，但其支持方式和管理思想还是有很大区别的，CMMI 对管理过程提供了相对直接的支持，而 Scrum 则提供了相对间接的支持，以下对两者的特点做简要的介绍。

如下表所示，CMMI 每个管理维度都有“特定实践支持”，进而完成对整个需求管理的工作。例如在“确认”环节，提供了“获得对需求的理解”（《用户需求说明书》）、“获得对需求的承诺”（《产品需求规格说明书》）两个实践，其中每个实践都涉及进行“评估”、制订“标准”、输出“文档”等工作，使得整个“确认”环节过程内容清晰、可控，过程输出的结果可确认、可检验。

CMMI 与 Scrum 对比

	CMMI	Scrum
确认	特定实践支持；形成《用户需求说明书》《产品需求规格说明书》	传统方式，但需求范围可置换
评审	特定实践支持、使用相关工件产品、出具《需求评审报告》	通过 5 个敏捷活动和非正式沟通进行管理
变更	特定实践支持、使用相关工件产品、出具《需求变更控制报告》	通过 5 个敏捷活动和非正式沟通进行管理
跟踪	特定实践支持、使用相关工件产品、出具《需求跟踪报告》	通过 5 个敏捷活动和非正式沟通进行管理

Scrum 则不是通过直接识别需求管理中的各项活动，并制订相应的流程标准来完成对过程的管控，而是通过建立 3 个工件和 5 个敏捷活动，并促进正式和非正式的沟通交流，使相关干系人在日常交流和互动中便完成了主要的需求管理工作。以一次需求变更场景为例（第 6 章将介绍此场景的完整案例），PO 收到了用户的一个紧急变更请求，并记录在了产品迭代列表中（跟踪），其向团队简单阐述变更内容，确保大家收到的消息是一致的（确认），之后再收集团队成员对于此变更对迭代可能产生的整体影响的初步评估（评审），PO 可以根据此评估结果和团队进行商讨：如果接收此变更可能会从迭代中移除哪个用户故事以保证进度（变更），PO 将相关信息反馈给用户听取其意见（确认）。

需要注意的是 Scrum 并非不需要正式的需求管理流程，而是将绝大部分日常需求管理工作通过敏捷活动及日常非正式沟通完成，而其他一些关键性的需求管理工作仍然需要通过正式的需求管理流程进行管理。

5.2 用户故事

用户故事是最初在极限编程方法中得到成熟应用的一种软件最佳实践，后续当人们应用 Scrum 框架进行敏捷研发时，一般也将用户故事作为需求收集与跟踪的重要方法。

本节主要将用户故事基本概念及相关常用方法分成编写、估算、验证三个方面进行介绍，例如在“编写”部分主要介绍业内推荐的主流编写原则；在“估算”

部分主要介绍常用的“故事点”估算方法，并分析其与“工时”估算方法的区别；在“验证”部分主要介绍与用户故事配套的“验收标准”的概念及编写原则。

5.2.1　编写原则

由于用户故事与传统的需求规格说明书及用例的用途及撰写方式存在较大区别，在人们不断的实践过程中，总结出了许多指导用户故事撰写的模型和原则的最佳实践。

1. 3C 模型

2001 年，Ron Jeffries 提出了用户故事 3C 模型 [卡片（Card）、沟通（Conversation）、确认（Confirmation）]，如下图所示，该模型描述了其认为用户故事应具备的主要特点，并希望以此更加明确地区分用户故事（偏重“促进交流”）与用例（偏重“文档记录”）。

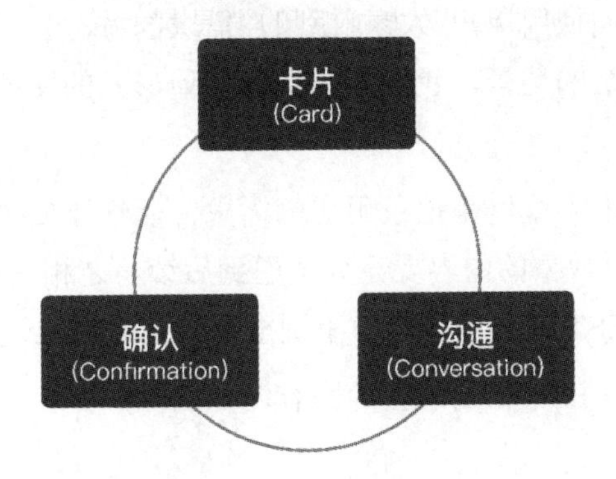

（1）卡片：用户故事通常以一张卡片（通常是一个便利贴）的形式，记录诸如沟通对话等抽象的内容。

（2）沟通：用户故事的重要作用之一是让用户、研发团队及相关干系人在项目过程中，可以随时围绕卡片上记录的某一产品功能或特性进行沟通交流，当然这些交流的内容大多是口头上的，后续还需要用其他相应文档进行记录整理。

（3）确认：通过使用用户故事卡片，相关人员可以通过较为正式的方式确认卡片上所有谈话涉及的内容是否都已完成、目的是否都已达到。

2. 用户故事模板

用户故事并没有标准的撰写格式，但为了使初学者迅速掌握撰写用户故事的技巧，设定了一个简单的用户故事撰写模板，通过这个模板可以快速捕获所需的关键需求信息。

如下图所示，模板的基本格式为“作为 ××，我想要 ××，以便能够 ××”，例如，“作为系统管理员，我希望有用户权限配置功能，以便能够给普通用户分配访问权限”。

使用此模板时需要注意，避免把它直接当作用户故事书写的标准或要求，它只是通过引导我们使用用户故事挖掘用户需求的方法之一，在实际使用过程中常常面对更加复杂的场景，我们还需结合其他形式的文档对用户故事予以补充和说明。

用户故事的作用不仅仅是记录用户的需求，后续还要进行细化、拆分、跟踪和验收，因此用户故事的内容要充分考虑到后续与之相关的各项活动的需要，而一个遵循了 INVEST 原则的用户故事则能更好地完成上述各项工作。

下图展示了 INVEST 原则的各项内容，共六项原则，以下对各项原则分别进行介绍。

（1）独立性（Independent）：用户故事之间最好是相互独立、互不依赖的，否则会使用户故事不能拆得足够小，进而不能在一个迭代中将其完成。

（2）可协商的（ Negotiable）：用户故事不是传统的合同文档（制定后就很难改变），而应该随着人们对产品特性深入了解，不断做出相应的合理的调整。

（3）有价值的（Valuable）：传统需求文档的编写目的大多是对用户需求的准确描述，而用户故事的目的是希望通过完成用户故事来实现用户的价值。

（4）可估算的（Estimable）：用户故事的功能规模是可估算的，如果无法估算其工作量，说明其中内容及风险还需要明确，还需要继续细化或拆分用户故事。

（5）小型的 （Small）：用户故事不应过大，以便能确保相关干系人可以充分了解故事细节，识别其中风险，同时也能保证用户故事可以在一个迭代周期内以较短的时间完成。

（6）可测试的（Testable）：用户故事在撰写时就应保证其是可测的，可验证的，无法测试的用户故事不能证明其内容已经完成，用户故事交付给用户后也无法证明其价值是可靠的。

5.2.2　故事点估算

故事点是一种对用户故事功能规模进行相对估算的方法，通常依据斐波那契数列作为数值的选择。例如，先选定一个功能规模非常清晰的用户故事作为基准故事，将其故事点设为 1，如果有一个用户故事被认为工作量大致是基准故事工作量的 3 倍，则设其故事点为 3，以此类推。实践中由于迭代长度往往控制在 2 周内，因此推荐使用 1、3、5、8 作为常用的故事点。

故事点应用较为简单，人们经常将其与另一种用户故事估算方法——小时数——进行比较，虽然两者在许多方面有相似的特点，有时甚至可以相互替代，但在概念和用途上两者还是有一定的差别的，区分这些差别有助于我们依据实际情况选择更适合的估算方法。

如下表所示，首先虽然两者都可对工作量进行相对估算，但由于“小时数”还具有绝对估算的特性，容易在实际使用中造成概念混淆，例如，一个 16 小时工作量的用户故事，有可能被认为是一个 8 小时用户故事工作量的 2 倍（相对），也可能被认为是某个人员完成此用户故事会花费 16 个小时（绝对）。

	故事点	小时数
估算方式	相对估算	可用于相对和绝对估算，但易混淆
关注点	偏向故事本身复杂程度的估计	偏向个人工作复杂度的估计
评估人员	由团队共同评估	技术负责人及具体研发人员评估
发现潜在风险	易于发现用户故事整体风险	易于发现用户故事执行风险
团队间比较	同一团队不同故事间容易比较，不同团队间不易比较	无法比较
主要用途	收集集体智慧做整体评估	针对任务制订详细计划

因此“小时数”常被认为更适合用于绝对估算，估算的人员则通常为团队技术负责人或具体负责的研发人员，例如某个用户故事已完成任务细化拆分，此时便可依据团队的自身能力由团队所有成员对可能认领的任务进行所需工时的估算。

而故事点估算则可用于通过集体智慧评估用户故事的功能规模，包括分析用户故事的复杂度，发现用户故事中潜在的风险，并且这种方式更适合相对估算。例如，团队所有人由于经验能力不同很难就完成用户故事所需的准确时长达成一致，但却能很快地得出此用户故事的功能规模大致是基准用户故事的几倍。

虽然故事点使用方式简便，并且实现了团队内部不同故事间功能规模比较，但由于不同团队故事数为 1 的用户故事标准常常不同，给团队之间用户故事功能规模的比较带来了不便，如需比较还需统一各团队的评估方法和评估基准。

基于以上对两者特点的介绍，一般建议使用“故事点”对较为宏观的迭代规划所包含的用户故事功能规模进行估算，以便根据团队能力制订不同迭代的迭代计划；而“小时数”则主要依据承接用户故事的团队对细化后的任务进行的估算，用以制订更为具体的研发计划。

5.2.3 验收标准

验收标准即用户或 PO 列出的一组用户故事检查清单，用以确保用户故事内容与实际业务需求一致。

如下图所示，通常在使用卡片编写用户故事时，用户故事一般写在卡片的正面，而验收标准则写在背面，即每个用户故事对应一个或多个验收标准，如果用户故事对应的产品在交付时不满足验收标准，则不认为用户故事已完成。

给出 <假定条件>
当　 <事件发生>
产生 <结果>

验收标准通常用自然语言描述实际业务规则和业务场景，以便使研发团队更加深入地理解用户故事，并与用户在关键业务规则和业务场景的理解上达成一致，同时在编写验收标准过程中还可以促进用户故事的细化。从验收标准的用途可以发现，其与测试用例还是有较大区别的，在编写验收标准时并不需要涉及所有的内容及其细节，这些细节可以通过相应的测试用例进行覆盖。

由于验收标准主要涉及的是业务相关内容，因此推荐以用户为主进行编写，并且尽量让研发团队一同参与，通过用户和团队间的讨论增进双方对用户故事的理解，补全业务细节，同时还能发现可能存在的研发难点和风险。

验收标准的编写格式并无强制规定，但业界更加倾向于使用 Gherkin 语言模式（Give-When-Then 格式）进行业务内容的编写，一方面通过此种方式可使业务场景的描述更加清晰、准确、规范，另一方面可以让验收标准得到自动化测试工具（如 Cucumber）的支持。

第6章 敏捷需求应用案例

“个体和互动高于流程和工具”是敏捷宣言中提到的价值观之一，其强调了人与人的沟通在研发活动中的重要性，通过激发人与人的正式和非正式沟通，可以大大简化以往需要流程和文档支持的大部分需求管理工作，本章通过案例的形式，介绍敏捷团队如何通过非正式沟通应对需求变更而进行适应性调整。

6.1 案例背景

敏捷团队正在研发司机疲劳驾驶检测软件，迭代周期为两周，本期迭代中计划完成3个用户故事（闭眼监测、低头监测、打哈欠监测），迭代已经过去一周，团队已完成2个用户故事（低头监测、打哈欠监测），进度略微提前，此时用户希望再增加两个功能（墨镜识别、接打电话监控），并向PO表示这两个需求十分重要，最好在这次迭代中排入研发。

迭代的用户故事	用户希望增加故事	调整后的用户故事
闭眼监测	闭眼监测	闭眼监测
低头监测	低头监测	低头监测
打哈欠监测	打哈欠监测	打哈欠监测
	墨镜识别	墨镜识别
	接打电话监控	接打电话监控

6.2 沟通过程

PO 首先和团队成员简单沟通未来新需求的内容是否会对已开发的用户故事造成影响，团队成员分析后认为，如果司机戴墨镜的确会使检测识别率下降，因此需要加入墨镜识别算法才能使识别率恢复正常。对于“接打电话监控”功能，由于有开源技术支持，其工作量与“闭眼检测”功能的工作量相当。

PO 了解团队成员的意见后，又与用户进行沟通，提出迭代中一般不进行需求变更，尽可能将新需求安排在后续迭代中进行研发，但由于“墨镜识别”功能会使已开发功能的识别率有所下降，为了确保能给用户提供符合识别率标准的产品，希望将其与“闭眼检测”功能进行一下置换，即将“墨镜识别”功能排入本期，“闭眼检测”功能移出迭代，放回产品待办列表等待后续重新排期。对于接打电话监控功能，虽然已有技术解决方案，但相比“墨镜识别”的重要性，建议放在后续迭代中进行研发。

用户听完 PO 的介绍，了解了两个新需求对于迭代的影响后，提出了另一种解决方案，其建议团队先完成“接打电话监控”功能，后续再开展“墨镜识别”功能的研发。因为公司希望先期能够推出支持包括“接打电话监控”功能在内的完整监控场景的试用产品，通过司机先期试用并收集其反馈，以便检验场景覆盖是否全面，并判断依据现有场景是否能准确反映驾驶员疲劳的真实情况，而“墨镜识别”属于功能增强，因此可以放到后面再进行研发。

PO 听取了用户的建议，与用户达成了一致，即将“墨镜识别”功能排入了产品待办列表，等待后续进行研发排期，而将“接打电话监控”功能排入本期迭代，并对用户故事进行编写与细化。同时将没有进行的“闭眼检测”功能移出当前迭代，重新排入产品待办列表，在后续的迭代中重新确认优先级后进行研发交付。

6.3 案例分析

以往研发需求变更是被严格控制的，因为一次变更往往涉及复杂的变更和评审流程，时间和人力成本较高。而敏捷方法则将研发需求的变更视为常态，通过正式和非正式的沟通活动，收集各方意见，分析变更可能带来的风险，快速与各方就新需求内容达成一致。

用户和研发团队对于需求沟通的关注点，从以往的“合同内容”“时间进度”，转为“用户价值”，即如何通过交付可工作的软件给用户带来更大的价值。

敏捷方法中的时间盒（迭代）的概念是团队与用户的沟通前提，需要保持在一个时间盒内开展符合团队工作量的研发工作，不能延长或缩短迭代长度，也不能随意增减时间盒内的工作量，以便保证迭代计划的准确性，便于敏捷团队保持稳定的研发速率。敏捷团队正是通过多个固定长度的迭代来消化日常用户需求变更对于迭代计划带来的影响。

用户的任何需求和想法，都可以转化为用户故事放入产品待办列表中进行收集、排序、细化，从而简化传统需求管理中的需求收集和维护工作。

第 7 章 敏捷项目管理

本章首先介绍软件项目的两个重要特点，这两个特点给传统软件项目管理带来了较大的挑战；之后介绍敏捷项目管理中使其区别于传统项目管理的主要特点；最后通过介绍 Scrum 框架下的项目管理最佳实践，从实践的角度审视敏捷项目管理是如何在软件项目管理过程中开展各项工作的。

7.1 软件项目特点

软件行业与传统行业相比，项目管理难度大，项目成功率低，用户满意度不高。其成因虽然是多方面的，但有两点原因值得我们关注，如下表所示，软件项目“不确定因素多”且“研发过程监管难”。

软件项目特点

不确定因素多	研发过程监管难
用户需求的不断变化，使得软件需求变更频繁	很难对智力密集型工作进行监管
软件缺陷与多种因素相关，使得软件交付物的质量不稳定	过程质量并不能保证结果质量
每个软件都有独特的功能，往往只能在研发过程中才能验证其可行性	很难为过程设定有效的监管指标

7.1.1 不确定因素多

软件项目中的不确定性，不只存在于项目的初期，而是在软件生命周期的各个阶段都有可能出现，可以把软件研发项目比作一次充满未知的探险，前期再详尽的准备都不能保证你最终能顺利抵达终点，而只能凭借个人的能力在项目的推进过程中迎接各种挑战。下面列举了一些常见的引发这种不确定性的原因，比如：

- 项目中常出现拟定项目合同的用户可能并非最终用户，而最终用户进行试用时已经到了项目后期，并且发现软件功能存在诸多不完善的地方，但此时能用于研发修改的时间所剩无几。
- 一般用户只对自身业务了解，但并不清楚软件应通过何种方式去实现这些业务，即便研发初期认可了高保真原型图，也只说明软件达到了“可用”的标准，与“能用”“好用”还有一定差距，导致产品交付时无法让用户满意。
- 如果用户中途发生了岗位调整，新来的用户对同一功能通常会有不同的理解和要求，导致一部分功能需要重新评审，否则无法使新用户满意。
- 每个软件都有自己独特的功能和技术架构，研发人员过去的经验往往不能预知未来可能出现的风险，导致当技术障碍出现时只能加班解决，或者改变项目计划。

以上诸多不确定性，导致对于“软件交付是否会延期”“软件中到底还有多少潜在缺陷”等问题，从软件研发人员到项目经理都不能给出相对确切的答案。

7.1.2 研发过程监管难

项目经理为了减少软件项目过程中的不确定性，常常寄希望于加强对研发计划的详细制订和对研发过程的跟踪监管。可即便通过项目经理的努力建立起了详细的计划和规范的流程，已有的问题也不一定会减少，还会带来新的问题。比如，为保证研发需求的稳定设计复杂的需求变更流程，虽然需求变更得到了相对稳定的控制，但用户会觉得自己的需求得不到及时的响应，使其满意度下降了；又如，虽然制订了研发量化的监控指标（代码量、缺陷密度、单元测试覆盖率等），但可能在指标的引导下，研发人员并不是依靠提高自己的工作能力和效率完成指标，而是单纯为了满足这些指标想了许多应对策略，导致整体研发效率和质量并没有真正提高；还有可能，管理团队收集上来的项目进度汇报，往往是“一切正常”或者是频繁曝出“延期风险”，但真实情况项目经理却很难看到。

7.2　敏捷项目管理特点

7.2.1　项目范围可调整

项目管理中有四个相互制约的条件，分别为“范围”“时间”“成本”“质量”。传统项目大多把“范围”“时间”写到合同中，之后很难改变，而“成本”“质量”可以随着项目进度进行调整，但此种方式可能引起“成本”的增加，也有可能造成“质量”的降低，前者对于项目实施方不利，后者则对用户不利。同时合同中确定的“范围”内容往往并不能反映用户真实的诉求，并且经过较长的项目实施过程后，用户所处的市场环境往往已经发生变化，仅完成当初“范围”的诉求，不足以让用户有能力应对复杂的市场竞争，但进行复杂的合同变更又会花费更多的资源和时间，错过转瞬即逝的市场机会。

敏捷项目则与传统项目不同，其提出“拥抱变化”的概念，能够及时响应用户的新需求，但这种响应能力也是需要前提条件的，即必须保证项目“范围”是可协商、可调整的。敏捷项目实现这个前提的一般方法就是改变传统合同的签订方式，其中有三种签订合同的方法：第一，签订“滚动合同”；第二，将原有的产品合同改为服务合同；第三，加入两项条款——“用户可以加入新工作，但要替换同等的计划工作”“用户可以随意调整工作的优先级”。当项目的“范围”可调时，“时间”“成本”“质量”相对固定的可能性就大大增加了，这也为后续有效开展各类敏捷管理活动创造了有利的条件。

7.2.2　组建固定的跨职能团队

传统软件项目研发团队的组成形式是导致研发过程“不确定性高”的重要原因之一。首先，其项目团队成员都是临时抽调组成的，相互并不了解，在项目初期会有较高的沟通成本，使得成员间是否能够很好地配合并不确定，也正因为项目成员的临时性，导致团队成员只会专注于把本职工作做好，对团队其他成员可能遇到的问题并不太关心，也无须对整个团队负责。其次，在以职能进行划分的组织架构中，项目可能涉及多个职能部门，比如开发、测试、运维，也会涉及多个团队，比如公共组件团队、架构团队，其沟通成本和协调等待时长都不易确定，并且存在着诸多评审会议。

敏捷项目团队的组成形式则与之不同，敏捷方法提倡团队应由 3 ～ 9 人组成为宜，且这些成员拥有不同领域的专业知识，团队具备完成整个项目所需的大部分知识技能。同时这个团队应尽量保持长期存在，而不是随项目的结束而解散。组建此种类型团队的好处有如下几点：首先，较少的团队成员减少了沟通成本，增加了沟通效率；其次，跨职能团队的形式，确保了任何一项任务尽可能由团队自行解决，大大减少了对外沟通协调的不确定性；最后，长期存在的团队有利于提高团队整体效率，使团队成员不只关心个人能力的培养，而且关注团队能力的不断增强。

7.2.3 给团队适当授权

由于软件研发属于智力密集型工作，项目的成败往往不在于拥有经验丰富的项目经理和细致规范的流程，而在于拥有能够交付软件产品的高水平研发团队。因此项目组对团队进行适当授权，有助于将原有的项目管理职责下沉，让研发团队自主选择“做什么”和“怎样做”，从而获得研发团队对研发过程的“承诺”，最终通过提升团队的研发过程管理能力，确保团队按时交付符合质量标准的产品。

在传统研发项目管理中，管理层为了追求研发过程可控性，常常使用 KPI 和 CMMI 等管理工具对结果和过程进行管控，但此种管理方式对于研发效率和质量的提升往往收效甚微，因为这种管理模式属于自上而下以“命令”式的方式驱动团队执行研发任务。此种方式会带来两个问题：首先，研发人员由于只能被动执行任务，失去了独立思考和贡献智慧的机会，并不考虑“为什么做”“怎样去做”的问题，而只是“按要求去做”；其次，即便研发人员对任务进行了独立的思考，提出了“为什么做”和“怎样去做”的建议，但由于项目时间紧、任务重，同时也没有适合的渠道采纳这些反馈建议，使得这些重要的建议最后往往不了了之。

敏捷项目团队则倾向于在团队建立初期便得到管理层的充分授权，以便在后续开展的一系列的敏捷活动中激发出团队高昂的研发热情和集体智慧。对于授权的内容和范围一般包括以下三个方面：首先，在团队架构上确保团队是跨职能的团队，使团队具备开展研发所需的全部能力，同时保证团队是长期存在的团队，不会随着项目的结束而解散；其次，团队可自行安排项目待办工作的优先级及对应的工作时长，即团队依据自身实际情况决定“做什么”（优先级）

及“如何做”（花费时长），如果团队自行制订的计划与顶层项目计划冲突，应派相应管理人员协调解决，而不是命令其必须按照顶层项目计划执行；最后，为团队提供适当的自我总结、回顾时间，如果没有时间“回顾”也不会有时间“成长”，并且这种“成长”应更多地通过自身“拉动”产生，而不是仅仅依赖“指导”“考核”等外部因素“推动”产生。

7.2.4　迭代式研发

由于软件研发项目的“不确定”性，使得传统软件项目中的“计划——执行——监控——完成”模式，很难有效应对软件研发过程中出现的各种问题。在敏捷方法提出前，人们就已认识到这个问题，并提出了“迭代式研发”的概念，但对于“迭代”的理解却各有不同，出现了多种执行“迭代”的方法，有的体现了敏捷的思想，有的则只是对过去的“瀑布”式研发简单改进。为了明确体现出敏捷“迭代”的特点，将其总结为以下三个方面。

● 有固定的周期

敏捷方法中迭代周期的长度虽然可以由团队自行设定，但每个迭代的周期必须是相同的，即如果设定第一个迭代的周期为 2 周，则后续迭代的周期都要保持 2 周，如无必要不得随意增加或减少周期长度。

固定迭代周期的主要目的是便于研发团队形成稳定、规律的“研发节奏”，提升整体研发效率，同时便于在同一团队、同一工作时长的前提条件下，分析团队交付能力产生波动的原因。

● 产出可工作的软件

敏捷方法提倡迭代结束时团队尽量产出可工作的软件，此类产出可以理解为一次正式的交付，也可以理解为一次试用性质的交付，但无论哪种形式的交付，其前提必须满足该软件是“可工作的”。

产出“可工作的软件”，一方面可以更加客观地评价本次迭代的研发过程和成果，另一方面也让用户能及时了解到本次迭代的产出物是否与其预期一致，并及时给出反馈意见。

● 有稳定的研发速率

敏捷方法中除了要求迭代周期是固定的，也希望团队拥有稳定、可预期的团队研发速率。所谓团队研发速率的稳定，即在一个迭代中，相似的投入（如迭代周期、团队成员、人员工时）能获得相似的产出（如用户故事完成个数、故事点数、产品缺陷）。

只有研发速率相对稳定，才方便开展各类问题的分析和跟踪，同时可以对项目进度进行有效的预测，从而更加准确地制订项目计划，更重要的是研发速率的稳定是今后提升研发速率的必要基础条件。

7.2.5 小批量多批次的交付

相较于将软件产品在项目后期或者在项目各个里程碑节点进行交付的方式，敏捷方法更提倡“小批量多批次”的交付方式。所谓“小批量”，是指依据团队固有研发速率，团队能够在一个迭代中交付产品的数量，而“多批次”，则是指一个里程碑的研发目标是由每个迭代中提供的“小批量”交付物组成的。

此类交付方式的优点是将软件产品待研发的功能分配到一个个迭代中去实现，每次产品功能的交付均是检验研发过程和成果的机会，从中及时发现研发过程中可能出现的风险及问题，以便迅速调整后续研发计划以进行改进。同时由于每个“小批量”的研发成果都是经过一定测试验证的，也为最终的项目交付物的质量提供了一定的保证，有效降低了研发项目后期的产品测试压力。

7.3 Scrum 框架下项目管理实践

在众多的敏捷方法中，Scrum 框架应用较为广泛，本节首先介绍 Scrum 框架内容与项目管理知识体系（PMBOK）的对应关系，之后详细说明如何利用 Scrum 框架开展项目管理中的相关工作。

7.3.1 Scrum框架内容与项目管理知识体系对应关系

如下表所示，Scrum 框架为团队提供了实施敏捷研发所需要的工件和活动，从表中可见其并非支持所有项目管理工作，而只是覆盖了其中的部分内容，这些内容主要是项目规划、项目执行和项目监控。

Scrum 框架内容

	启动	规划	执行	监控	收尾
范围管理		产品待办列表			
进度管理		迭代待办列表		迭代待办列表	
成本管理		用户故事、任务估算			
质量管理		制定任务“完成标准”和用户故事“验收标准”	遵循“完成标准”和“验收标准”	迭代评审会	
资源管理		项目 PMO 和 IT 部门为敏捷团队提供人力资源和硬件资源支持			
沟通管理			“Scrum 工件与活动”	每日立会；迭代回顾会	
风险管理			“Scrum 工件与活动”	每日立会；迭代回顾会	
采购管理					
相关方管理			“Scrum 工件与活动”	“Scrum 工件”与迭代评审会	

在规划阶段，Scrum 提供“产品待办列表”工件，用于集中管理所有需求，包括制订需求的优先级和估算需求所需的工作量（故事点或小时数）。

在执行阶段，Scrum 提供相应的“工件与活动”，使项目过程各项活动“透明”，以便促进各项目干系人的沟通，并在沟通中发现项目中存在的风险。

在监控阶段，Scrum 提供相应的“工件与活动”，通过日常（每日立会）和定期（迭代评审会议）地查看研发过程，从而监控整个研发过程是否按计划执行，同时及时验证每个迭代的交付物是否符合设定的验收标准。

综上所述，Scrum 只提供了足够开始实施敏捷研发管理的一些“工件和活动”，其应用范围只局限在软件研发过程阶段，项目团队后续还需结合团队自身情况添加适合的项目管理实践，进而完成整个项目管理活动。

7.3.2　Scrum框架项目管理活动实践

以下从项目管理的维度，简要介绍 Scrum 提供的各项活动和工件是如何开展对应的项目管理活动的。

● 需求管理

首先，Scrum 框架一般使用“用户故事”来捕获用户需求，与以往需求文档的形式相比，其更适用于促进沟通和小批量交付的敏捷研发场景。对于产品宏观的需求以 EPIC 级别的用户故事进行收集，对于产品功能方面的需求以 Feature 级别的用户故事进行收集，对于产品功能细节方面的需求以 Story 级别的用户故事进行收集。同时随着 PO 对需求的不断了解，可以将原有用户故事进行拆分，形成新的用户故事，使其更适合放入迭代进行研发。

其次，用户故事形成后可将其放入产品待办列表，等待后续研发。产品迭代列表是一个有序列表，其不但可以存放所有待研发的用户故事，同时还可以通过用户故事在列表中的位置排列优先级，位置靠前的优先级更高、粒度更细，位置靠后的优先级更低、粒度更粗，从而体现出需求逐步细化、延迟决策的思想。由于产品迭代列表是全员可见的，因此用户可以随时对其进行查看，以便检查用户需求是否已经形成了对应的用户故事，是否优先级别与自己的预期一致。

最后，当用户在研发过程中提出新的需求或者对原有需求进行变更时，PO 可以从容应对此种情况，即可以新建一个用户故事并按照优先级放入产品待办列表中，等待后续研发即可。如果此种情况出现在迭代过程中，则可以通过对用户故事进行置换，将迭代待办列表中未开发的用户故事放回产品迭代列表，将同等规模的新用户故事放入迭代待办列表中即可。

● 计划制订及跟踪

首先，需要制订项目整体计划，用户故事是制订项目计划的基本依据，通过史诗（Epic）、特性（Feature）级别的用户故事，可以较为清晰地梳理出用户对产品的整体期望和产品的功能概要。之后通过对这些用户故事进行故事规模的估算、优先级的制订，可以梳理出项目大致的里程碑和各阶段对应的交付内容，最终形成“版本待办列表”，同时通过监控“版本待办列表”中用户故事的完成情况来跟踪项目里程碑的进度。

其次，需要制订每个迭代的研发计划，团队成员通过“迭代计划会”进行计划的制订，会上 PO 向团队成员介绍本次迭代计划研发的用户故事，团队成员经过分析，集体评估其中可能涉及的工作内容和风险，最终拆分出与用户故事对应的研发任务，并对任务所需的研发时间进行评估，从而形成完整、细致的研发计划。

最后，将此次拆分好的研发任务放入“迭代待办列表”中，进行每日跟踪。团队成员每日“领取”任务，并在看板中拖动任务状态，从而以可视化的形式使每日工作全员可见，共同完成对工作内容及进度的监督。

● 用户沟通

首先，Scrum 通过开放所有工件的可见权限，使相关干系人可以随时了解项目的进展。比如，用户可以随时查看“产品待办列表”中的用户故事，以便确定 PO 对于需求的收集和理解是否全面。用户还可以通过查看“迭代待办列表”了解迭代研发计划和进展，从而为团队后续迭代计划提出建议。

其次，Scrum 通过每个迭代输出产品增量，即可工作的软件，使用户可以及时了解产品实际功能，让用户可以及时提出相应的产品改进建议。

最后，Scrum 通过“迭代评审会”，在相关干系人检视迭代产出成果的同时，促进团队和用户围绕迭代交付的产出进行讨论，便于团队及时了解交付物是否满足了用户的需求，是否让用户感觉实现了其期望的价值。

● 风险管理

首先，Scrum 通过开展相关敏捷活动，从而促进沟通，以便及时发现过程风险。例如，召开“每日立会”可以让团队成员及时发现每日工作中可能遇到的问题和风险；召开“迭代启动会”可以通过将迭代内的工作任务进行细化，通过集体智慧发现任务中潜在的问题和风险；召开“迭代评审会”提高用户的参与度，通过用户对产出软件的评审可以有效减少最终交付的产品与用户期望不一致的风险；召开“迭代总结会”可以发挥集体智慧，解决团队中已存在的问题并制订相关措施防范未来可能出现的风险。

其次，Scrum 通过增加敏捷工件的透明度来让全员对其进行检视，以便通过集体智慧及时发现风险。比如，“产品待办列表”“迭代待办列表”设计十分简单，且全员可见，同时配合“看板”“燃尽图”等工具可以更直观地展现整个迭代中的研发内容和进度。

● 质量管理

首先，敏捷方法推荐每个“用户故事”匹配一到多个“验收标准”，确保“用户需求”“用户故事”“交付的软件”三者之间的一致性。当用户故事研发工作完成时，用户可以依据此“验收标准”对用户故事对应的软件交付物进行验收，如果不通过则认为用户故事没有完成。

其次，敏捷方法推荐“质量内建”，即软件的质量需要在软件生命周期的各个阶段进行保障。具体体现在要求团队制订符合自身特点的“完成标准”，例如，只有当用户理解并认可用户故事内容时，用户故事撰写工作才算完成；只有当开发工作通过对应的单元测试后才算完成。通过关注每一项工作的质量，提升每个迭代产品交付物的质量。

最后，敏捷方法推荐进行自动化回归测试，以便保证已开发软件的行为不会因后续的改动带来改变。因为敏捷不断响应用户的新需求，不断对已有功能进行调整，可能导致后续的软件功能的修改不可预期地影响到先前功能的使用，因此需要频繁地调用自动化回归测试及时发现这些问题，并及时处理解决。

第三部分

DevOps 平台及工具

有的企业在理解了敏捷和精益文化、构建了 DevOps 体系后，便开始着手构建 DevOps 平台和工具，这是一种自上而下的思路和方式，结合了企业的数字化转型的战略目标；有些企业则是按自下而上的方式进行 DevOps 之旅，比如一些研发部门或业务支撑部门自发通过使用开源软件、购买商用软件或者自研的方式来构建 DevOps 工具和平台，以满足尤其对过程自动化方面的探索和需求，比如编译构建自动化、测试自动化、运维自动化等。本部分将根据**信通院研发运营（DevOps）解决方案能力框架图**对 DevOps 平台和工具进行详细解读。

从 DevOps 端到端的流程看，信通院最新研发运营（DevOps）解决方案能力框架如下图所示，可以分为项目管理域、应用开发域、测试域、运营 / 运维域和安全能力域。以下将展开介绍。

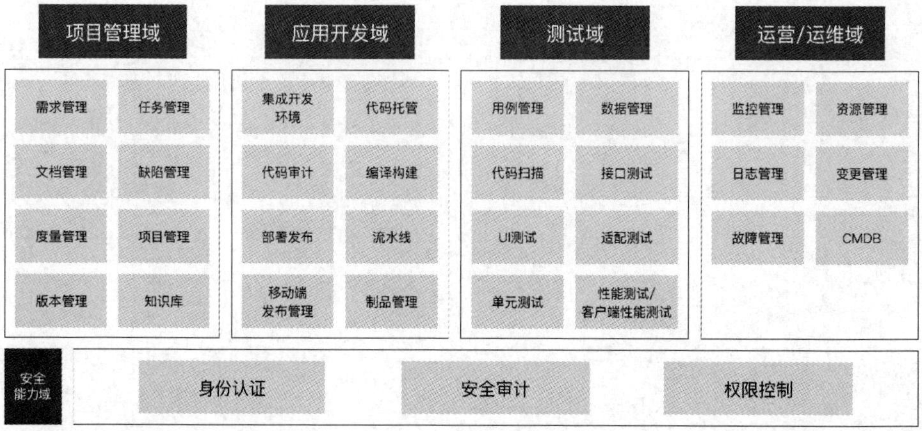

项目管理域		应用开发域		测试域		运营/运维域	
需求管理	任务管理	集成开发环境	代码托管	用例管理	数据管理	监控管理	资源管理
文档管理	缺陷管理	代码审计	编译构建	代码扫描	接口测试	日志管理	变更管理
度量管理	项目管理	部署发布	流水线	UI测试	适配测试	故障管理	CMDB
版本管理	知识库	移动端发布管理	制品管理	单元测试	性能测试/客户端性能测试		

安全能力域	身份认证	安全审计	权限控制

第8章 DevOps之项目管理

8.1 项目管理域概述

本章首先对项目管理域展开介绍，详述其组成模块和开源工具的支撑情况。

项目管理域由需求管理、任务管理、文档管理、缺陷管理、度量管理、项目管理、版本迭代管理和知识库8个模块组成。

项目管理域是企业的业务人员、产品人员、设计人员、开发和运维人员一个协同合作的平台，因此它要求工具足够灵活，可以按需定制适配各类企业的流程、审美和合规性需求，以及和后续的各个域进行对接的需求，在这个领域，比较流行的商用软件有Jira、Trello、禅道等。相比之下，开源工具在国内流行的并不多，一个主要的原因是各个企业的需求管理、任务管理和项目管理从UIUX设计、流程、对接周边系统的难度等各方面，使得单个局部开源工具的使用，没有自研或者购买商业软件来的便捷，但仍然有一些代表性的开源软件，比如Redmine。

8.2 项目管理域通用工具

1. Jira

Jira是最受欢迎的项目管理工具之一，也是软件开发团队的首选。如今有数以百万计的用户正在使用Jira做计划、开发、记录问题、跟踪进度，从而快速发布新软件。但也有一些用户认为Jira的界面太旧，有些功能令人迷惑。

Jira 的特性如下：

- 更好的可视化特性。
- 更好的优先级排序。
- 提高生产力。
- 保持联络。
- 数以千计的插件。
- 经认证的培训和咨询服务。
- 生成报告。
- 免费使用。
- 时间追踪。

2. VersionOne

VersionOne 是一个企业软件平台。它专为 DevOps 和敏捷团队打造，可以轻松扩展以适应各种规模的组织级别。它支持许多方法，如 DAD、LeSS、企业级 Scrum、大规模敏捷框架、看板或混合方法。它可以提供端到端的可视化，降低团队的使用门槛并帮助管理层了解项目进展。

VersionOne 的特性如下：

- 用户可以使用拖放功能优先处理缺陷和故事。
- 易于使用的Backlog管理系统，并配有中心化在线存储库。
- 项目可以按主题分组。
- 可以使用项目组合管理业务计划。
- 一站式捕获所有功能请求。
- 根据业务目标提供结果。
- 帮助用户确保产品和企业交付成果的一致性。

3. Asana

Asana 有简洁的导航和用户界面，是 Jira 的另一种优秀的替代方案。它可以用在关键任务中。用户用它来管理任务时无须使用电子邮件。Asana 可以帮助团队使用创新方法，并因此知名。

Asana 的特性如下：

- 处理多个工作区。
- 实时活动报告会显示实时更新。
- 为任务添加工作分配、责任人和核心。
- 用于创建任务和项目的快速选项。
- 任务和项目管理功能。
- 搜索视图和项目分区。
- 自动更新收件箱 / 电子邮件。
- 团队页面会存储会话。
- 添加关注者并跟踪任务。
- 设定截止日期、优先事项和目标。

4. PivotalTracker

PivotalTracker 是一个敏捷软件开发工具，帮助团队持续、频繁地交付。它提供了测量进度的动态工具，并为团队建立统一的优先级视图以加强协作。

PivotalTracker 的特性如下：

- 强大的搜索语法支持嵌套布尔表达式。
- 提高项目可见度并加强协作。
- 整个项目使用统一视图。
- 迭代和敏捷的管理流程。
- 专注于协作、实时化和版本发布管理。
- 根据现实情况的估算来制订计划。
- 故事之间的关系用第三方工具、嵌入式链接和内置的集成来表达。

5. Targetprocess

Targetprocess 是 Jira 的替代品，用户可以通过涉及不同复杂流程的可视化界面来管理敏捷项目。可以根据看板、Scrum 或任何自定义方法对其进行调整。管理人员可以用它来可视化项目数据、依赖关系和时间表等，同时全面提高可见度和透明度，以加强协作、规划和跟踪。

Targetprocess 的特性如下：

- 版本发布计划和Sprint计划。
- Backlog故事地图视图。
- 错误跟踪、QA、测试用例管理。
- 用于高级计划和跟踪的完整组合。
- 它是以质量为中心的敏捷测试团队的合适工具。
- 可以用它评估多个团队和项目的进度。
- 提供定制卡片、视图、报告和仪表板。

6. Mingle

Mingle 是一个项目管理工具，可用于实现和扩展团队的敏捷实践。它有多种语言版本，如中文、英语、葡萄牙语、荷兰语和西班牙语等，因此它很适合远程软件开发团队。

Mingle 的特性如下：

- Mingle带有工作模板，可以灵活用于看板、Scrum和敏捷流程。
- 帮助不同规模的公司实现敏捷流程并根据需要扩展。
- 轻松协作和沟通。
- 轻松管理跨团队依赖关系。
- 帮助所有团队实现敏捷流程，从而扩展敏捷规模。
- 团队可以选择自己的工作风格。
- 项目经理可以使用Mingle的项目规划来可视化项目的目标和时间表。

7. Assembla

Assembla 为开发人员和项目经理提供一个中心平台，他们可以在这里管理所有代码和任务，而无须为插件额外付费。Assembla 是一个代码管理平台，内置敏捷开发工具。可以将其与 SVN、Blame 和 GIT 集成，轻松管理存储库。

Assembla 的特性如下：

- Assembla提供了各种协作功能，让信息在团队之间流动。

- 它配备了一个简单的错误跟踪工具。
- 用户可以通过多种流程解决问题。
- 它提供了每小时备份功能。
- 它可以创建一个个性化过滤器。
- Git、Subversion和Perforce 托管功能。
- 它可以使用卡片视图功能和用户故事来应对优先级或需求的变化。
- 项目组合管理。

8. Crocagile

Crocagile 有着直观的界面和干净的布局，使用方便，操作耗时也不长。它的宗旨是让不了解敏捷的开发人员也可以轻松快速地入门。

Crocagile 的特性如下：

- 它有一个活动仪表板和活动跟踪功能。
- 它带有项目和任务管理功能。
- 任务计划和跟踪。
- 附带协作工具。
- 拖放界面。

9. Blossom

Blossom 是一个项目跟踪工具，可用于管理分布式公司。该软件基于看板的原则帮助团队可视化流程，帮助他们不断改进工作流程。

Blossom 的特性如下：

- 赏心悦目的项目屏幕抓取。
- 支持看板卡片。
- 提供简单快捷的聊天功能集成。
- 简单的代码集成。
- 绩效分析。
- 快速性能分析和性能洞察。

10. Trello

Trello 是市面上最著名的项目管理工具之一。该工具带有简单易用的用户界面，可以帮助团队轻松管理项目。这是一种轻量级的交互式项目管理工具。用户可以用它灵活地管理项目优先级并组织项目。

Trello 的特性如下：

- Trello可与Drive和Dropbox集成。
- 它带有内置的评论、文件上传和拖放功能。
- 可以附加到Trello的文件最大是10MB。
- 它为Android、iOS等移动平台提供支持。
- Trello为不同的活动提供单独的面板。

11. Active Collab

Active Collab 是一款易于使用且价格合理的项目管理解决方案。该软件具有出色的支持功能和直观的界面，非常容易上手。

Active Collab 的特性如下：

- 一站式处理团队协作、项目管理、发票和时间跟踪任务。
- 使用过滤器找到目标任务。
- 由unsplash.com提供主题支持。
- 通过群组日历查看团队中其他人正在处理的内容。
- 为服务器提供自托管版本。
- 有一个仪表板，可以查看所有项目。

12. SprintGround

SprintGround 是一个项目管理工具，专为开发人员设计，帮助他们提高项目的效率。该软件支持瀑布、看板和 Scrum 等软件开发方法。它支持自动估算构建进度，可以用它准确地规划发布时间。它使产品所有者可以轻松地查看进度，鼓励开发人员以客户为导向开发产品。但所有计划中的文件存储空间都不大，这是它的缺陷。

SprintGround 的特性如下：

- 使用任务管理对任务分类、确定优先级、过滤和排序。
- 通过有效的问题和错误跟踪功能提供高质量的软件解决方案。
- 通过中心化平台了解其他人正在进行的工作以实现实时协作。
- 通过时间跟踪监视功能处理任务所花费的时间。
- 通过开发进度跟踪功能监视项目的状态。
- 跟踪并组织功能请求，进而收集想法和建议。

13. Backlog

Backlog 是为开发人员设计的一体化项目管理工具。它具有直观和简单的界面。开发团队使用 Backlog 与其他团队合作，以实现高质量的项目交付和增强的团队协作。

Backlog 的特性如下：

- Wiki功能。
- 原生移动应用。
- 简单的错误跟踪工具。
- 监视列表。
- 内置SVN和Git。
- 支持Burndown Charts和Gantt Charts。
- 可在内部和云端部署。

14. Wrike

Wrike 是一个项目管理工具，可简化工作流程、获得可见度并简化规划。很多行业都使用这种基于云的协作工具。

Wrike 的特性如下：

- 在可视化时间线上使用正确的资源查看并组织项目计划。
- 使用拖放工具在单个视图中定制仪表板。
- 轻松集成电子邮件。

- 用户可以使用可自定义的仪表板，创建重要和高优先级项目视图。

15. Redmine

Redmine 是用 Ruby 开发的、基于 Web 的项目管理软件，是用 ROR 框架开发的一套跨平台项目管理系统，据说是源于 Basecamp 的 ror 版而来，支持多种数据库，有不少独特的功能，例如提供 Wiki、新闻台等，还可以集成其他版本管理系统和 Bug 跟踪系统。这种 Web 形式的项目管理系统通过项目（Project）的形式把成员、任务（问题）、文档、讨论以及各种形式的资源组织在一起，大家参与更新任务、文档等内容来推动项目的进度，同时系统利用时间线索和各种动态的报表形式，自动给成员汇报项目进度。

Redmine 的特性如下：

- 多项目和子项目支持。
- 里程碑版本跟踪。
- 可配置的用户角色控制。
- 可配置的问题追踪系统。
- 自动日历和甘特图绘制。
- 支持 Blog 形式的新闻发布、Wiki 形式的文档撰写和文件管理。
- RSS 输出和邮件通知。
- 每个项目可以配置独立的 Wiki 和论坛模块。
- 简单的任务时间跟踪机制。
- 用户、项目、问题支持自定义属性。
- 支持多 LDAP 用户认证。
- 支持用户自注册和用户激活。
- 多语言支持（已经内置了简体中文）。
- 多数据库支持（MySQL、SQLite、PostgreSQL）。
- 外观模版化定制（可以使用 Basecamp 、Ruby安装）。
- 项目论坛。
- 简单实时跟踪功能。
- SCM集成（SVN、CVS、Git、Mecuial、Bazaa和Dacs）。

8.3　项目管理域企业级解决方案

项目管理域企业级解决方案主要采用先进的精益生产理论与敏捷开发中的 Scrum 框架，并且兼容传统瀑布式的项目管理模型。作为整个 DevOps 的源头，需求管理与项目管理是最为重要的点，平台中包含需求、项目、任务、迭代、版本、文档等相关产品的管理，还具备很多追溯的能力，如缺陷、代码仓库、制品库等，方便用户从源头查看所有的元数据。

项目管理工具最适合软件生命周期的需求管理，目标客户是原来使用瀑布模式管理需求，或使用表格管理项目、公司需求的用户，可以使用项目管理工具进行需求的管理。工具采用了多种视图，如看板、树形图去查看项目下所有的需求和任务。下面以亚信科技敏捷研发管理平台为例，介绍项目管理域平台需要具备的能力。

8.3.1　核心能力

1. 需求管理

亚信科技敏捷研发管理平台需求管理功能如下图所示。

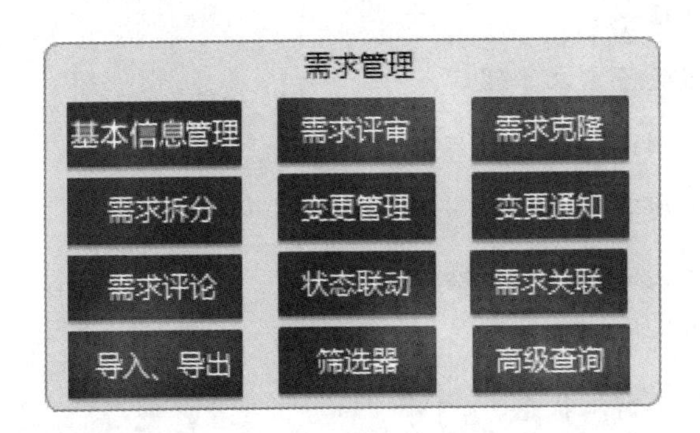

需求管理是指项目研发过程中针对用户需求的管理活动，需求分为三个层级，分别是 EPIC、Feature、User Story。对需求进行基本的增删改查操作，支持需求评审、需求操作历史、需求关联等操作，支持 3 种视图查看方式，具备

导入、导出能力。

- 支持需求的增删改查。
- 支持需求的多条件组合查询。
- 支持需求的状态管理。
- 支持需求的工作量管理，如工时、故事点。
- 支持需求的优先级管理。
- 支持需求的分配。
- 支持上传需求附件。
- 支持需求评论。
- 支持以看板方式管理需求。
- 支持需求操作日志。
- 支持需求跨项目关联。
- 支持按迭代管理需求。
- 支持需求标签。
- 支持需求的克隆。
- 支持需求批量导出。
- 支持视图，如看板、表格等。
- 支持关联任务。
- 支持多级父子需求管理。
- 支持关联测试用例。
- 支持需求关联到代码，如提交、分支。
- 支持自定义需求类型和模板。
- 支持自定义需求属性。
- 支持自定义需求状态。
- 支持自定义需求工作流。
- 支持需求关联多个项目。
- 支持需求变更。

- 支持需求评审。
- 支持需求可自定义看板。
- 支持需求变更的通知提醒，如邮件、短信等。
- 支持跟踪需求逐级分解过程和状态，如通过树状视图跟踪需求、子需求、任务、子任务。
- 支持自定义查询条件，查询条件可保存。

2. 任务管理

亚信科技敏捷研发管理平台任务管理功能如下图所示。

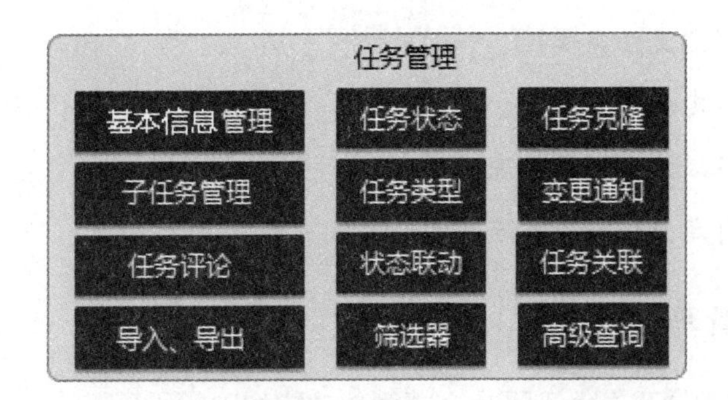

任务管理是指对研发不同阶段任务的管理活动。管理项目下需求的任务，支持子任务拆分，任务与需求实现状态联动，任务与代码进行关联，实现代码仓库、制品、流水线的数据贯通。

- 支持任务的增删改查。
- 支持任务的可视化。
- 支持任务的多条件组合查询。
- 支持任务的状态管理。
- 支持任务的工作量管理。
- 支持任务的优先级管理。
- 支持任务的分配。
- 支持上传任务附件。
- 支持任务评论。

- 支持以看板方式管理任务。
- 支持任务操作日志。
- 支持任务关联需求或其他任务。
- 支持任务看板拖曳管理。
- 支持按迭代管理任务。
- 支持任务的克隆。
- 支持任务导入、导出。
- 支持任务关联到代码。
- 支持自定义任务类型和模板。
- 支持自定义任务属性。
- 支持自定义任务状态。
- 支持多级父子任务管理。
- 支持自定义任务工作流。

3. 文档管理

亚信科技敏捷研发管理平台文档管理功能如下图所示。

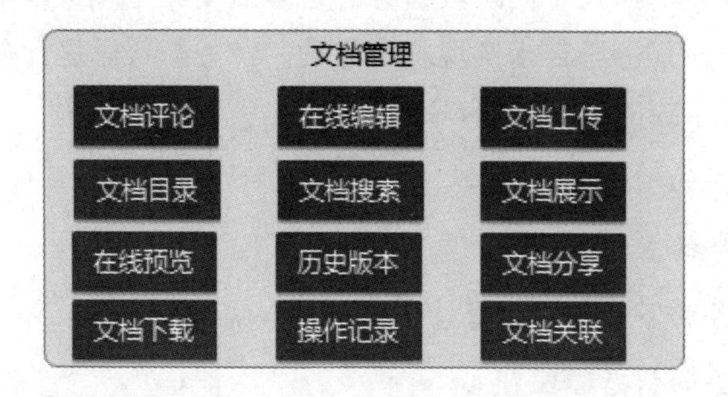

文档管理是指对项目过程中产生的架构设计、操作手册、产品说明等文档材料进行管理。管理项目下的文件，每个文件具备版本管理的能力，可以查看历史版本。对于某些文件类型具备在线编辑的能力，对于某些文件具备在线查看的能力。文件本身具备权限管理与下载、分享的操作。

- 支持多种上传、下载方式。
- 支持文档搜索功能。

- 支持按文档空间管理不同团队文档。
- 支持文档共享权限管理，如查看、编辑。
- 支持文档评论。
- 支持文档与需求关联。
- 支持文档与任务关联。
- 支持文档与缺陷关联。
- 支持在线预览。
- 支持文档目录管理。
- 支持按目录管理权限。
- 支持基于模板编写文档。
- 支持文档分享，如链接、邮件。
- 支持在线编辑文档。
- 支持查看文档历史版本。
- 支持查看文档操作记录。

4. 缺陷管理

亚信科技敏捷研发管理平台缺陷管理功能如下图所示。

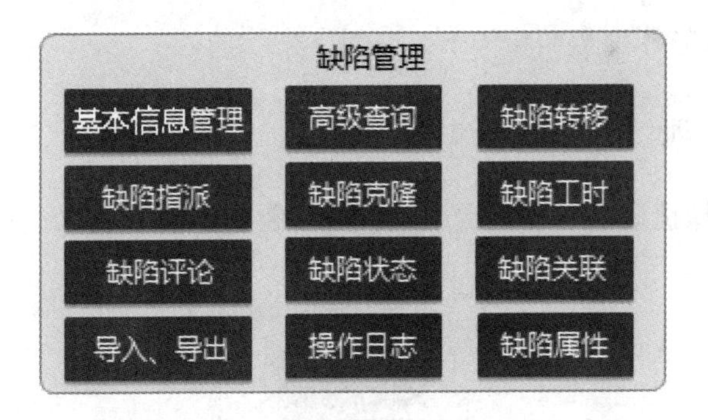

缺陷管理是指对于软件生命周期内发生的缺陷发现及解决的过程。管理项目下的缺陷，缺陷与需求进行关联，缺陷与用例进行关联，实现从需求维度查看与之关联的缺陷和用例，缺陷管理本身支持导入、导出等基本能力。

- 支持缺陷的增删改查。

- 支持缺陷的多条件组合查询。
- 支持缺陷的状态管理。
- 支持缺陷的工作量管理。
- 支持缺陷的优先级管理。
- 支持缺陷的分配。
- 支持上传缺陷附件。
- 支持缺陷评论。
- 支持缺陷操作日志。
- 支持按迭代管理缺陷。
- 支持缺陷关联需求。
- 支持缺陷的克隆。
- 支持缺陷导入、导出。
- 支持关联到代码提交。
- 支持自定义缺陷模板。
- 支持自定义缺陷属性。
- 支持自定义缺陷状态。
- 支持自定义缺陷工作流。
- 支持缺陷转为需求或任务。

5. 度量管理

亚信科技敏捷研发管理平台度量管理功能如下图所示。

度量管理是指对研发运营过程进行可执行指标提取和量化的过程。度量管理拥有自己的数据仓库，定义数据源，定义指标。选定图形后，通过 *X*、*Y* 轴的定义实现完全自助式展示数据。

- 支持统计需求总数和未完成、已完成的数量。
- 支持统计任务总数和未完成、已完成的数量。
- 支持统计缺陷总数和未解决、已解决的数量。
- 支持统计故障总数和未解决、已解决的数量。
- 支持统计需求、任务、故障和缺陷的平均响应时间。
- 支持统计需求、任务、故障的完成率和缺陷的Reopen率。
- 支持统计需求交付周期、开发周期。
- 支持内置基本的项目信息（需求、任务、缺陷）图表，例如燃尽图等。
- 支持统计代码质量，包括重复代码行数、注释率、阻断问题数、覆盖率等。
- 支持统计测试用例数。
- 支持统计发布总数、构建频次、构建时长、构建成功率、发布成功数。
- 主持生产环境变更的成功率和失败率。
- 支持需求累积流图。
- 支持缺陷累积流图。
- 支持缺陷趋势图。
- 支持需求控制图。
- 支持统计需求周期分布。
- 支持统计故障等级分布。
- 支持统计缺陷密度。
- 支持自定义统计图表、图表类型、图表数据源（列出数据来源）、过滤等。
- 支持多维度（如组织、项目、时间）统计缺陷存留数量、故障存留数据等。
- 支持多维度（如组织、项目、时间）统计UI自动化脚本数、接口自动化数、覆盖率等。

- 支持多维度（如组织、项目、时间）统计单元测试用例总数、用例通过率、代码行覆盖率、阻断总数等。
- 支持多维度（如组织、项目、时间）统计拉取分支数、提交集成数、发布次数、发布成功率等。

6. 项目管理

亚信科技敏捷研发管理平台项目管理功能如下图所示。

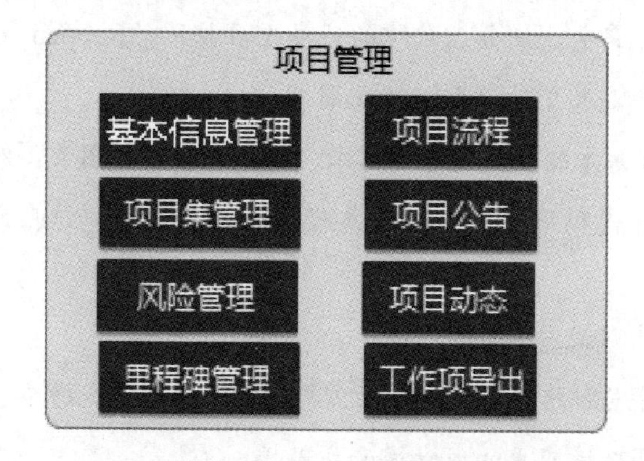

项目管理是指对多个关联项目的集中管理与协调管理。管理项目基本信息，以及项目集管理。项目集中关联若干项目，实现总体管理，以及风险、里程碑的管理。

- 支持项目的增删改查。
- 支持管理项目关联的所有需求。
- 支持管理项目关联的所有任务。
- 支持管理项目关联的所有缺陷。
- 支持项目的需求、任务、缺陷、版本迭代、看板等。
- 支持多级项目管理。
- 支持项目集的查询、新增、修改、删除。
- 支持查看项目集关联的所有项目。
- 支持项目集里程碑和进度管理。

- 支持管理项目集关联的所有需求。
- 支持管理项目集关联的所有任务。
- 支持管理项目集关联的所有缺陷。
- 支持项目集的需求、任务和缺陷的导出。
- 支持多种管理模式流程自定义。

7. 版本管理

亚信科技敏捷研发管理平台版本管理功能如下图所示。

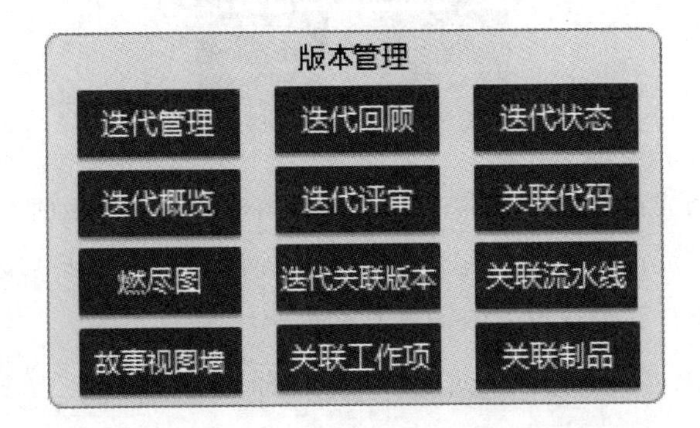

版本管理是指对集成版本进行相关管理的活动。迭代关联需求、任务、缺陷。迭代定义版本号，建立父子迭代、版本的关系。迭代评审、回顾的操作。建立迭代与构建版本的关系，迭代与流水线的关联关系。

- 支持版本标识，如版本号。
- 支持版本列表的增删改查。
- 支持版本关联工作项，如需求、缺陷、任务。
- 支持版本管理关联项目。
- 支持版本状态管理，如停用、废弃。
- 支持版本归档功能。
- 支持关联版本设置。
- 支持动态查询版本完成进度，如基于工作项的量化统计。
- 支持父子版本功能，如层级创建和展示。
- 支持通过版本触发发版作业。

- 支持通过版本查询制品。
- 支持通过版本查询代码基线。

8. 知识库

亚信科技敏捷研发管理平台知识库功能如下图所示。

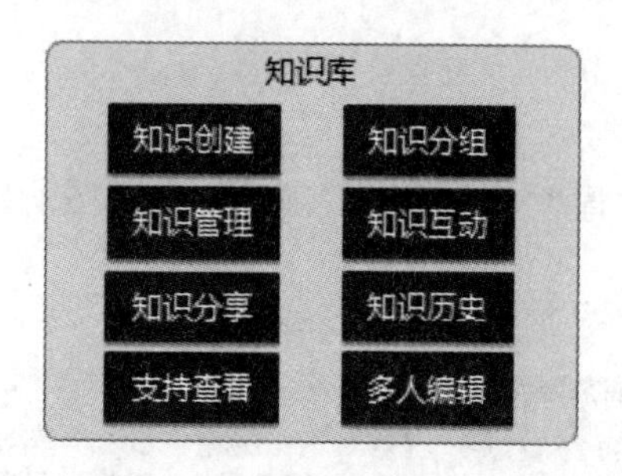

知识库是为成员提供知识共享的平台，用于企业知识管理，通过可协作文档将知识积累沉淀，提高企业运营效率。在线管理文档知识，支持分组管理，分享与在线编辑。支持评论、收藏等互动操作。

- 支持知识库的查询、新建、修改、删除。
- 支持多种格式的文档导出。
- 支持知识库分组管理。
- 支持按模板创建文档。
- 支持知识库成员管理。
- 支持知识库的权限管理。
- 支持知识库文档共享。
- 支持知识库文档互动。
- 支持查看文档历史版本。
- 支持知识库的文档统计，如阅读量、点赞数。
- 支持多种格式的文档编辑，如文档、表格、Markdown。
- 支持多种格式的文档导入。
- 支持知识库订阅或关注。
- 支持多人在线同时编辑。

8.3.2　技术应用

亚信科技敏捷研发管理平台技术架构如下图所示。

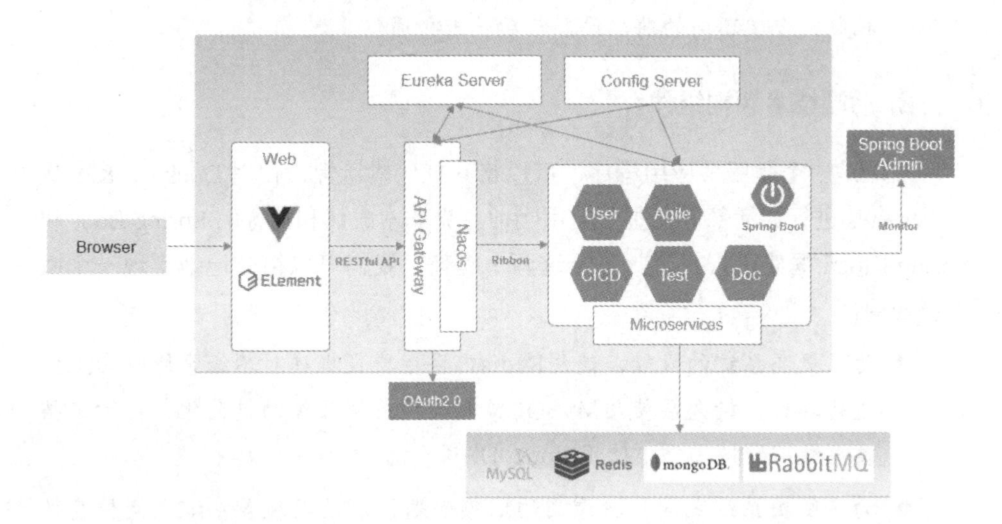

1. 前后端分离架构

该架构的优点如下：

- 彻底解放前端。前端不再需要向后端提供模板或是后端在前端HTML中嵌入后台代码。
- 提高工作效率，分工更加明确。在接口协议明确的前提下，两者开发可以同时进行，在后台还没有提供接口的时候，前端可以先根据接口协议将数据写死或者调用本地的JSON文件，开发和调试更加灵活。
- 降低维护成本。我们可以非常快速地定位及发现问题的所在，客户端的问题不再需要后端人员参与及调试，代码重构及可维护性增强。
- 实现高内聚低耦合，减少后端应用服务器的并发和负载压力。
- 使后端能更好地追求高并发、高可用、高性能，使前端能更好地追求页面展示效果、兼容性、用户体验等。

该架构的交互方式如下：

- 前后端使用RESTful API进行交互，通过RESTful架构可以很好地实现资源的获取，以及数据和状态变化的交互和展示。

- RESTful架构是目前最流行的互联网软件架构之一。它结构清晰、易于理解、方便扩展。特别是为前后端分离的系统架构提供了统一的交互机制，方便不同的前端设备与后端进行通信。

2. 后端技术架构组件

后端是一个微服务应用程序，可以将其打包成镜像，使用 Docker、K3s 或 Kubernetes 进行灵活部署，主要使用当前业界非常成熟和流行的 Spring Boot 和 Spring Cloud 框架进行搭建，基于这两个框架，我们可以很方便地实现一个微服务应用。

- 为了提高系统的性能，使用Redis内存字典数据库对不经常修改的数据进行缓存，持久层使用MySQL集群实现应用数据的持久化，对于文档类型数据的持久化，使用MongoDB进行存储。
- 为了解决系统之间接口调用的依赖问题，以及实现多系统之间信息数据同步的功能，采用RabbitMQ消息队列进行实现，有效地解决系统之间接口过多的问题，客户端可以根据自己的喜好去订阅消息，使系统之间同步数据更加方便和高效。
- 为了达到系统高可用的要求，以上各中间件都使用集群的部署方式，从而避免单点故障导致系统不可用。

3. 技术组件及应用场景

1）服务注册和发现

服务注册中心主要提供服务的注册和发现功能，实现服务上下线的动态感知，对服务提供者的地址进行统一的管理，不再需要服务消费者自己去维护服务提供者的地址信息，服务消费者只需要根据所需要的服务提供者的名称到注册中心获取要使用的服务提供者的地址即可。

当前主流的服务注册中心主要有两个公司的开源产品，一个是 Netflix 公司开源的 Eureka，另一个是 Alibaba 公司开源的 Nacos，它们皆实现了 Spring Cloud 定义的注册中心的接口规范。可根据实际的业务需求进行选择。

Eureka 注册中心主要提供以下功能：

- 实现CAP中的AP，每个客户端都有一份副本，这样不会在Eureka服务挂了之后就不可用。
- 默认如果90秒没收到服务的心跳信息，则会注销该服务，提供自我保护模式，防止网络异常导致注销大量服务。
- 客户端默认每隔30秒向Eureka服务端发送心跳信息。
- 客户端会缓存服务注册表中的信息，可以提高性能，降低server压力，实现高可用。
- 提供多网卡环境配置。

2）应用网关

微服务架构中网关的主要功能是，对客户端提供一个统一的接口访问地址，根据访问的 URL 对客户端的请求进行路由和转发，将请求调用转发给相应的服务端进行处理。

Spring Cloud Gateway 是 Spring Cloud 自研的开源网关组件，它旨在为微服务架构提供一种简单有效统一的 API 路由管理方式，为了提升网关的性能，Spring Cloud Gateway 是基于 WebFlux 框架实现的，而 WebFlux 框架底层则使用了高性能的 Reactor 模式通信框架 Netty，性能方面要比 Spring Cloud Netflix 中的 Zuul 好很多。

3）客户端负载均衡

在微服务架构中使用 Spring Cloud Netflix 中的 Ribbon 组件实现微服务调用时的负载均衡功能。网关将一个请求发送给某一个服务的应用时，如果一个服务启动了多个实例，就会使用 Ribbon 通过一定的负载均衡策略将请求发送给某一个服务实例进行处理。这样就可以有效地利用服务集群的资源，将大量的客户端请求分摊到集群中的多个服务实例，以便减少服务端处理请求的压力，提高应用处理请求的吞吐量。

4）配置中心

配置中心的主要功能是为微服务架构中的多个服务提供服务配置的统一管理，即把微服务本身所依赖的配置文件统一放到配置中心去管理，不再由自己进行维护。当服务启动时，统一去配置中心获取配置信息，然后再启动应用。

当需要修改应用的配置信息时，不需要重启应用服务，只需要在配置中心进行相应的修改，然后通知应用服务进行配置的拉取，以便达到不需要重启服务就可以在线动态修改应用配置的功能。

当前主流的配置中心主要有两个公司的开源产品，一个是 Spring Cloud 组织提供的 Spring Cloud Config，另一个是 Alibaba 公司提供的 Nacos 开源组件。它们均可以实现动态修改配置的功能。

Spring Cloud Config 配置中心实现自动刷新配置原理如下：

- Config Server（配置中心）从远端Git仓库拉取配置文件并在本地Git保存一份，Config Client（微服务）从Config Server端获取与自己对应的配置文件。
- 当远端Git仓库配置文件发生改变，Config Server会通知Config Client端进行配置更新。这就需要使用Spring Cloud Bus组件的功能，Spring Cloud Bus会向外提供一个HTTP接口，将这个接口配置到远程的Git的webhook上，当Git上的文件内容发生变动时，就会自动调用bus-refresh接口。Bus就会通知Config Server，Config Server会发布更新消息到消息总线的消息队列中，其他服务订阅到该消息就会刷新配置信息，从而实现整个微服务配置的自动刷新。

5）身份认证和授权

系统架构中使用 Spring Cloud OAuth 2.0 对第三方应用获取系统资源信息进行合法认证，保护资源的安全性。OAuth 是一个开发标准，允许用户授权第三方应用访问它们存储在另外的服务提供者上的信息，而不需要将用户名和密码提供给第三方应用。OAuth 2.0 常用的授权模式有两种：

- 授权码模式（Authorization Code）：这是OAuth最安全最常用的一种模式，比如用户在App上通过淘宝账号登录，App会引导用户先去淘宝上登录，登录后淘宝会返回一个code，App用这个code再加上在淘宝上申请的client id和client secret去获取一个access token，后面就可以使用这个token去获取资源信息了。
- 简化模式（Implicit grant type）：不通过第三方应用程序的服务器，直接在浏览器中向认证服务器申请令牌，相比于授权码模式，跳过了“授权码”这个步骤，所有步骤在浏览器中完成。

6）服务监控

系统架构中使用 Spring Boot Admin 来管理和监控基于 Spring Boot 开发的微服务应用程序。应用程序作为 Spring Boot Admin 客户端向 Spring Boot Admin 服务端注册，或者向 Spring Cloud 注册中心进行注册。主要提供如下监控功能：

- 应用运行状态，如时间、垃圾回收次数，线程数量，内存使用走势。
- 应用性能监测，通过选择 JVM 或者 Tomcat 参数，查看当前数值。
- 应用环境监测，查看系统环境变量，应用配置参数，自动配置参数。
- 应用 Bean 管理，查看 Spring Bean，并且可以查看是否单例。
- 应用计划任务，查看应用的计划任务列表。
- 应用日志管理，动态更改日志级别，查看日志。
- 应用 JVM 管理，查看当前线程运行情况，dump 内存堆栈信息。
- 应用映射管理，查看应用接口调用方法、返回类型、处理类等信息。
- 状态变更通知，支持常见的通知方式，比如邮件通知。

8.4　项目管理域场景应用

1. 互联网应用开发

互联网企业面对市场高速变化，需要快速地交付响应变化。

互联网企业通过使用支持敏捷开发方法论的项目管理服务，可以通过迭代持续交付的研发流程和模式，快速上线，拥抱市场的变化，加速企业成长。

使用一站式 DevOps 平台，可以实现互联网应用从需求到上线发布的全生命周期管理，提升端到端研发效率。

2. 独立软件开发商

企业在研发过程中，存在开发人员办公地点不同，研发工具、环境不统一的问题，导致团队成员的协作存在挑战。同时企业通常面临客户需求变化快，项目极易出现返工，需要快速响应变化等情况。

企业通过使用项目管理的简单、高效协作功能，以及统一管理的云端文档托管服务，加强了团队协作、共享和一致性管理。

3. 传统软件企业转型

传统企业在进行“互联网 +”转型的过程中，由于对互联网行业了解不足，以及自身传统管理和交付模式的差异，在初始阶段会出现研发吞吐下降，转型存在挑战等情况。

传统企业通过使用项目管理服务的需求、缺陷管理与跟踪功能，以及敏捷迭代的管理，可以熟悉并掌握敏捷迭代交付的理念和实践。同时基于强大的自定义功能，企业也可以结合转型的过渡阶段，自定义过渡的工作流，平稳转型。

4. 软件外包企业

软件外包企业通常难以掌握产品的路标和项目进度，产品质量通常只有在交付后才能得到验证。软件外包企业通常缺乏平台级的研发工具，对项目进度缺乏数据透视，难以应对发包方快速变化的需求和高标准的质量要求。

软件外包企业可以通过项目管理服务提供的丰富数据分析和透视功能，实时准确地掌握项目的进度、风险、质量。同时通过使用敏捷迭代的交付模式、持续交付和持续获取用户反馈，避免风险在最终交付时才发生。

第9章 DevOps之应用开发

9.1 应用开发域概述

应用开发域包含开发交付（又称持续交付）的整个活动过程。这个过程是指持续地将各类变更（包括新功能、缺陷修复、配置变化、实验等）安全、快速、高质量地交付到生产环境或用户手中的能力。领域中的能力涉及代码托管、云端开发、变更管理、流水线、云化构建、制品管理、环境管理、应用部署、发布管理、版本管理等。

在代码管理领域，是管理开发团队的源代码，主要能力为源代码的版本管理、分支管理以及开发协同。

（1）通过构建与持续集成将不同类型的编译构建框架源代码编译构建成可执行文件，并且在编译构建过程中进行质量管控，包括对代码质量进行自动化评审和进行自动化单元测试。

（2）通过制品管理将编译构建的可执行文件和各类环境配置文件打包成制品进行统一管理，制品分为两类（软件制品包、容器镜像）。

（3）通过自动化测试对运行时的制品进行接口测试、界面测试、性能测试；对静态制品进行安全性扫描测试，以保证软件实现与预期一致。

（4）最后通过发布管理把目标软件制品或者容器镜像发布到目标环境，包含部署过程管理、发布策略管理、发布环境管理、应用配置管理、数据变更管理等能力。

通过流水线将以上各个环节的活动组合，形成可灵活编排的自动化流水线。

9.2 应用开发域通用工具

随着云原生技术的发展和越来越多企业进行数字化转型。DevOps 越来越成为加快产品研发速度、提升团队效率的有效工具。当前在开发、测试、部署、交付、维护以及监控分析等工作中，有越来越多的开源 DevOps 工具可以使用。

那么，在应用开发域中，有哪些开源工具可以进行选择，并能够实现软件的持续交付架构的支撑呢。

9.2.1 集成开发环境工具

Eclipse、IntelliJ IDEA CE、NetBeans IDE 和 VSCodium 是当前主流的开源集成开发环境工具（IDE）。对语言的支持、插件的管理和用户体验的优化是这些工具追求和差异化的主要方向，下面分别对它们进行简要的介绍。

1. Eclipse

Eclipse 是桌面计算机上最著名的 Java IDE 之一，它支持 C、C++、JavaScript 和 PHP 等多种编程语言。它还允许开发者从 Eclipse 市场中添加很多的扩展，以获得更多的开发便利。Eclipse 基金会提供了一个名为 Eclipse Che 的 Web IDE，供 DevOps 团队在多个云平台上用托管的工作空间创建一个敏捷软件开发环境。

2. IntelliJ IDEA CE

IntelliJ IDEA CE（社区版）是 IntelliJ IDEA 的开源版本，为 Java、Groovy、Kotlin、Rust、Scala 等多种编程语言提供了 IDE。IntelliJ IDEA CE 在有经验的开发人员中也非常受欢迎，可以用它来对现有源代码进行重构、代码检查、使用 JUnit 或 TestNG 构建测试用例，以及使用 Maven 或 Ant 构建代码。

IntelliJ IDEA CE 带有一些独特的功能，比如它的 API 测试器。如果你用 Java 框架实现了一个 REST API，IntelliJ IDEA CE 允许你通过 Swing GUI 设计器来测试 API 的功能。

3. NetBeans IDE

NetBeans IDE 是一个 Java 的集成开发环境，它允许开发人员利用 HTML5、JavaScript 和 CSS 等支持的 Web 技术为独立、移动和网络架构制作模块化应用程序。NetBeans IDE 允许开发人员就如何高效管理项目、工具和数据设置多个视图，并帮助他们在新开发人员加入项目时使用 Git 集成进行软件协作开发。

下载的二进制文件支持 Windows、macOS、Linux 等多个平台。在本地环境中安装了 IDE 工具后，新建项目向导可以帮助开发人员创建一个新项目。例如，向导会生成骨架代码（有部分需要填写，如 //TODO 代码应用逻辑在此），然后可以添加自己的应用代码。

4. VSCodium

VSCodium 是一个轻量级、自由的源代码编辑器，允许开发者在 Windows、macOS、Linux 等各种操作系统平台上安装，是基于 Visual Studio Code 的开源替代品。其也是为支持包括 Java、C++、C#、PHP、Go、Python、.NET 在内的多种编程语言的丰富生态系统而设计开发的。Visual Studio Code 默认提供了调试、智能代码完成、语法高亮和代码重构功能，以提高开发的代码质量。在其资源库中有很多下载项。当运行 VSCodium 时，可以通过单击左侧活动栏中的“扩展”图标或按下 Ctrl+Shift+X 快捷键来添加新的功能和主题。例如，当在搜索框中输入“quarkus”时，就会出现 Visual Studio Code 的 Quarkus 工具，该扩展允许在 VSCodium 中使用 Quarkus 编写 Java。

9.2.2　代码托管工具

- 代码托管平台GitLab：GitLab是一个利用Ruby on Rails开发的开源应用程序，实现一个自托管的Git项目仓库，可通过Web界面进行访问公开的或者私人项目。开源中国代码托管平台git.oschina.net就是基于GitLab 项目搭建的。
- 代码评审工具Gerrit：Gerrit是一个免费、开放源代码的代码审查软件，使用网页界面。利用网页浏览器，同一个团队的程序员，可以相互审阅彼此修改后的程序代码，决定是否提交、退回或者继续修改。它使用Git作为底层版本控制系统。

- 版本控制系统Mercurial：Mercurial是一种轻量级分布式版本控制系统，采用 Python语言实现，易于学习和使用，扩展性强。
- 版本控制系统Subversion：Subversion是一个版本控制系统，相对于RCS、CVS，采用了分支管理系统，它的设计目标就是取代CVS。互联网上免费的版本控制服务多基于Subversion。
- 版本控制系统Bazaar：Bazaar是一个分布式的版本控制系统，它发布在GPL许可协议之下，并可用于Windows、GNU/Linux、UNIX以及mac OS系统。

9.2.3 编译构建工具

1. Maven

Apache Maven 是一个免费开源的自动化构建工具。它可用来做依赖管理和构建，并且主要用于 Java 项目。但不限于基于 Java 的项目，也可以使用其他编程语言，如 Ruby、Python、C#、Scala 等。

类型：构建工具

语言：Java

平台：跨平台

许可证：Apache 许可证 2.0

下载：https://maven.apache.org/

2. Gradle

Gradle 是一个自由开源的自动化构建工具。它扩展了 Apache Ant 和 Maven。它使用 DSL（“域特定语言”），而不是 Maven/Ant 使用的 XML。Gradle 的另一大特点是 DAG（“有向无环图”），可用来找到可以构建和运行任务的正确顺序。

类型：构建工具

语言：Java，Groovy

平台：跨平台

许可证：Apache 许可证 2.0

下载：https://gradle.org/

9.2.4　流水线工具

1. Jenkins

Jenkins 是 CI/CD 领域中一款最早的、久负盛名的工具，是事实上的标准。对于大多数非开发人员来说，Jenkins 可能会是一个不小的负担，并且长期以来也一直是其管理员的负担。

Jenkins 配置即代码（JCasC）应该有助于解决困扰管理员多年的复杂配置问题。和其他 CI/CD 系统类似，它允许通过 YAML 文件实现 Jenkins 主节点的零接触配置。Jenkins Evergreen 的目标是通过提供基于不同用例的预定义 Jenkins 配置来简化这个过程。这些发行版往往比标准的 Jenkins 发行版更容易维护和升级。

Jenkins 2 引入了具有两种管道类型的原生管道功能。当你在做一些简单的事情时，这两种方法都不像 YAML 那么容易操作，但是它们非常适合处理更复杂的任务。

Jenkins X 是 Jenkins 的彻底转变，很可能是原生云 Jenkins 的实现（或者至少是大多数用户在使用原生云 Jenkins 时会看到的东西）。它将使用 JCasC 和 Evergreen，并在 Kubernetes 本地以最佳的方式使用它们。

2. GitLab

GitLab 是 CI/CD 领域的一个新手玩家，但它已经在 Forrester Wave 持续集成工具中占据了领先地位。在这样一个竞争对手众多而水平又很高的领域，这是一项巨大的成就。是什么让 GitLab CI 如此了不起？

原因是，它使用 YAML 文件来描述整个管道。它还有一个功能叫 Auto DevOps，使比较简单的项目可以自动构建内置了若干测试的管道。

GitLab 使用 Herokuish 构建包来确定语言以及如何构建应用程序。有些语言还可以管理数据库，对于构建新的应用程序并在开发过程一开始就将其部署到生产环境中，这是一个很重要的功能。

GitLab 也提供到 Kubernetes 集群的原生集成，并使用多种部署方法的一种（如基于百分比的部署和蓝绿部署）将应用程序自动部署到 Kubernetes 集群中。

除了 CI 功能之外，GitLab 还提供了许多补充功能，比如自动把 Prometheus 和应用程序一起部署，实现运行监控；使用 GitLab 问题（Issues）、史诗（Epics）和里程碑（Milestones）进行项目组合和项目管理；管道内置了安全检查，提供跨多个项目的聚合结果；使用 WebIDE 在 GitLab 中编辑代码的能力，它甚至可以提供预览或执行管道的一部分，以获得更快的反馈。

3. GoCD

GoCD 出自 ThoughtWorks 的大师之手，这足以证明它的能力和效率。GoCD 与其他工具的主要区别在于它的价值流图（VSM）特性。事实上，管道可以与管道连接在一起，为下一条管道提供“材料”。这使得部署过程中具有不同职责的团队更加独立。在希望保持团队隔离性的旧组织中引入这种类型的系统时，就可能是一个有用的特性，但是，让每个人都使用相同的工具，以后会更容易发现 VSM 中的瓶颈，那样就可以重新组织团队或提高工作效率。

为公司的每个产品都配备 VSM 是非常有价值的；GoCD 允许在版本控制系统中以 JSON 或 YAML 的形式对其进行描述，并以可视化的方式显示所有有关等待时间的数据，这使得这个工具对于想更好地理解自己组织的人更有价值。从安装 GoCD 开始，只需要借助手动审批门（manual approval gates）就可以完成流程映射。然后让每个团队使用手动审批，这样你就可以开始在可能存在瓶颈的地方收集数据。

9.2.5 制品管理工具

1. Docker Registry

Docker Registry 是最流行的开源私有镜像仓库，以镜像格式发布，在下载后运行一个 Docker Registry 容器即可启动一个私有镜像仓库服务。

Docker Registry 的优点如下：

（1）Docker Registry 的最大优点就是简单，只需要运行一个容器就能集中管理一个集群范围内的镜像，其他机器就能从该镜像仓库下载镜像了。

（2）在安全性方面，Docker Registry 支持 TLS 和基于签名的身份验证。

（3）Docker Registry 也提供了 Restful API，以提供外部系统调用和管理镜像库中的镜像。

2. VMware Harbor

VMware Harbor（简称 Harbor）项目是由 VMware 中国研发团队开发的开源容器镜像仓库系统，基于 Docker Registry 并对其进行了许多增强，主要特性包括:

（1）基于角色的访问控制。

（2）镜像复制。

（3）Web UI 管理界面。

（4）可以集成 LDAP 或 AD 用户认证系统。

（5）审计日志。

（6）提供 RESTful API 以供外部客户端调用。

（7）镜像安全漏洞扫描（从 v1.2 版本开始集成了 Clair 镜像扫描工具）。

3. Sonatype Nexus

Sonatype Nexus 是一个软件仓库管理器，主要有 2.X 和 3.X 两个大版本。2.X 版本主要支持 Maven、P2、OBR、Yum 等仓库软件；3.X 版本主要支持 Docker、NuGet、npm、Bower、PyPI、Ruby Gems、Apt、Conam、R、CPAN、Raw、Helm 等仓库软件，也支持构建工具 Maven。

Sonatype Nexus 的特点如下：

（1）部署简单，通过启动一个容器即可完成。

docker run -d --name nexus -p 5000：5000 -p 8081：8081 sonatype/ docker.io/sonatype/nexus3

（2）支持 TLS 安全认证。

（3）提供 Web UI 管理界面。

（4）支持代理仓库（Docker Proxy），可以将 Nexus 镜像仓库的操作代理到另一个远程镜像库。

（5）支持仓库组（Docker Group），可以把多个仓库组合成一个地址提供服务。

除了支持 Docker 镜像，还支持对其他软件仓库的管理，如 Yum、Npm 等。目前不支持 APK（alpine 系统软件仓库）。

9.3 应用开发域企业级解决方案

随着市场竞争越来越激烈，快速响应市场需求的变化，提升企业对客户的响应和服务水平变得越来越重要。这些就要求企业内部越来越重视提升效率，降低成本，创新服务。

以上需求带来了管理创新，技术创新以及这些创新所带动起来的迭代式生长。可以看到越来越多的企业把数字化转型纳入企业未来发展必经之路。引入云原生技术，在提升企业 IT 架构的同时也带来了对人员能力更高要求，对复杂的云原生系统的管理的标准化和透明化，对支撑应用开发的工具更专业和贴近企业的管理模式和发展现状。

由此，伴随不同体量、不同发展阶段客户的应用开发域企业级解决方案孕育而生，目标就是通过各种新式的能提高效率降低成本的工具帮助其寻求自身的提高效率成本和创新。

从众多企业级解决方案上来看，应用开发域中重要的建设就是持续交付平台，其是面向企业 IT 建设的工程化平台，具备代码托管、云端开发、变更管理、流水线、云化构建、制品管理、环境管理、应用部署、发布管理、版本管理的功能特性。

通过将企业自身特色的配置管理体系纳入其中，实现规范标准，流程活动符合企业文化，促进标准共识，达成协作通畅。

通过以分层的交付流水线能力的提供，实现管理上的阶段协同（如开发，测试，生产交付活动一图总览管理）和技术上的自动化（如编译构建、应用部署的自动化）。

通过灵活开放的接口建设，与企业众多第三方系统边界的打通协同（如第三方的需求管理、应用的微服务架构、传统基础设施及容器云等）。

助力在 IT 数字化转型中的企业，实现软件交付全生命周期的活动规范化、过程可视化、领域自动化、交付自助化。

以上，就是开发交付域企业级解决方案的背景、思路和目标。

9.3.1　核心能力

1. 代码托管

企业级代码管理平台，面向软件开发者基于 GitLab 的在线代码托管服务，是具备安全管控、成员 / 权限管理、分支保护 / 合并、在线浏览 / 编辑等功能的代码仓库，旨在解决软件开发者在跨地域协同、多分支并发、代码版本管理、安全性等方面的问题。此模块通过与需求管理、流水线、云端开发等服务平台结合，在保护企业代码资产安全的基础上，促进开发交付活动的标准化、稳定、有质量。

（1）本模块主要有如下功能特点：

- 支持从仓库、组、项目、分支等维度进行权限的管理，权限清晰明确，管理更轻松。
- 支持在线创建代码仓库，通过UI界面浏览、编辑、提交代码文件。
- 支持代码克隆、下载、提交、推送、解决冲突、比较、合并、回滚等操作。
- 支持在线分支管理，包含分支新建、切换、合并，实现多分支并行开发，效率高。
- 支持分支保护，可防止分支被其他人提交或误删。
- 支持IP白名单地域控制、拦截不合法的代码下载，确保数据传输安全。
- 支持对代码仓库操作记录的回溯审计。
- 支持对代码库归档，高危操作通知功能，如代码库删除提示。
- 支持代码与需求之间的双向追溯。

- 支持代码仓库高可用，提供代码备份与恢复的方案和技术。

（2）本模块主要助力用户拥有如下特性：

- 安全性。
  - 访问控制：平台采用“租户＋项目＋用户＋用户组＋角色”统一模型对权限进行控制。
  - 鉴权：用户通过 HTTPS/SSH 访问代码仓库，使用 SSH Key 或者仓库用户名及密码进行访问鉴权。
  - 基于角色与权限的细粒度授权：不同的角色，在不同的服务中，根据不同的资源，可以有不同的操作权限。还可以做自定义的权限设置。
  - 不可抵赖性：对所有关键操作进行审计记录。审计日志被持久化，可保留足够长的时间，并可进行精确的回溯。
  - 数据保密性：对于敏感信息，会加密后进行存储。
  - 通信安全：对外提供的服务均使用 HTTP、SSH 等安全协议，保证了通信的安全性。
  - 数据完整性：关键信息都保存在内部数据库中，通过事务等各种机制保障数据的一致性。
  - 可用性：各个服务都是集群方式，保证了服务的高可用性。
  - 隐私：不涉及租户及用户的隐私。
- 跨地域协同开发。
  - 在线代码阅读、修改和提交，随时随地，不受限制。
  - 在线分支创建、切换、合并，多分支并行开发，效率高。
- 基于代码的统计分析。
  - 统计代码的缺陷、漏洞、坏味道、安全热点、代码注释率等。

（3）本模块适用于企事业研发团队，实现多地协同开发。帮助研发团队推进代码开发工作的效率，提供更敏捷、更高效的协作管理方式，从而降低研发成本。代码管理平台满足从管理、操作、安全、性能等几个方面功能要求。

- 快速创建组、创建代码仓库、多维度创建代码分支、代码分支保护等场景。对应的流程如下图所示。

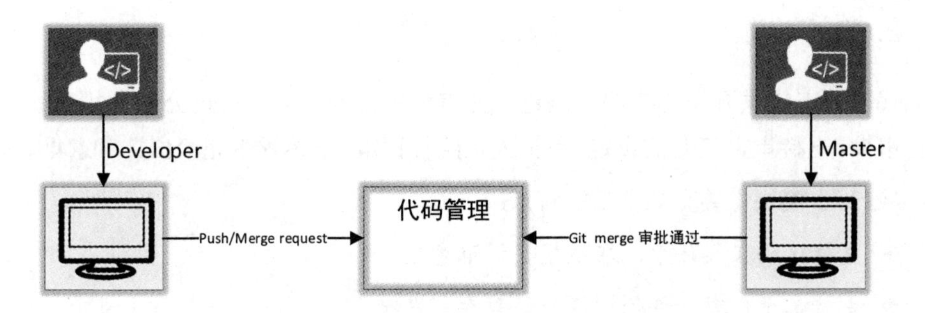

● 在线编写代码、在线提交代码、代码质量扫描、代码事件触发消息通知和流水线自动运行等场景。对应的流程如下图所示。

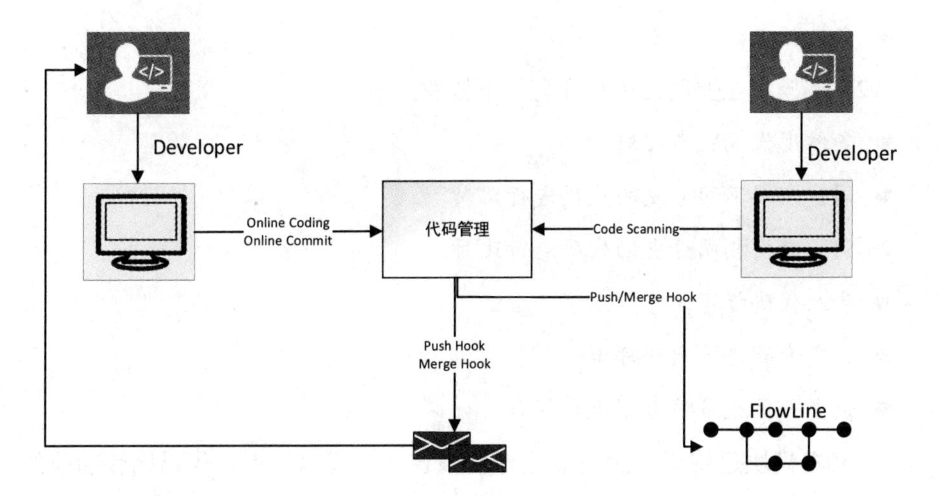

● 代码合并请求、代码合并状态、代码仓库备份与恢复等场景。对应的流程如下图所示。

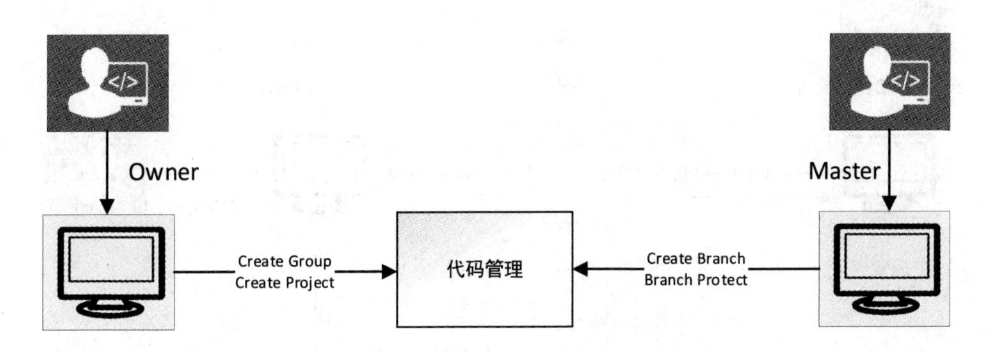

2. 代码评审

代码评审提供开发完毕的代码进行评审和审批的能力。通过分支合并过程进行审批，支持审批策略的设定，审批人按照行评审，整体评审完给出评审意见。

（1）本模块主要有如下功能特点：

- 支持代码在线评审、在线提交评审意见。
- 支持基于代码行评论，评论的暂存与发布。
- 支持设置评审通过条件指定评审人或者多人评审。
- 支持合并状态检查。
- 支持版本提交粒度的对比。

（2）本模块主要助力用户拥有如下特性：

- 多维度代码版本比对。
- 同一应用不同分支的代码进行比对。
- 同一应用相同分支的代码进行比对。
- 多人代码评审。
- 指定专家进行代码评审。
- 设置一位或多位专家进行评审。

（3）本模块适用于任意需要进行代码合并、代码评审、代码比较功能的研发团队。对应的流程如下图所示。

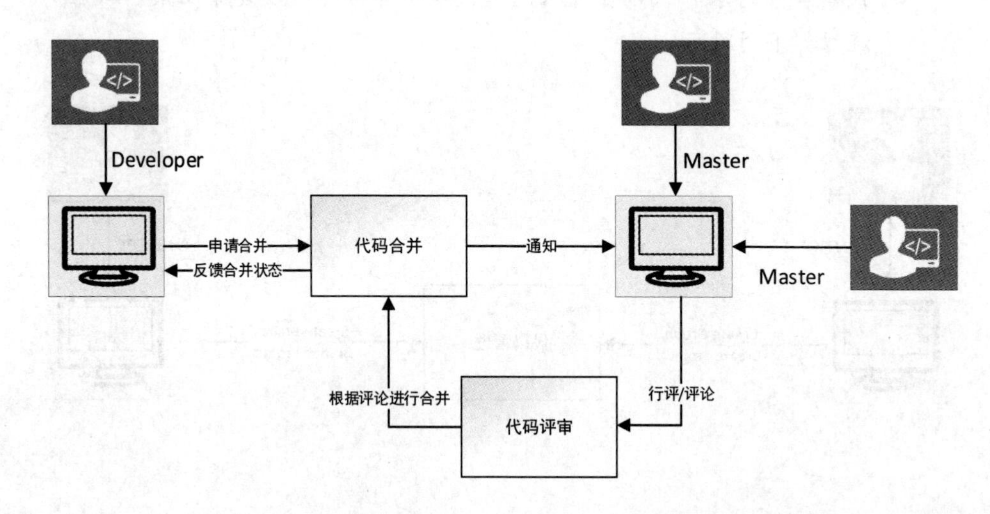

3. 云端开发

云端开发指面向云原生的 WebIDE，预制多种技术栈，自动创建与配置工作空间，通过与代码管理，流水线集成，将权限管控、在线调试反馈纳入其中，促进提升开发活动的标准化、规范化、安全性及资源的有效利用。

Visual Studio Code（简称 VScode）是微软的一款十分出色的 IDE 工具，从 1.40 版本开始，开发者可以直接从源码直接编译出 Web 版的 VScode，code-server 是一个比较好的开源解决方案。

（1）WebIDE 主要有如下功能特性：

- 一键创建云端环境，代码离线存储，使用完毕随时释放。
- 支持100+开发语言的语法高亮，支持主流开发语言的语法提示及自动补全。
- 预置Java、Node、Python等主流语言技术栈。
- 支持在线运行和在线调试，使用功能与本地IDE一致。
- 通过浏览器访问，随时随地开发。
- 支持VScode所有的插件，支持标准的插件开发规范。

（2）WebIDE 支持以下功能场景：

- 快速创建开发环境，预置常用的开发插件，支持开发者自定义插件，迅速进入开发状态，省去开发者烦琐的开发配置。
- 快速访问已经创建好的开发环境，代码离线存储，关闭浏览器后代码不丢失，开发者可随时随地进行开发。
- 与代码仓库模块进行整合，可以直接从代码仓库打开WebIDE，快速开发。

4. 变更提交物管理

变更提交物管理指面向开发人员交付物信息的识别、收集、纳管、检查。通过提供按需求维度结构化的代码、SQL、配置文件管理及多需求变更内容的动态合并和拆分，实现变更提交物的可视化，变更操作及审核的可控卡点，为高效灵活的按需发布创造了管理基础。

本模块主要有如下功能特点：

- 支持代码、SQL等变更内容与迭代内需求、任务等关联。
- 支持限制代码库的提交规范。
- 支持代码的变更提交识别、收录。
- 支持SQL文件识别并收录。

5. 流水线

流水线指面向研发运维端到端过程的自动化、可视化分层流水线，通过接口开放、自定义编排、可插拔的多态工具组件，实现灵活高效支持多场景的持续集成、持续部署、持续发布活动。

（1）本模块主要有如下功能特点：

- 支持可视化编排实现流水线自定义阶段和任务。
- 支持代码扫描、测试、构建、部署等多种任务类型。
- 支持流水线定时、手动等多种方式的执行触发。
- 支持执行参数的预定义和自定义。
- 支持多个应用流水线的组合，实现大规模分层和分级持续交付。
- 支持流水线各个阶段以及阶段下任务的状态实时展示。
- 支持流水线执行历史的查看。
- 支持流水线执行状态的消息通知。
- 支持流水线阶段的顺序执行和并行执行。
- 支持在线查看流水线执行任务日志。
- 支持将已有流水线设置为模版，并且可以根据模版快速创建新的流水线。

（2）本模块主要助力用户拥有如下特性：

- 流水线自定义：可以根据项目的具体需求，自定义阶段和任务。
- 流水线触发方式可配置：可以根据指定的时间自动触发流水线执行。
- 构建包下载：可以指定制品库上传构建包，并下载。
- 流水线执行进度展示：实时展示流水线的执行进度。

- 流水线执行状态展示：实时展示流水线的执行状态，及其中任务状态，并可以查看日志。
- 流水线消息通知：可以设置通知类型，包含邮件、钉钉等。
- 流水线执行历史：记录流水线执行历史，支持查看。
- 流水线阶段执行可配置：可以根据需要配置阶段串行和并行。
- 流水线可组合：可以将多个流水线组合起来实现更多层面的需求。

（3）本模块适用于开发人员提交代码，经过 PM 审核合并分支请求后启动配置好的流水线（可以配置 hook 实现自动），进行代码的构建打包，部署到指定环境，实现灵活高效的持续集成、持续部署发布。对应的流程如下图所示。

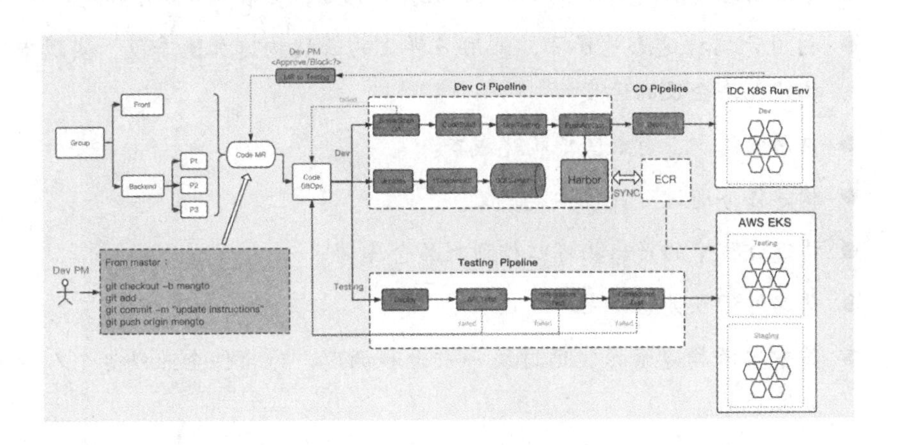

6. 云化构建

云化构建指基于云端运行的容器进行标准化编译构建，通过容器化的编译环境自动创建，资源动态分配，支持多类型操作系统、多语言，实现打包编译活动资源集约，过程标准，大并发构建的支撑。

（1）本模块主要有如下功能特点：

- 支持构建应用类型选择。
- 支持主流构建语言。
- 支持用户自定义构建环境。
- 支持用户自定义镜像构建。

- 支持多个构建标准。
- 支持多种构建任务按需分配资源，并行构建。
- 支持推送到软件版本仓库、制作镜像归档到镜像仓库。
- 支持构建结果查看和导出。
- 支持构建日志查看。
- 支持构建结果通知。
- 支持容器化构建环境。
- 构建触发支持参数定义与传递。

（2）本模块主要助力用户拥有如下特性：

- 资源动态分配，多语言混合编程及并行构建，显著提升编译构建效率。
- 利用云端构建海量资源，采用多样化的云端构建加速手段，实现本地构建无法企及的速度。
- 占用资源少，有效降低构建成本。
- 构建任务通过可视化方式定义。
- 构建过程中的产出物可归档到制品仓库。
- 构建过程任务组件化。
- 集中编译构建资源，通过统一平台和调度，为软件企业或者个人按需分配资源。
- 任务和资源高效调度。

（3）本模块适用于多种构建模式的产品的持续构建最佳实践，如下图所示。

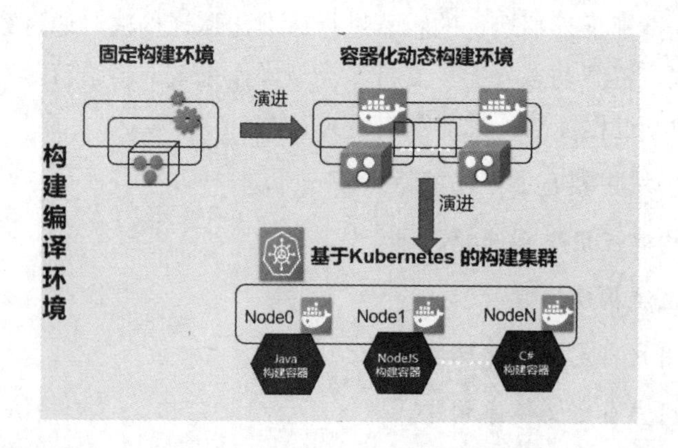

7. 制品管理

制品管理指面向企业开发交付过程依赖及产出物的统一管理，提供第三方依赖包、编译构建依赖包、编译包、镜像及 SQL，文档的体系化管理，实现按需求端到端生命周期相关依赖及衍生物的标准化、体系化、唯一化管理。

（1）本模块主要有如下功能特点：

- 支持命令行方式添加制品。
- 支持页面方式进行制品的上传和下载。
- 支持制品自身属性的元数据信息管理。
- 支持对制品的所有操作可审计。
- 支持制品的访问控制权限管理。
- 支持制品的检索。
- 支持具备制品库的备份和恢复。
- 支持制品代理和缓存，可作为公网制品仓库的本地代理，形成本地企业级依赖库。
- 支持多种类型的私有依赖库，如Docker、Maven、Raw、npm。
- 支持制品去重存储。
- 支持自动化生成构建产出物的清单，包含制品的二进制包、制品索引文件、制品的依赖组件信息、制品的构建环境参数等。
- 支持制品研发流程关键业务信息的元数据信息管理及溯源，如关联的需求、测试结果、部署信息。
- 支持制品的晋级机制，如建立质量关卡，只有记录的元数据满足质量标准，制品才能进入研发流程的下一阶段。
- 支持通过关键字、坐标数据、CheckSum、元数据等多种方式检索制品。
- 支持制品仓库的自动化容灾备份能力。
- 支持具备制品文件开源组件漏洞扫描能力。
- 支持具备制品文件开源协议扫描能力。
- 支持制品库安全扫描。

（2）本模块主要助力用户拥有如下特性：

- 开发交付产出物的可视化管理。自动集成交付过程中各种数据，它们以制品为载体，以制品元数据的方式呈现。元数据体现了制品的基本信息及测试质量、安全扫描等扩展信息，提供了制品可见性、可信性及可控性多维度展现。同时支持元数据标签自定义及索引查询，很好地支持了业务扩展性。
- 发布过程中制品可溯源、高质量。通过制品晋级路线及晋级门禁卡点的约束，保证交付过程中各环境发布制品的来源可追溯、质量可保证。
- 制品库的备份与恢复，提供了稳定的仓储服务。提供了自动同步制品库数据的能力，具有自动化容灾备份的能力。
- 安全可靠。制品数据操作的权限管控及审计，制品文件开源协议及安全漏洞扫描能力。

云原生技术的广泛应用，使得容器化应用的构建及部署等生命周期管理需要得到镜像仓库的支持。作为镜像制品的存储及分发媒介，制品仓库的管理尤为重要，它是应用镜像来源的稳定保障。

对于镜像的分发，除了支持常规的镜像推送和拉取能力，还提供了基于策略的镜像复制机制，如下图所示。将源仓库的镜像数据通过指定的过滤方式和触发方式推送到目标仓库，或者由目标仓库来直接拉取。

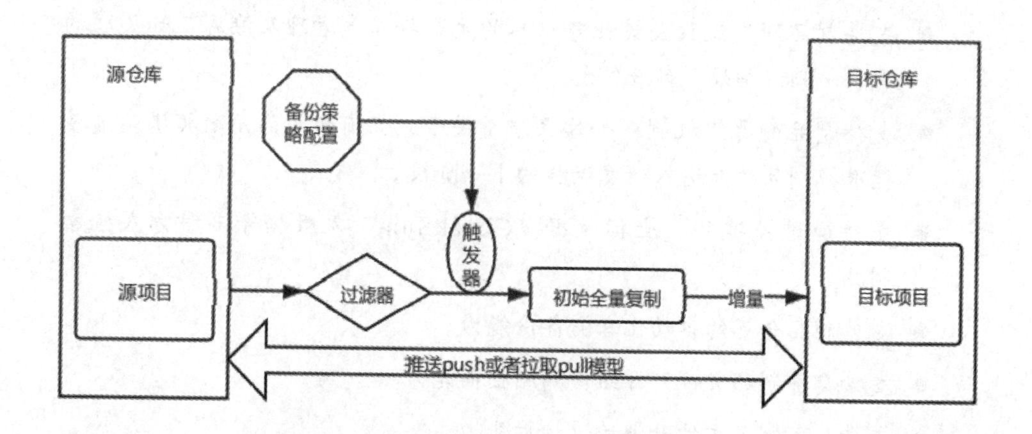

平台相应的配置界面如下图所示。

随着交付过程中应用的不断构建，作为资源的管理平台，制品库中制品资源数量会不断增长，这时需要对存量制品进行定期的清理和回收。提供了基于策略的清理及归档能力，制品归档后可查看制品元数据信息，不可下载及删除。如下图所示，为镜像清理策略配置，支持按制品镜像版本数目或按制品镜像存活时间的清理策略。

8. 环境管理

环境管理指面向应用的环境信息的维护与管理，提供环境相关的主机、数据库、等配置及初始化脚本的维护管理。实现环境的一键化安装，环境配置及服务状态的可视化、透明化。

（1）本模块主要有如下功能特点：

- 支持环境自定义。
- 支持环境初始化。
- 支持环境配置版本管理。
- 支持环境关联的应用管理。
- 支持环境关联的资源管理。
- 支持环境变更日志。

（2）本模块主要助力用户拥有如下特性：

- 应用环境一键初始化。
- 环境变更可追溯。

（3）本模块适用如下场景：

- 环境一键初始化。
- 应用服务状态实时展示。

9. 应用部署

应用部署指面向运行在不同操作系统上的虚机或容器化应用，提供可自定义的部署策略，可编排的部署步骤，可审核的部署节点。实现应用部署过程可视可控，提升部署过程的灵活化、透明化。

（1）本模块主要有如下功能特点：

- 支持部署日志和历史日志查看。
- 支持多个环境并行部署。
- 支持制品包和镜像发布。
- 支持资源环境的自动化部署。
- 支持可视化、一键式部署服务。
- 支持部署失败回滚。
- 支持容器化部署。

- 支持根据不同环境选择对应的配置。
- 支持部署时人工干预，如暂停、检查、审核。
- 支持部署流程权限管理。
- 支持可视化的自定义部署流程。
- 支持应用部署到多节点。
- 支持根据部署状态自动进行后续处理。

（2）本模块主要助力用户拥有如下特性：

- 一键式部署：根据部署技术栈填写信息，一键式快速创建部署任务，通过高级配置满足个性化需求。
- 并行部署：一个部署任务同时支持多台主机或者多个容器同时部署，并支持分主机或者分容器进行部署日志查看。
- 与流水线集成：自动交付流水线可以可视化编排部署任务，提供并行部署和串行部署任务编排，提升交付效率。
- 多技术栈：支持Java、nodejs多种语言等部署，支持用户自定义shell脚本部署，也支持用户进行容器部署。

（3）本模块在Web应用部署和微服务容器部署的应用实践如下：

- Web应用部署，流程如下图所示。
  - 定制化脚本：支持自定义shell脚本。
  - 主机管理：提供主机在线可视化管理，部署详情查看、支持部署详情、部署日志查看，方便部署失败问题定位。

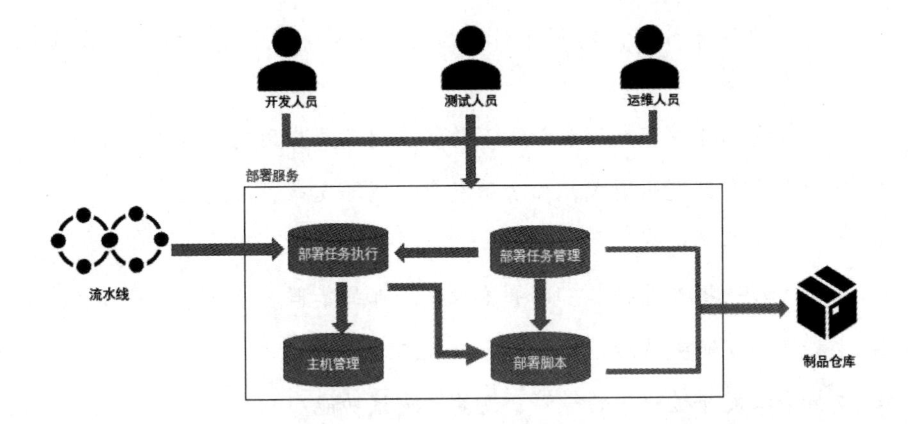

- 微服务容器部署，流程如下图所示。
  - 自定义容器镜像：支持应用自定义容器镜像部署。
  - 提供第三方容器镜像：提供官方第三方镜像库容器镜像。
  - 容器集群运维：用户无须进行容器集群运维，直接托管到云容器。

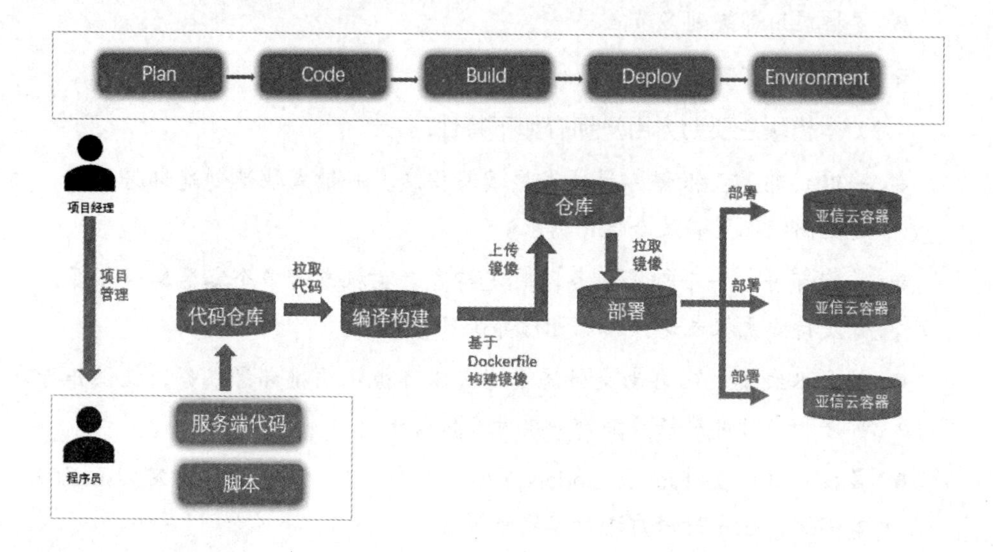

10. 发布管理

发布管理指面向生产域基于发布计划的多系统多应用的发布，提供发布顺序编排，发布引流策略的自定义。实现版本发布活动可视化，灰度及引流界面可控化。

（1）本模块主要有如下功能特点：

- 支持建立发布计划，发布计划包括选择部署环境、发布模式、发布租户、发布参数等。
- 支持按需选择该租户下多系统下的多应用不同应用包版本进行发布。
- 支持选择多种发布模式，如滚动发布、蓝绿发布、灰度发布。
- 支持发布参数定制。
- 支持在线选择部署版本、部署流水线、部署集群。
- 支持滚动发布失败后，回滚上一个版本。
- 支持分批发布过程中的暂停、恢复、重试功能。

（2）本模块主要助力用户拥有如下特性：

- 安全有序：按版本存放的制品包是发布管理可靠的来源，多系统多应用的制品包按一定序列生成，存放在制品库指定位置，保障制品安全。
- 简单便捷：可视化发布流程配置，简单快速建立发布流程，执行发布任务。
- 多场景需求：多种发布模式，满足不同用户场景需求。
- 有效追踪，完美回退：发布版本快速回退，发布历史记录跟踪。

本模块适用于研发团队和运维团队无缝对接，提升发布操作效率，减少运维人员工作时长，提升工作体验。

用户基于发布管理模块提供的制品库存放多种类型制品的能力，配合多语言编译、多构建环境、多部署模式、流水线服务快速搭建起持续交付自动化能力，实现快速发布。另外基于发布管理的制品包生命周期属性管理能力可以随时进行发布追溯，方便发布过程的度量和优化。发布管理功能流程如下图所示。

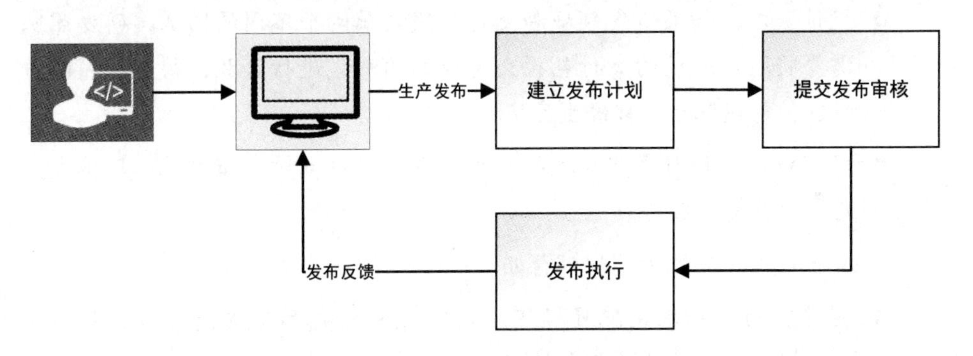

通过建立发布计划实现多系统多应用的部署，功能流程如下图所示。

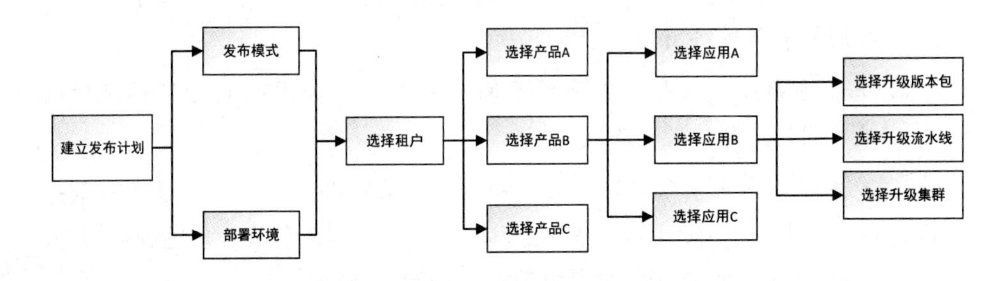

11. 版本管理

版本管理指面向软件交付端到端的版本定义及可视化管理，将软件编译构建、软件部署、软件发布通过版本进行管理，实现开发交付全流程的变更有序可控，信息追溯体系化，可审计。

（1）本模块主要有如下功能特点：

- 配置项版本化管理：以代码仓库为初始化所有配置项的承载工具，进行版本管理，所有配置项与需求管理平台的需求进行结合作为持续交付流程的数据输入端。
- 构建版本：软件构建承载代码构建、代码质量门禁、SQL脚本质量审核等能力，每构建一次流水线生成一个构建版本。构建版本关联构建输入数据、构建结果产物、构建质量报告等。
- 部署版本：构建版本关联的构建产物通过部署流水线部署到下一级环境，一个或多个构建版本合并为一个版本作为部署流水线的输入数据，部署流水线部署完成后生成部署版本，部署版本记录部署前输入数据和部署后结果数据的值及数据间的关系。
- 交付版本：如果研发领域和交付领域隶属两个不同的团队，研发团队需要将验证通过的交付包按交付版本的形式进行存放，待交付团队进行软件包获取后，部署生产环境。
- 发布版本：针对生产环境的发布，系统提供多种发布方式，环境发布后，生产发布版本。

（2）本模块主要助力用户拥有如下特性：

- 促进流动：标准化配置规范，使得开发模式和变更提交方式整齐统一，促进开发间协作与交付有序。
- 全程记忆：全生命周期版本管理，贯穿软件交付全流程，建立配置项之间的关联网络图。
- 双向追溯：需求与变更产物之间双追溯，促进团队实时了解交付进展，问题瓶颈，促进改进。

（3）本模块适用于项目管理人员查看不同数据的生命周期以及所有数据之间的关联关系。如下图所示，持续交付的过程中数据从鱼头到鱼尾进行演进，过程中任意一条数据的前因后果都能追踪、查看、展示。

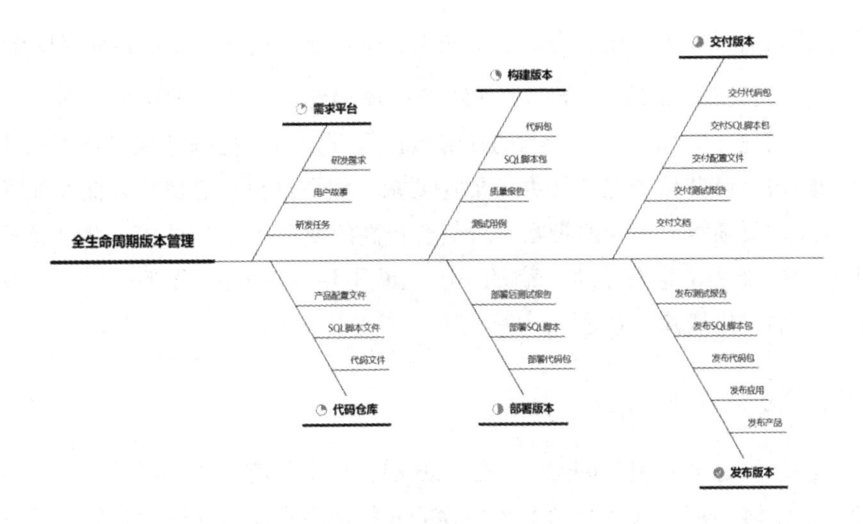

9.3.2　技术应用

应用开发覆盖了开发交付的多个领域，从代码管理，到软件开发，从持续集成部署，到制品存放和版本管理，最终通过发布管理实现软件的持续交付。

这样的系统性工作如果通过平台建设，应该具备怎样的技术要求呢？在此，通过实践总结有如下关注点。

1. 基础设施方面

代码仓库、制品仓库这类能力一般采用业界通用的第三方开源软件，如 GitLab、Nexus、Harbor。在此的技术选型考虑普遍使用的技术。在高可用、容灾备份等一些非功能性需求上，可以使用上述的商业版本来保证或者企业通过个性化封装二次开发来实现。

2. 构建环境管理

在这个领域上，是一个综合性技术实力的体现，分别有如下三个方面：

（1）构建环境的标准化：实现多语言的构建环境的管理，多语言下的编译脚本的规范化管理并可复用，这些可以通过容器化的编译构建环境来支撑实现。

（2）构建来源的标准化：容器化的构建环境依赖标准化的构建镜像的维护管理，构建脚本模板的维护管理，构建第三方包的标准化管理，这是一个配置管理领域的管理标准化能力，需要在工具平台上可视化地展示并管理操作。

（3）构建执行的高并发：企业级的编译构建，涉及多团队同一时间点的并发编译构建，对编译主机资源的计算资源管理，容器化编译构建环境的动态创建和销毁，公共依赖包的缓存与加速要求，编译过程日志信息存储及编译报错信息及时反馈等一系列的带宽、通信有较高的要求。Jenkins 等一些开源软件提供了这些能力，也有不少厂商的平台系统不使用 Jenkins 作为底层，开发了一套国产的云化构建体系。

3. 流水线管理

在流水线这个领域，Jenkins、GitLab 都有自带的流水线，提供了横向多个阶段的活动顺序流，以及纵向多个步骤的并行或串行能力。这种开源软件自带的能力，基本满足通用场景下的自动化或可视化的流水线能力。

在企业落地实践中，企业软件交付流程涉及大阶段的协同管理流程，如开发阶段、测试阶段、预发阶段、生产阶段。每个阶段下又会遇到编译构建流水线，某个环境部署流水线，以及可能存在的将构建和部署纳在同一条流水线上执行。

如此，考虑企业流水线管理的复杂性，企业自身日常开发交付流程的特殊性，在流水线的设计上，需要从顶层考虑设计、解耦。业界比较好的实践模式是，流水线从管理协同方面，制定一个“组合流水线”能够把多个流水线组装在一起，协同执行。而作为叶子节点的流水线，从实际使用领域上划分为构建流水线、部署流水线、构建部署流水线。

4. 版本管理

版本管理从广义上来说，就是把一类相关的内容，通过版本聚拢在一起，打上个标识，通过标识来找到相关内容，并通过不同标识间的比较，找到差异和变化。

在开发域中，版本管理覆盖面更广，每个领域有自己的版本，形成同领域差异的追溯。不同领域间的版本又可以通过跨领域版本进行关联，以便提供跨领域的变更联系和双向追溯。

可以把开发域的版本分为构建版本、部署版本、交付版本。

（1）构建版本：为一次编译构建活动所形成的版本，其关联代码仓库中的 revision，对应的 SQL 脚本以及配置信息的内容。其关联的输出为此次构建对应的代码二进制包或镜像文件，整合校验后的SQL脚本以及配置信息的聚合。构建版本部署在一个或多个应用环境中。

（2）部署版本：为将一个或多个构建版本整合后，在某个应用环境上部署的聚合版本。部署版本和具体环境相关，即某个应用环境的部署版本。部署版本还包括，应用环境部署后的测试报告（自动化测试、人工测试）。

（3）交付版本：为按照发布要求，在生产环境上，将一个或多个应用的构建版本发布到生产环境中。发布版本的建立，主要是为保证生产环境发布的受控性和严肃性，可以通过人工审核或质量门禁来进行控制。

发布版本将生产环境的发布过程，从计划创建，应用范围的选择与编排，应用部署包的设定和门禁控制，生产部署的时间点，部署策略，以及部署成功还是回退等一系列的方案、活动有序地衔接和记录。

5. 发布管理

发布管理指应用系统从新需求开发完成到提供给客户使用所涉及的部署活动和业务开放活动过程的总称。

发布管理中，涉及的技术点体现在对虚拟机应用、容器化应用的发布管理，以及在一定的技术底座上实现滚动、蓝绿、金丝雀发布，并在这些发布能力上提供不同的访问引流策略。这些在云原生体系下有很多实践。这里，需提出，灰度发布能力的实现有特定的前提条件，即需要达到代码构建物、数据库脚本、应用配置、引流策略的和谐统一才能保证灰度有效，功能可用，回退完整。

9.4　应用开发域场景应用

应用开发中的常见场景，主要是通过开发人员领取开发任务进行开发活动，到任务完成进行变更提交，到持续集成构建，到合并申请后的构建即测试环境部署，然后经过验证通过后，纳入版本发布计划（如版本火车），最终实现版本的上线交付。

应用开发核心流程包含开发环节、测试环节、预演环节、生产交付四大环节。当存在于外部平台中的需求环节执行完毕后即开发人员对应的开发任务领取后，容器云所提供能力支撑的开发交付各环节活动就开始进行。如下图所示流程描述的为较普遍场景。

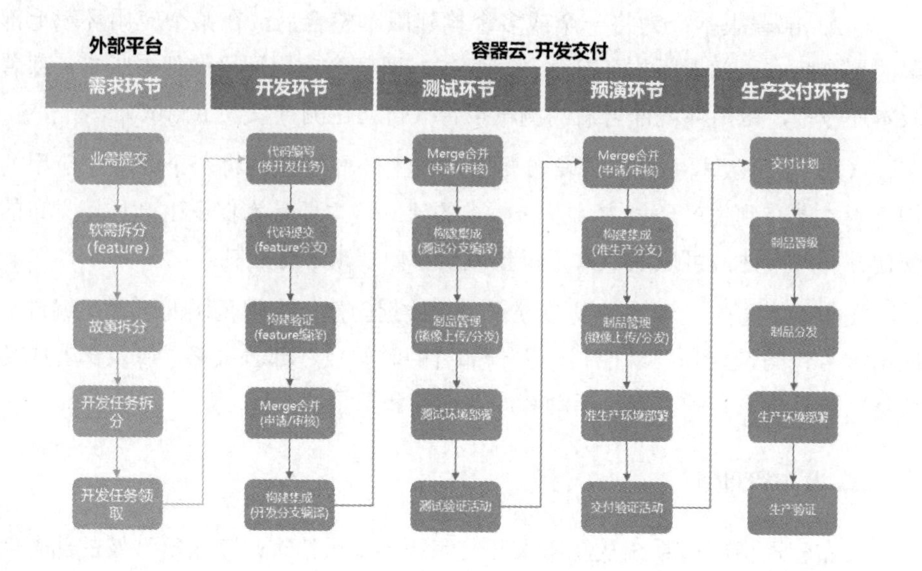

9.4.1 开发环节

此环节为开发人员的代码编写，代码提交，自动化的构建及质量内建与反馈活动。提升开发团队内部开发阶段质量内建，变更结果及时可见，促进团队间信息拉齐。如下图所示。

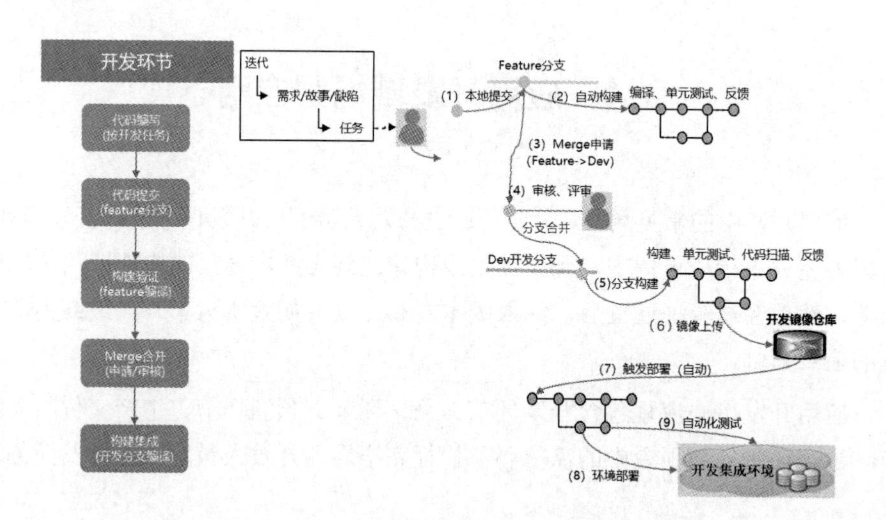

此环节的典型活动步骤如下：

（1）本地提交：开发人员从本地电脑将代码提交到远程的 feature 分支。

（2）自动构建：feature 分支有代码变更后会自动触发流水线进行编译构建，单元测试，尽量在 5 分钟内反馈提交人员构建结果，质量问题，以便快速修复。

（3）Merge 申请：当开发人员功能开发完成后，将会提交 Merge Request 到 Dev 开发分支，等待小组负责人进行审核与代码评审。

（4）审核、评审：小组审核人根据 Merge 申请，进行代码评审，以及是否可合并到 Dev 开发分支。

（5）分支构建：当 feature 分支代码合并到 Dev 开发分支后，会触发流水线进行自动构建，实现开发团队内部的代码集成问题及质量的反馈。

（6）镜像上传：流水线会把 Dev 开发分支生成的镜像上传到开发镜像仓库。

（7）触发部署：开发集成环境为 Dev 开发分支对应的环境，目的是开发团队内部共享使用的环境，由流水线进行自动化部署。

（8）环境部署：由流水线调度弹性计算平台完成。

（9）自动化测试：由流水线调度自动化测试工具完成。

9.4.2　测试环节

此环节为开发团队需求完成后，触发测试验收活动的开展，体现在按需进行编译、通过流水线对测试环境部署，以及相应的自动化测试，手工测试验证活动。

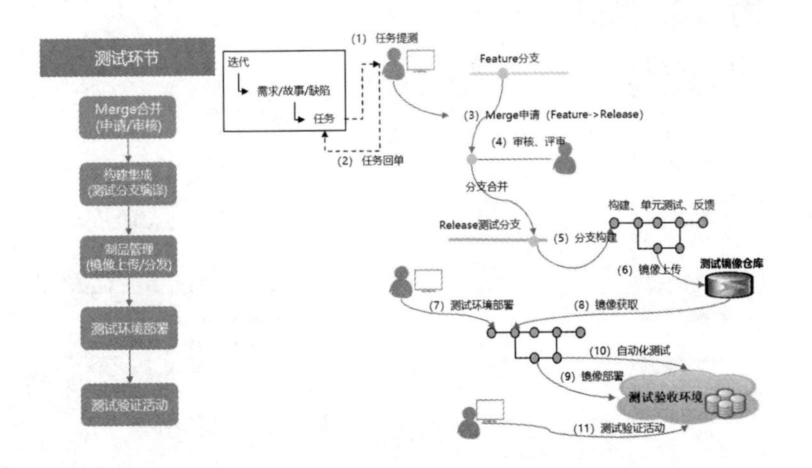

此环节的典型活动步骤如下：

（1）任务提测：开发人员在完成Feature对应的需求后进行提交测试行动。

（2）任务回单：将开发任务进行流转或关闭。

（3）Merge 申请：将 Feature 分支向 Release 测试分支进行合并申请。

（4）审核、评审：此 Release 的负责人对变更申请进行审核和评审。

（5）分支构建：当 Release 分支有新代码合并进入后将触发流水线进行编译构建。

（6）镜像上传：当构建成功后，镜像将上传至测试镜像仓库。

（7）测试环境部署：测试环境通过触发部署流水线进行部署。

（8）镜像获取：从测试镜像仓库获取相应的镜像。

（9）镜像部署：调用弹性计算平台进行镜像部署。

（10）自动化测试：调用自动化测试工具实现接口、UI 自动化测试。

（11）测试验证活动：测试环境部署完毕后将进行测试验证活动。

9.4.3 预演环节

此环节为上线生产版本的准备及验证活动，为 SRE（BM）根据上线需求范围，进行上生产包的编译构建，并通过部署流水线对准生产环境部署，通过测试团队的交付验证活动确保待上生产软包的质量。如下图所示。

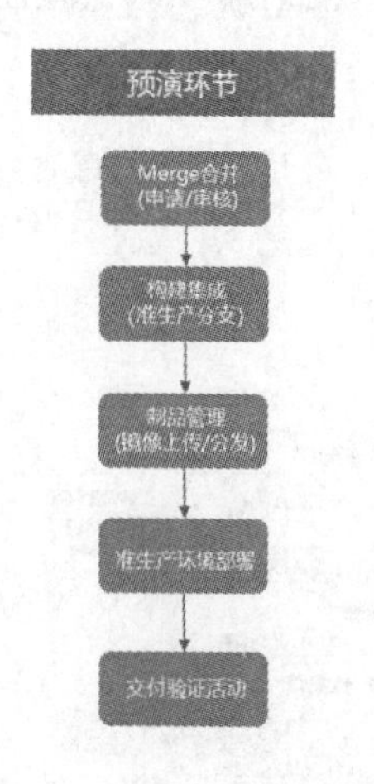

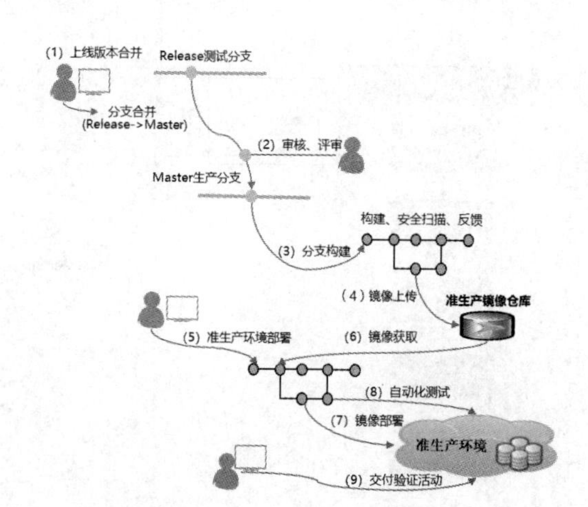

此环节的典型活动步骤如下：

（1）上线版本合并：开发人员在平台创建 Release 到 Master 分支的 Merge 请求。

（2）审核、评审：小组审核人根据 Merge 申请，进行代码评审，以及执行合并到 Master 的审核。

（3）分支构建：Master 分支有代码变更后会自动触发流水线进行编译构建，或调用第三方提供的安全扫描工具扫描，尽量在 5 分钟内反馈提交人员构建结果，质量问题，以便快速修复。

（4）镜像上传：流水线会把 Master 分支生成的生产镜像自动上传到准生产镜像仓库。

（5）准生产环境部署：运维人员确认部署版本，启动准生产部署流程。

（6）镜像获取：流水线会根据部署版本，自动去准生产镜像仓库中获取对应部署镜像。

（7）镜像部署：在准生产环节部署应用

（8）自动化测试：由流水线调度弹性计算平台和自动化测试工具完成。

（9）交付验证活动：准生产发布完成后，测试团队介入，进行需求验证活动，确保交付版本质量。

9.4.4　生产交付环节

此环节开始进行正式部署生产环节的准备、执行及验证。包括制订生产部署活动计划，对参与此次生产上线的各系统应用进行协同部署编排。通过制品晋级的质量管理能力、制品分发的加速能力，实现镜像包的快速部署，并通过生产验证保证上线有质量、有效率。如下图所示。

此环节的典型活动步骤如下：

（1）发布计划制订：运维人员及系统负责人制订生产发布计划，进行发布版本选择及应用发布顺序编排。

（2）制品跨库晋级：根据发布计划的内容要求，进行部署包的跨库晋级，将经过准生产环境验证的镜像推送到生产镜像库。

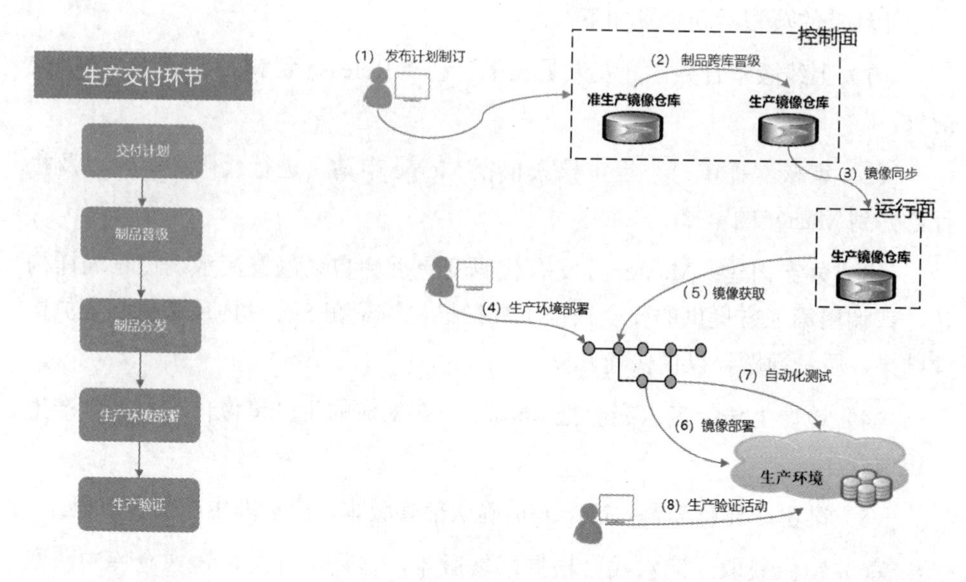

（3）镜像同步：在多平面管理下，应用镜像会从控制面的中央镜像库同步到运行面的镜像库，以便运行面的弹性计算平台获取镜像，减少网络传输延迟。

（4）生产环境部署：基于生产部署时间窗口，由运维人员通过流水线进行执行。

（5）镜像获取；流水线从生产镜像仓库获取相应的镜像。

（6）镜像部署；流水线调用弹性计算平台实现。

（7）自动化测试：流水线调用自动化测试工具进行。

（8）生产验证活动：在生产环境部署完成后，进行生产验证活动。

第10章 DevOps之测试

10.1 测试域概述

软件测试(Software Testing),描述一种用来促进鉴定软件的正确性、完整性、安全性和质量的过程。换句话说,软件测试是一种实际输出与预期输出之间的审核或者比较过程。软件测试的经典定义是:在规定的条件下对程序进行操作,以发现程序错误,衡量软件质量,并对其是否能满足设计要求进行评估的过程。

软件测试是使用人工操作或者软件自动运行的方式来检验它是否满足规定的需求或弄清预期结果与实际结果之间差别的过程。它是帮助识别开发完成(中间或最终的版本)的计算机软件(整体或部分)的正确度(correctness)、完全度(completeness)和质量(quality)的软件过程;是SQA(Software Quality Assurance)的重要子域。

总而言之,测试是应用开发的关键保障,平台应提供一站式测试解决方案,覆盖测试管理、接口测试、UI界面测试、单元测试、性能测试,多维度评估产品质量,帮助用户高效管理测试活动,保障产品高质量交付。

10.1.1 测试原则

- 测试应该尽早进行,最好在需求阶段就开始介入,因为最严重的错误不外乎是系统不能满足用户的需求。
- 程序员应该避免检查自己的程序,软件测试应该由第三方来负责。
- 设计测试用例时应考虑到合法的输入和不合法的输入以及各种边界条件,特殊情况下还要制造极端状态和意外状态,如网络异常中断、电源断电等。

- 应该充分注意测试中的群集现象。
- 对错误结果要进行一个确认过程。一般由A测试出来的错误，一定要由B来确认。严重的错误可以召开评审会议进行讨论和分析，对测试结果要进行严格的确认，是否真的存在这个问题以及严重程度等。
- 制订严格的测试计划。一定要制订测试计划，并且要有指导性。测试时间安排尽量宽松，不要希望在极短的时间内完成一个高水平的测试。
- 妥善保存测试计划、测试用例、出错统计和最终分析报告，为维护提供方便。

10.1.2 测试目标和对象

- 测试目标包括发现一些可以通过测试避免的开发风险，实施测试来降低所发现的风险，确定测试何时可以结束，在开发项目的过程中将测试看作一个标准项目。
- 测试对象包括程序、数据和文档。

10.1.3 测试内容

软件测试的对象不仅仅是程序测试，软件测试应该包括整个软件开发期间各个阶段所产生的文档，如需求规格说明、概要设计文档、详细设计文档，当然软件测试的主要对象还是源程序。

总而言之，测试是应用开发的关键保障，平台应提供一站式测试解决方案，覆盖测试管理、接口测试、UI 界面测试、单元测试、性能测试，多维度评估产品质量，帮助用户高效管理测试活动，保障产品高质量交付。

10.2 测试域通用工具

市面上有很多开源的测试工具，比如接口测试 Postman、UI 界面测试 Selenium、单元测试 JUnit、移动端测试 Appium、性能测试 JMeter 等，下面将详细介绍这几款测试工具。

10.2.1　接口测试Postman

Postman 是一款流程的接口调试工具，其特点就是使用简单，功能强大。使用角色也非常广泛，后端开发、前端人员、测试人员都可以使用它进行接口调试或测试。

（1）如果把Postman去其内容只保留框架的话，就是下图所示的这三个功能。

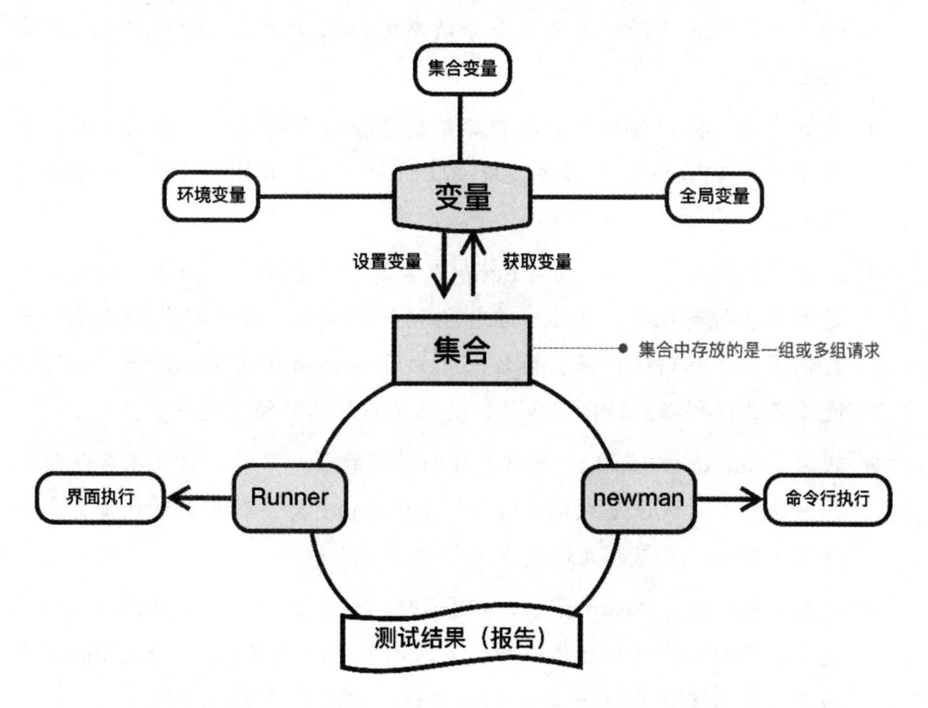

- 变量：Postman中有多种变量，这里只列举了最常用的三种。因为所要测试的接口往往很多，所以，几乎就离不开这个功能。
- 集合：集合是Postman的核心，几乎所有的功能都围绕着它转，或者是为它服务 。在它的里面存放着最小的单元—请求。
- 运行器：主要是为集合生成测试结果，Postman支持两种方式：界面和命令行。

（2）Postman 主要包括如下功能：

- 4种常见的接口请求。在做接口测试时，我们经常会遇到含有查询参数的接口、表单类型的接口、支持文件上传的接口、JSON类型接口。在Postman中支持这些接口的请求 。

- 变量。变量的使用可以帮我们解决很多问题，可以使数据重复利用，也可以解决跨请求、跨集合的数据访问。在Postman支持多种变量，如局部变量、环境变量、集合变量、全局变量等 。定义适合的变量有助于脚本的稳定性和扩展性。
- 断言（Tests）。不言而喻，断言作为测试人员最常用的功能，其断言库的丰富决定着测试的效率。Postman有非常丰富的断言，更牛的是编写一个断言代码就可以对多个请求进行批量断言，配置起来也非常便捷。
- 接口关联。接口关联是做接口测试时经常遇到的问题，在面试时也会被经常问在Postman中解决接口关联的方案也有多种，其中之一就是通过变量去解决。
- 请求前置脚本（Pre-request Script）。请求前置脚本，简单地说就是在发送请求前要执行的脚本，在做自动化测试时，每个功能的测试，会首先预定义好测试数据。那么，对于用Postman做自动化的话，就可以通过它进行数据初始化，当然，这只是它的一种使用场景。
- 认证（Authorization）。可以说我们所测的每个系统，都离不开认证，其中最常见的认证方式就是token。Postman支持多种常见的认证方式，通过此功能，可以大大地减少工作量。
- 导入导出。使用Postman做接口测试时，会每次为填写各种乱七八糟的请求数据而烦恼吗？教你一招，导入浏览器的数据包，导入fiddler的数据包，导入接口文档Swagger的数据包，都能自动生成请求。
- 快速查找与替换。有没有这样的需求，像在文本中批量替换字符串一样，可以在Postman中也批量替换集合中的数据，变量中的数据。
- 生成测试报告（Newman）。测试报告是脚本运行后的产物，是测试人员对质量评估的参考依据，是对代码质量最好的可视化数据。Postman也支持生成测试报告，它提供了多种运行方式，多种报告格式。
- pm对象解析。我们在Postman的沙箱内使用到的每一句代码，几乎都会使用到pm。它有很多的对象，也能帮我们做很多的功能扩展。
- 集合运行器（Runner）。批量运行集合用例时，我们会使用到Collection Runner，但它里面有好多选项，集合中的脚本执行顺序都是在Runner中控制的。但同时也支持在请求脚本中控制脚本的执行顺序。

- 读取外部文件进行参数化。数据驱动都很熟悉，现在的很多工具也都支持数据驱动。Postman同样支持，可以满足设计一条用例多条数据运行的需求。

10.2.2 UI（界面）测试 Selenium

Selenium 是 ThoughtWorks 公司开发的 Web 自动化测试工具。Selenium 可以直接在浏览器中运行，支持 Windows、Linux 和 macOS 平台上的 Internet Explorer、Mozilla 和 Firefox 等浏览器，得到了广大 Web 开发和测试人员的应用。

Web UI 自动化测试框架，底层基于 WebDriver 实现，浏览器实现了 WebDriver 功能都可以用它来自动调起和测试。

Selenium 是一个 Web 自动化测试的工具，支持的浏览器包括 IE、Firefox、Google 甚至 Safari。它的底层实际上是用 JavaScript 脚本模拟人对浏览器的一系列操作，来达到测试 Web 网页的目的。

早期的 Selenium1 包括了 Selenium IDE、Selenium Remote Control、Selenium Grid 三大插件。

（1）IDE 是 Firefox 内置的一款用来录制脚本使用的插件，适用于懒人定位，或者新手学习。IDE 可以将录制好的脚本转义成多种语言，一般来说使用最多的就是 Java 和 Python。

（2）Selenium Remote Control：支持多种平台（Windows、Linux、Solaris）和多种浏览器（IE、Firefox、Opera、Safari），可以用多种语言（Java、Ruby、Python、Perl、PHP、C#）编写测试用例。

（3）Selenium Grid：允许 Selenium-RC 针对规模庞大的测试案例集或者需要在不同环境中运行的测试案例集进行扩展。

Java 由于其丰富的框架和开源插件几乎达到了无所不能的地步，Python 由于其简练的语言和使用环境也受众不少，同时 Python 的第三方库也很充裕。这里不对语言的优劣做更多的累述，凡是存在的即是合理的。

接着 Selenium 更新到了 Selenium 2 版本，Selenium 2 最大的不同就是使用了 WebDriver，Selenium WebDriver 针对不同的浏览器进行独立开发 Driver，利用浏览器的原生 API 去直接操作浏览器和页面元素，这样大大提高了测试的稳定性和速度。

2016 年 7 月，Selenium 3.0 发布了，新版本主要是支持了 edge 浏览器，Selenium 自带的火狐浏览器的支持变为 geckodriver 来进行驱动，Java 最低版本要求为 1.8。

Selenium 可以编写相关的自动化程序，让程序完全像人一样在浏览器里面操作 Web 界面，比如模拟鼠标点击、模拟键盘输入等等。不但能够操作 Web 界面，还能从 Web 中获取信息，并且相对来说，使用 Selenium 来获取信息更加简单，它的基本原理是我们编写自动化程序之后利用浏览器驱动直接对浏览器进行操作，因此原理上来说，只要我们用户能在浏览器上获得的信息使用 Selenium 都可以获得，在我们编写爬虫程序的时候，最经常使用的可能是 requests 了，可实际上在很多网站，它们不是静态网页，有很多东西并不在源代码中，这个时候如果继续使用它就需要使用很多前端的知识了，要对网页进行分析找出来真实的 URL，或者对相关 JavaScript 文件解密等，需要我们掌握一定的知识并且需要进行分析，而如果使用 Selenium，则就完全可以傻瓜式的抓我们想要的东西。

10.2.3 单元测试 JUnit

JUnit 作为目前 Java 领域内最流行的单元测试框架已经走过了数十年。而 JUnit 5 在 JUnit 4 停止更新版本的 3 年后终于也于 2017 年发布。作为最新版本的 JUnit 框架，JUnit 5 与之前版本的 JUnit 框架有很大的不同。首先 JUnit 5 由来自三个不同子项目的几个不同模块组成。

JUnit 5 = JUnit Platform + JUnit Jupiter + JUnit Vintage

- JUnit Platform是在JVM上启动测试框架的基础，不仅支持JUnit自制的测试引擎，其他测试引擎也都可以接入。
- JUnit Jupiter提供了JUnit 5新的编程模型，是JUnit 5新特性的核心。内部包含一个测试引擎，用于在JUnit Platform上运行。
- 由于JUnit已经发展多年，为了照顾老的项目，JUnit Vintage提供了兼容JUnit 4.x、JUnit 3.x的测试引擎。

JUnit 5 通过接入不同测试引擎，来支持各类测试框架的使用，成为一个单元测试的平台。它也采用了分层的架构，分成了平台层、引擎层、框架层。下图可以很清晰地体现出来。

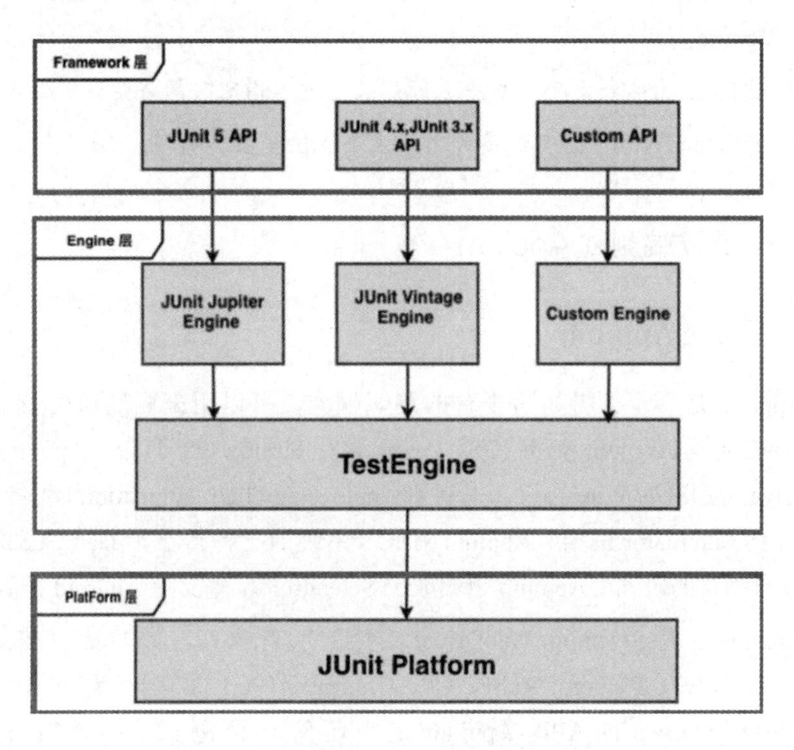

只要实现了 JUnit 的测试引擎接口，任何测试框架都可以在 JUnit Platform 上运行，这代表着 JUnit 5 有着很强的拓展性。

JUnit 5 基本注解如下。

- @Test：表示方法是测试方法。但是与JUnit 4的@Test不同，它的职责单一不能声明任何属性，拓展的测试将会由Jupiter提供额外测试。
- @ParameterizedTest：表示方法是参数化测试。
- @RepeatedTest：表示方法可重复执行。
- @DisplayName：为测试类或者测试方法设置展示名称。
- @BeforeEach：表示在每个单元测试之前执行。
- @AfterEach：表示在每个单元测试之后执行。
- @BeforeAll：表示在所有单元测试之前执行。

- @AfterAll：表示在所有单元测试之后执行。
- @Tag：表示单元测试类别，类似于JUnit 4中的@Categories。
- @Disabled：表示测试类或测试方法不执行，类似于JUnit 4中的@Ignore。
- @Timeout：表示测试方法运行如果超过了指定时间将会返回错误。
- @ExtendWith：为测试类或测试方法提供扩展类引用。

10.2.4 移动端测试 Appium

1. 什么是 Appium

Appium 是一个开源、跨平台的测试框架，可以用来测试原生及混合的移动端应用。Appium 支持 iOS、Android 及 Firefox OS 平台。Appium 使用 WebDriver 的 JSON Wire 协议，来驱动 Apple 系统的 UIAutomation 库、Android 系统的 UIAutomator 框架。Appium 对 iOS 系统的支持得益于 Dan Cuellar's 对于 iOS 自动化的研究。Appium 也集成了 Selendroid，来支持 Android 旧版本。

Appium 支持 Selenium WebDriver 支持的所有语言，如 Java、Object-C、JavaScript、PHP、Python、Ruby、C#、Clojure 及 Perl 语言，更可以使用 Selenium WebDriver 的 API。Appium 支持任何一种测试框架。如果只使用 Apple 的 UIAutomation，只能用 JavaScript 来编写测试用例，而且只能用 Instruction 来运行测试用例。同样，如果只使用 Google 的 UIAutomation，就只能用 Java 来编写测试用例。Appium 实现了真正的跨平台自动化测试。

Appium 选择了 client-server 的设计模式。只要 client 能够发送 HTTP 请求给 server，那么 client 用什么语言来实现都是可以的，这就是 Appium 及 WebDriver 做到支持多语言的原因。

2. Appium 的概念

（1）客户端 / 服务器架构：Appium 的核心一个是暴露 REST API 的 Web 服务器。它接受来自客户端的连接，监听命令并在移动设备上执行，答复 HTTP 响应来描述执行结果。实际上客户端 / 服务器架构给予了我们许多可能性：我们可以使用任何有 HTTP 客户端 API 的语言编写测试代码，不过选一个

Appium 客户端程序库用起来更容易。我们可以把服务器放在另一台机器上，而不是执行测试的机器。我们可以编写测试代码，并依靠类似 Sauce Labs 的云服务接收和解释命令。

（2）会话（Session）：自动化始终在一个会话的上下文中执行，这些客户端程序库以各自的方式发起与服务器的会话，但最终都会发给服务器一个 POST/session 请求，请求中包含一个被称作“预期能力（Desired Capabilities）”的 JSON 对象。这时服务器就会开启这个自动化会话，并返回一个用于发送后续命令的会话 ID。

（3）预期能力（Desired Capabilities）：预期能力是一些发送给 Appium 服务器的键值对集合（比如 map 或 hash），它告诉服务器我们想要启动什么类型的自动化会话。也有许多能力（Capabilities）可以修改服务器在自动化过程中的行为。例如，我们可以将 platformName 能力设置为 iOS，以告诉 Appium 我们想要 iOS 会话，而不是 Android 或者 Windows 会话。或者我们也可以设置 Safari Allow Popups 能力为 true，确保我们在 Safari 自动化会话期间可以使用 JavaScript 打开新窗口。

（4）Appium 服务器：Appium 是一个用 Node.js 写的服务器。可以从源码构建安装或者从 NPM 直接安装：

```
$ npm install -g Appium
$ Appium
```

（5）Appium 客户端：有一些客户端程序库（分别在 Java、Ruby、Python、PHP、JavaScript 和 C# 中实现），它们支持 Appium 对 WebDriver 协议的扩展。你需要用这些客户端程序库代替常规的 WebDriver 客户端。

10.2.5　性能测试 JMeter

Apache JMeter 是 Apache 组织开发的基于 Java 的压力测试工具。用于对软件做压力测试，它最初被设计用于 Web 应用测试，但后来扩展到其他测试领域。它可以用于测试静态和动态资源，例如静态文件、Java 小服务程序、CGI 脚本、Java 对象、数据库、FTP 服务器等。JMeter 可以用来对服务器、网络或对象模拟巨大的负载，来自不同压力类别下测试它们的强度和分析整体性能。另外，JMeter 能够对应用程序做功能 / 回归测试，通过创建带有断言的脚本来验证程序返回的结果是否达到期望。为了最大限度的灵活性，JMeter 允许使用正则表达式创建断言。

为什么使用 JMeter？原因如下。

- 开源免费，基于Java编写，可集成到其他系统可拓展各个功能插件。
- 支持接口测试，压力测试等多种功能，支持录制回放，入门简单。
- 相较于自己编写框架或其他开源工具，有较为完善的UI界面，便于接口调试。

JMeter 与 LoadRunner 相比，既有优点也有缺点。JMeter 是一款开源（有着典型开源工具特点：界面不美观）测试工具，虽然与 LoadRunner 相比有很多不足，比如它的结果分析没有 LoadRunner 详细，但它的优点也有很多。

- 开源，它是一款开源的免费软件，使用它不需要支付任何费用。
- 小巧，相比LR的庞大（最新LR将近4GB），它非常小巧，不需要安装，但需要JDK环境，因为它是使用Java开发的工具。
- 功能强大，JMeter在设计之初只是一个简单的Web性能测试工具，但经过不断的更新扩展，现在可以完成数据库、FTP、LDAP、Web Service等方面的测试。因为它的开源性，当然你也可以根据自己的需求扩展它的功能。

10.3 测试域企业级解决方案

在 5G 时代，随着万物互联的发展，传统企业都在拥抱变化，进行数字化转型，各种产品复杂且庞大的架构技术，对软件产品和服务质量提出了更高的要求，特别需要 IT 系统提供更加快速高效的支撑，实现标准化、自动化的流程，降本增效，打造高效协同、服务一线、敏捷快速的 IT 服务和质量保障。

- 改善团队协作：突出重视软件开发人员、测试人员和运维人员的沟通合作，流程、技术与工具的统一，用于促进开发、技术运营和质量保证部门之间的沟通、协作与整合。
- 提高员工效率：将多样化的测试需求抽象成标准化流程，使大量重复性、易错性的手工操作和产品研发底层架构技术不同的能力注入到工具，使项目在流程、工具、规范等方面得以统一，提高员工工作效率、提升企业的凝聚力。

- 帮助管控风险，减少成本浪费，同时急需提升软件品质和迭代速度：打造全流程的自动化工具链，需求分析到产品上线迭代周期短而快，测试过程管控透明化，快速识别产出物质量风险、安全风险、产品是否真正符合客户需求的风险，缩短产品开发、修复问题的时间，节省时间和成本，提升软件产品的质量。

下图是一站式DevOps体系测试域解决方案，向客户提供接口、UI、移动端、性能、测试数据管理、单元测试、用例管理等多种测试工具和测试过程管理服务，实现自动测试和手工测试的统一支撑，提供统一、标准化的持续测试能力和工具能力。

UI自动化	接口自动化	移动端自动化	单元测试	性能自动化	测试管理	测试数据管理
用例管理	接口配置	终端管理	代码管理	压测工具	版本库	数据池
脚本管理	用例管理	应用管理	场景管理	设备管理	需求库	生成器
组件管理	脚本管理	用例管理	策略管理	脚本管理	用例库	数据工厂
控件管理	复合用例	功能测试	通知管理	场景管理	标签库	表配置
测试机管理	测试报告	脚本管理	执行管理	执行管理	工作台	数据恢复
用例执行	阻塞队列	测试机管理	生成管理	压力机管理	仪表盘	定期更新
测试报告	运行监控	测试报告	测试报告	用户管理	人员管理	元数据
UI级探测	接口仿真	兼容测试	测试计划	测试报告	测试报告	测试报告
脚本录制	接口探测	深度遍历				

主要带来以下价值：

- 高效的管理测试活动：结合持续交付流水线能力，实现需求的快速测试。帮助多维度评估产品质量，高效管理测试活动，保障产品高质量交付。
- 多样的测试工具：根据分层自动化测试理念，在软件各个阶段提供丰富的测试工具，提升测试效率和自动化测试能力。
- 持续优化、持续测试：团队与组织通过对数据度量和分析，持续改进、持续优化、持续测试，达到最高效的价值流动。

10.3.1 核心能力

1. 测试分层方法

1）分层方法的理解

一种理解来自软件开发 V 模型：从 V 模型的底部往右上方向，先做单元测试，再做集成测试一直到最后的验收测试，如下图所示。

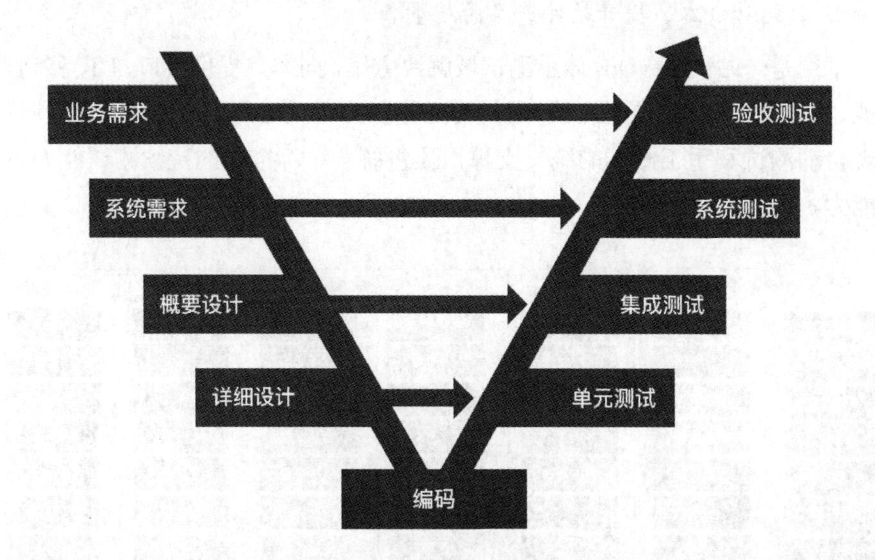

还有一种来自测试金字塔（testing pyramid），类似于 V 模型，把测试行为从下往上分为单元测试、组件测试一直到最顶端的手工测试，如下图所示。对于测试金字塔，越靠下越容易自动化，越靠下成本越低，越靠下效率越高。

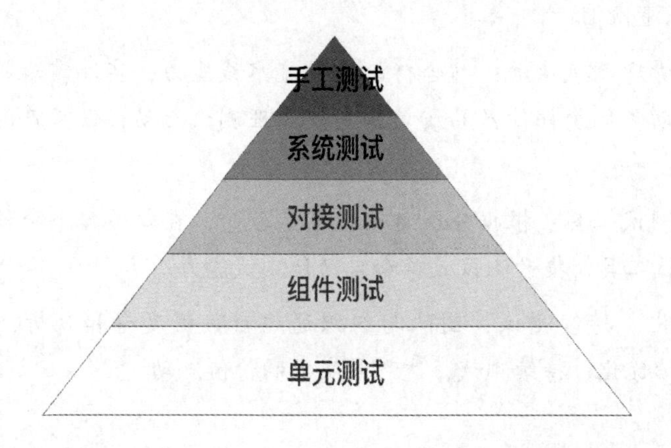

2）分层方法描述

近些年来很火的分层测试的概念实际上就是我们以前所说的测试金字塔的概念。

分层测试强调的是测试的层次感。大家可能都有这种感觉，有层次感的面包比一般的面包可能口感更好。同样的道理在做测试的时候，层次感也是非常重要的。

对于经常做手工测试的同学来说，更关注的可能只是 UI 级别的测试，也就是 UI 层的东西。但是对于一个产品 / 系统 / 项目来说，UI 层仅仅是它的表现层，在 UI 层下面需要有其他层次对其进行支撑，比如服务层。这个服务层可能分为两种，一种是本地服务，比如本地的数据存储；另一种是远程服务，比如远程的数据获取和存储。

从直觉上来说，我们会很自然地认为仅仅测试 UI 层对于质量保障来说应该是不够的，最好能够将服务层也测试到，这样产品 / 项目 / 系统的质量应该会更高。这种将应用 / 系统 / 产品的测试任务分层并且对每一层都做针对性测试的测试策略称为分层测试。

一般将测试分为三个层次，分别是 UI 层、service 层和 unit 层。UI 层很好理解，无非是负责展示和交互的那一层，也就是测试人员最常打交道的部分。service 层可以理解成提供接口和服务，UI 层可以从 service 层获取数据，也可以通过 service 层将数据持久化保存。unit 层往往是最难理解的，因为测试人员可能对接口有一些的认识，但是 unit 这一层是基本是纯代码层面，非开发人员往往接触不到。

层级越高就代表这种测试的难度越大。单元测试实施起来相对容易，而 UI 级的自动化测试实施起来相对困难。另外越往上就代表越接近真实的用户。UI 层的测试很多都是站在用户的角度去测的，而真实用户也基本上感知不到除 UI 层以外的其他层面。

再从面积上看，面积越大就代表该种测试的测试用例数量往往越多，因此从测试用例的角度去看，单元测试的用例数量往往最多，UI 层的测试用例数量往往最少。

再从运行时间上看，越往上运行时间往往越长。单元测试的执行速度相对是最快的，而手工测试的执行速度一般是最慢的。

从测试金字塔这张图中可以得到如下的一些观点：单元测试尽量多做，UI 级的测试可以少做一点； UI 测试难度相对较大；UI 测试更接近真实用户；手工 UI 测试只占据塔顶一点点的位置，而大部分的测试工作是手工测试人员难以介入的，这让只会手工测试的同学有一定的危机感；开发人员是质量保障的最关键因素，因为测试金字塔的大部分测试工作都需要开发或者是具备开发技能的同学去完成；正三角是稳固的，如果按照测试金字塔的模型去组织测试工作的话，在一切相对正常的情况下，产品 / 项目 / 系统的质量是处在可控的状态下的。但现实生活中能做到正三角的团队往往是少数的，大部分测试同学接触到的团队应该是倒三角的，也就是没有或只有少量的单元测试，随心所欲地做一些接口测试，把大量的人力集中在 UI 测试。这样的产品质量往往难以控制或者需要花费大量的时间和人力成本才能控制。

前文也提到过伟大的产品刚横空出世的时候往往是没有单元测试和 UI 自动化测试的，但这些产品刚发布时的质量却是可以接受的或者是优秀的，这是为什么呢？因为伟大的产品往往由天才的开发者创建或实现，天才的代码在不做单元测试的情况下也是质量可期的，这就等于是测试金字塔的最底层相当牢固，整个产品质量就自然有保障了；另外这些产品发布的初期规模也相对较小，也比较难出现一些在频繁协作过程中会出现的问题（比如修改了不是自己写的代码而造成了缺陷），规模小质量控制起来也相对容易些。总而言之，如果产品 / 项目 / 系统的开发团队大部分人都不是天才而且需要进行频繁协作的话，按照测试金字塔模型去做可能是一个比较好的方式。

3）分层方法实践

随着系统架构的不断演进，系统前后端分离已成事实，相应的自动化测试将会从三方面进行分层，包括 UI 层、接口层、单元测试层。目前自动化测试普遍存在如下情况：

- 前台页面Case占绝大多数。但前台界面变化快，执行失败率高，自动化脚本维护工作量巨大。
- 针对接口的自动化Case的覆盖率太低，而实际上接口变化小，运行速度快，出现问题能很快定位。
- 单元测试几乎未覆盖，原因是开发工作量大，单元测试需要额外开销，开发质量意识欠缺。

按 CMMI5 质量理论：缺陷发现的越早，修复成本越低，效率越高，两个典型公司：Google VS Microsoft。建议按照 1∶2∶7 的比例来设计 UI 用例、接口用例、单元测试用例，以达到更大的测试效果。

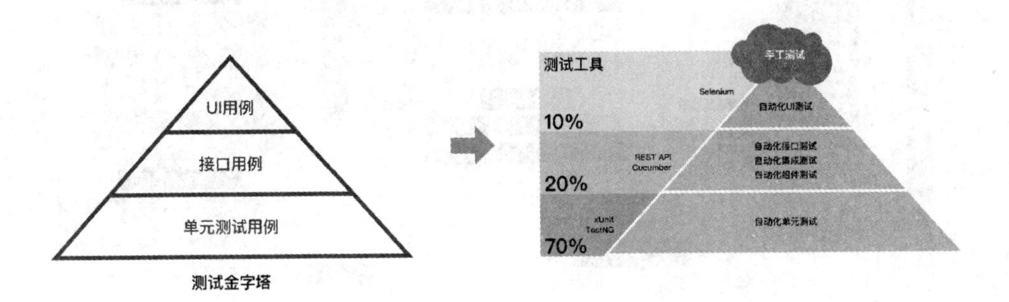

2. 测试管理

测试管理是面向测试过程管控的管理平台，融入 DevOps 敏捷测试和传统测试的理念，涵盖手工测试和自动化测试，主要帮助企业高效管理测试活动，保障产品高质量交付。

测试管理提供全生命周期追溯、多角色协作的能力，支持 DevOps 敏捷测试和传统需求驱动测试两种模型，覆盖了测试过程中所需要的版本管理、用例管理、测试计划制订、测试任务的分配与执行、缺陷管理、测试数据管理、生成测试报告等一系列功能，手工测试和自动化测试相结合，并在测试过程中实时地对测试进度、需求测试覆盖率、任务完成率、缺陷完成率和人员工作量等指标进行统计，生成测试看板，多方位评估软件出厂质量，提高软件测试效率。

一站式管理功能，提供适合不同团队规模、流程的自定义能力，帮助多维度评估产品质量，高效管理测试活动，保障产品高质量交付。

典型的测试管理流程如下图所示，在测试版本和需求下发（支持同开发平台同步数据）到测试平台后，通过为测试人员分配测试任务来管理测试过程。测试人员从个人工作台查询分配给自己的测试任务，处理测试任务，可为测试任务关联用例库中的测试用例，当用例关联有自动化用例时，会自动将自动化用例带入；同时，测试任务支持单数据和多数据配置，多数据配置的测试任务支持生成自动化测试计划，并能根据自动化执行的结果来自动回写测试用例的结果，也支持同单数据配置任务一样可手动设置测试结果，上传截图、文件等。支持创建缺陷，并提供接口和开发平台同步缺陷处理状态。根据测试用例的执行情况，可实时按需求、版本（迭代）来生成测试报告，包括人员的工作量统计情况。

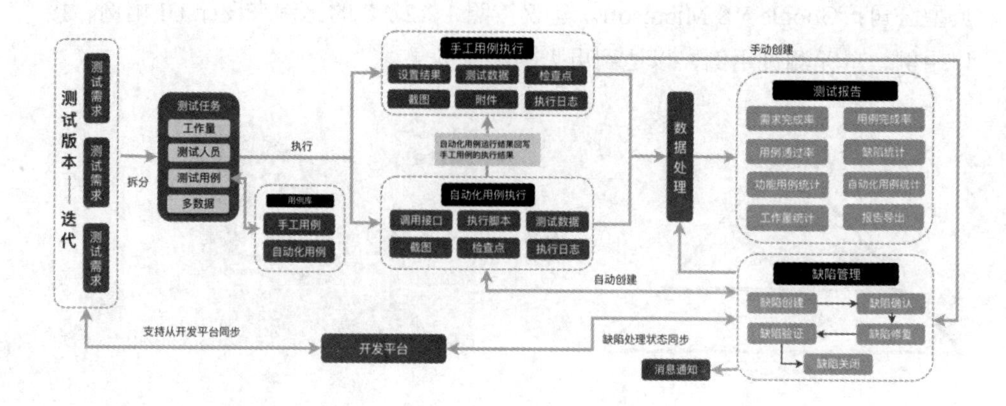

3. 用例管理

1）测试用例概述

测试用例（Test Case）是为某个特殊目标而编制的一组测试输入、执行条件以及预期结果，以便测试某个程序路径或核实是否满足某个特定需求。

测试用例构成了设计和制定测试过程的基础，测试的“深度”与测试用例的数量呈正比例，随着测试用例数量的增加，团队人员对产品质量和测试流程也就越有信心。测试用例是软件测试的核心，是软件测试必须遵守的准则，更是软件测试质量稳定的根本保障。

如何以最少的人力、资源投入，在最短的时间内完成测试，发现软件系统的缺陷，保证软件的优良品质，则是软件公司探索和追求的目标。全面且细化的测试用例，不仅可以更准确地估计测试周期各连续阶段的时间安排，还能通过用例的覆盖率、通过率和执行测试用例的数量来有效评估软件质量和测试工作量。测试用例是测试工作的指导，所以做好测试用例管理和运维优化尤其重要。

2）测试用例设计

测试用例就是编写一组条件、输入，执行条件，预期结果并完成对特定需求或目标的测试，体现测试方案、方法、技术和策略的文档。测试种类繁多，针对不同类型的测试，测试用例的设计方式完全不同。

测试用例设计应遵循以下原则：

- 全面性：用例中的测试点应保证至少覆盖需求规格说明书中的各项功能；应尽可能覆盖程序的各种路径；应尽可能覆盖系统的各个业务；应考虑存在跨年、跨月的数据；应尽可能全面地考虑系统中各功能、业务的异常情况。
- 正确性：用户输入的数据应与测试文档所记录的数据一致，预期结果应与测试数据发生的业务吻合；用户验证系统输入的实际数据应当满足需求规格说明书的需求。
- 可操作性：测试用例中应写清测试的操作步骤，不同的操作步骤相对应不同的操作结果。
- 规范性：所有测试案例的编写要求规范，对于所有被测的功能点，应用程序均应该按照需求说明书和相关技术规范中的给定形式，在规定的边界值范围内使用相应的工具、资源和数据执行其功能。
- 符合正常业务惯例：测试数据应符合用户实际工作业务流程；兼顾各种业务变化的可能。
- 要符合当前业务行业法律，法规。
- 连贯性：对于系统业务流程来说，各个子系统之间是如何连接在一起的，如果需要接口，各个子系统之间是否有正确的接口；如果是依靠页面连接，页面连接是否正确；对于模块业务流程来说，同级模块以及上下级模块是如何构成一个子系统，其内部功能接口是否连贯。
- 仿真性：人名、地名、电话号码等应具有模拟功能，符合一般的命名惯例，不允许出现与知名人士、小说中人物名等雷同情况。
- 容错性（健壮性）：程序能够接收正确数据输入并且产生正确（预期）的输出，输入非法数据（非法类型、不符合要求的数据、溢出数据等），程序应能给出提示并进行相应处理，尽量站在用户角度进行操作。

测试用例设计规范。测试用例是测试的核心，整个测试环节以及测试结果分析均以测试用例为准，所以规范的测试用例能保证测试工作的正常开展。

- 测试用例命名规范：以功能模块和业务流程进行命名，一级目录使用项目的顶级菜单名称来命名，二级目录使用顶级菜单下的二级菜单名称类命名，可根据名字判别该用例是测试哪个模块的，同一目录下的用例名字字数最好相同。

- 测试用例编号规范：测试用例采用以下编号约定方式。测试类型，用一个字母代表，F代表功能性测试，NF代表非功能性测试；子系统，用一个字母代表，一般以测试子系统名称的第一个字母进行命名（大写），若测试子系统名称比较长，可进行简写，一般简写不超过5个字母。用例编号，用五位数字代表，从00001顺序编号。

模块功能测试用例划分。模块功能的测试用例在编写中采用树形目录来划分，树形目录按照模块功能来划分，第一级为系统名称，第二级为子系统名称，第三级为模块名称。当模块中有多个Tabs页时，可列在第四级，目录最深为四级，若有更深层次的页面可提升到第四级中。

测试用例设计方法，黑盒测试的目的是检查功能是否实现或遗漏，交互界面是否出错，数据库读取，更新操作是否出错，性能和特性是否得到满足。黑盒测试设计方法有等价类划分、边界值分析、因果图、判定表分析、错误推测等方法，具体描述如下：

- 等价类划分法：把所有可能的输入数据（有效的和无效的），即程序的输入域划分成若干部分（子集），然后从每一个子集中选取少数具有代表性的数据作为测试用例。该方法是一种重要的，常用的黑盒测试用例设计方法。
- 边界值分析法：对输入或输出的边界值进行分析测试的一种黑盒测试方法。通常边界值分析法是作为对等价类划分法的补充，这种情况下，其测试用例来自等价类的边界。
- 因果图法：就是利用图解法分析软件输入（原因）的各种组合和输出条件（结果）之间的关系，以设计测试用例的方法。因果图法适合于检查程序输入条件的多种情况的组合，并最终生成判定表，来获得对应的测试用例。
- 判定表分析法：判定表是分析和表达多逻辑输入条件下系统执行不同操作的工具。它能够将复杂的逻辑问题和多种条件组合的情况按照各种可能的情况全部列举出来，简明并避免遗漏。因此，利用判定表能够设计出完整的测试用例集合。
- 错误推测法：推测法主要依赖经验和直觉推测程序中所有可能存在和

容易发生错误的特殊情况，来做出简单的判断甚至猜测，给出可能存在缺陷的条件、场景等，从而有针对性地设计测试用例的方法。

- 状态迁移法：许多需求用状态机的方式来描述，状态机的测试主要关注在测试状态转移的正确性上。对于一个有限状态机，通过测试验证其在给定的条件内是否能够产生需要的状态变化，有没有不可达的状态和非法的状态，可能不可能产生非法的状态转移等。
- 流程分析法：将软件系统的某个流程看成路径，用路径分析的方法来设计测试用例。根据流程的顺序依次进行组合，使得流程的各个分支都能走到。
- 正交实验设计法：正交试验设计法是从大量的试验点中挑选出适量的、有代表性的点，应用依据伽罗瓦理论导出的“正交表”，合理地安排实验的一种科学的实验设计方法。
- 异常分析法：系统异常分析法就是针对系统有可能存在的异常操作、软硬件缺陷引起的故障进行分析，依此实际测试用例。主要针对系统的容错能力、故障恢复能力进行测试。
- 接口间测试：测试各个模块相互间的协调和通信情况，数据输入输出的一致性和正确性。
- 数据库测试：依据数据库设计规范对软件系统的数据库结构、数据表及其之间的数据调用关系进行测试。
- 可理解（易操作）性：理解和使用该系统的难易程度（界面友好性）。
- 可移植性：在不同操作系统及硬件配置情况下的运行性。

3）测试用例级别

如何有效地维护和优化用例，就是需要前期明确的分类规划，根据分类的优先级一步一步地来完成就可以了，这样，我们也可以有效把控测试覆盖度。根据二八原则（又称数据统计），前 20% 的用例可以发现 80% 的重要 BUG。当设计测试用例时，分配优先级非常不容易，且这个优先级也不是固定不变的，常见用例优先级划分如下：

- 最高：BVTs（Build Verification Tests）也叫冒烟测试用例，一组运行就可以确定这个build版本是否可测的测试用例。
- 高：这种用例运行，能发现重要的错误，或者它能够保证软件的功能是稳定的。俗称大的基本功能的测试用例。

- 中：检查功能的一些细节，包括边界、配置测试。
- 低：较少执行的测试用例，并不代表它不重要，而是不经常被运行。例如压力测试错误信息等。

4）测试用例评审

测试用例评审流程规范主要为开展测试用例评审工作提供指引，规范测试用例评审管理工作。测试用例评审流程内容如下：

- 前提：测试人员编写完一个完整的功能模块的测试用例或已完成所有测试用例的编写。
- 流程输入：测试用例、需求规格说明。
- 流程输出：问题记录清单、测试用例评审报告。
- 参与评审人员：项目经理、测试负责人、测试人员、需求分析人员、架构设计人员、开发人员。
- 评审方式：召开评审会议。与会者在测试用例编写人员讲解之后给出意见或建议，同时记录下评审会议记录；通过邮件、即时通信工具与相关人员沟通。无论采用哪种方式，都应该在评审之前事先把需要评审的测试用例相关文档以邮件的形式发给参与评审的相关人员，同时在邮件中提醒参与评审的相关人员在评审前查阅一遍评审内容，并记录相关问题，以便在评审会议上提出，以节省沟通成本。

5）测试用例维护

软件产品的版本是随着软件的升级而不断变化的，而每一次版本的编号都会对测试用例产生影响，所以测试用例集也需要不断地变更和维护，使之与产品的编号保持一致。以下原因可能导致测试用例变更。

- 软件需求变更，软件需求变更可能导致软件功能的增加、删除、修改等变化，应遵循需求变更控制管理方法，同样变更的测试用例也需要执行变更管理流程。
- 测试需求的遗漏和误解，由于测试需求分析不到位，可能导致测试需求遗漏或者误解，相应的测试用例也要进行变更。
- 软件自身的新增功能以及软件版本的更新，测试用例也必须配套修改更新。

一般小的修改完善可在原测试用例文档上修改，但文档要有更改记录。软件的版本升级更新，测试用例一般也应随之编制升级更新版本。

6）测试用例与项目需求和缺陷

测试用例与项目需求和缺陷都有紧密的关系，测试用例就像纽带一样将需求和缺陷连接了起来，测试员虽然根据测试用例找出缺陷，但测试用例是完全遵循项目需求说明分析而来，因此需求是根本，测试用例是需求的另类体现。

在一个完整的测试体系中，项目需求、测试用例与缺陷是密切相关，不可分割的，没有了项目需求，测试用例和测试缺陷就没有了目的和方向，所以需求是前提，任何一个项目必须在需求的基础上才能成功的开发和测试；而测试用例则是测试的一种手段，是为了更完善全面地测试工作执行，是测试工作的核心，没有测试用例就没有测试指导，测试工作将会乱作一团，毫无条理，最终导致整个测试工作也毫无意义；缺陷或 BUG 是在需求的前提下对已完成功能的验证，也是测试工作的目的——找出 BUG，如何执行即需要测试用例的支持，根据测试用例可以轻松地完成一轮测试，当然，前提是测试用例的设计足够全面和细化。

4. 数据管理

测试域数据管理指开发者在测试过程中涉及的数据的管理活动。包括以下功能：

- 支持多环境下的测试数据准备。
- 支持多种数据准备，如SQL、Redis、HTTP等。
- 支持多产品线数据源管理。
- 支持数据源的权限管理。
- 支持数据准备状态、执行日志、历史日志的查看。
- 支持自动化测试用例联动动态数据准备能力。
- 支持用例执行后的数据清理。
- 支持用户自定义数据源。
- 支持前序动态测试数据结果作为后续测试数据的输入。
- 支持动态数据根据执行环境动态自动切换。

- 提供准备的测试数据使用情况统计功能。

从数据来源上，支持多种方式生成数据：

- 支持模拟生成测试数据。
- 支持调用应用程序API生成测试数据。
- 支持导出生产环境数据清洗敏感信息后，形成基准的测试数据集。

从数据覆盖上，覆盖全部测试分层的数据要求：

- 建立定期更新机制。
- 建立体系化测试数据，进行数据依赖管理。
- 覆盖全部测试分层策略要求的测试类型。

从数据独立性上，保证每个测试用例的数据独立性：

- 对测试数据分级，形成元数据和测试用例专用数据。
- 每个测试用例拥有专属的测试数据。
- 测试数据有明确的测试初始状态。

5. 接口测试

1）接口测试的背景

功能测试、性能测试、UI 界面自动化回归测试已经能够满足测试需求，而随着产品系统架构越来越复杂、新人越来越多，一些预想不到的缺陷出现在我们面前，我们必须要寻找一种更加有效的测试方法来适应当前的变化，保证产品的质量，因此接口测试应运而生。

对于 Web 接口应用，包含浏览器与服务器交互的 HTTP 协议的接口和 Web Service 接口，软件测试人员在日常的测试工作中，需要大量的手动操作来验证接口的功能。开发人员在开发过程中，需要访问其应用并且验证其功能是否正常运行，反复调试重复验证。系统维护人员也需要经常访问其应用，以确保系统的正常运行。如果某系统的接口较多，功能较为复杂，如上所述的这些操作就需要花费大量的时间和人力，如能引入自动化测试代替人工重复操作，将极大地提高团队的生产效率。

2）什么是接口测试

接口测试是测试系统组件间接口的一种测试。主要用于检测外部系统与系统之间以及内部各个子系统之间的交互点。接口测试的重点是要检查数据的交换，传递和控制管理过程，以及系统间的相互逻辑依赖关系等。从接口形式来看各种应用程序的 API（最著名的 Windows 系统 API）、硬件的驱动程序、数据库 DAO 层接口及 Web Service 接口和 HTTP Rest 接口。

接口测试通常包括两类，底层模块之间的接口测试和上层服务接口测试。前者通常由开发工程师做单测覆盖，后者则通常由测试工程师测试保证。

接口测试原理，指通过测试程序或工具模拟客户端向服务器发送请求报文，服务器接收请求报文后做出处理，然后将应答报文返回给客户端，即客户端发送应答报文的过程（Request → Response）。

3）接口测试策略

接口测试是测试系统组件间接口的一种测试。从测试策略上，可以从接口检查、数据验证、数据构造及接口自动化测试来开展。

- 接口检查：接口设计检查，通过接口文档定义对接口交互数据做有效性检查，整数型数据位数、浮点型数据精度、字符串数据范围值等，要求客户端传入的整数型、浮点型、字符串型数据及最大值和最小值都能作为服务端接口有效输入，确保服务端不会自动进行截断或四舍五入操作。（接口设计评审阶段即可进行）接口依赖关系检查，通常用户的一个操作可能对应服务端调用多个接口完成，从业务操作角度来看，各种业务操作所涉及的多个接口之间调用进行测试。依赖关系检查，主要通过接口的输出值为另一接口的输入值来实现的，因此在进行接口测试之前，需要分析所测试接口的输入值是通过客户端还是其他接口输出来获取的，在设计测试用例时，加入接口的依赖关系说明以便于测试。
- 数据验证：接口输入/输出验证，服务端接口功能测试类似于单元测试，在设计测试用例时，侧重点在于接口模块输入/输出项的正确性验证，根据服务端接口处理方式分类有多种：条件判断接口、数据查询接口、逻辑运算接口。
- 数据构造：接口测试过程，常常需要构造测试数据。通常是数据库插入、mock 接口、调用依赖接口、开发脚本工具批量等。
- 接口自动化测试：相对于UI层自动化测试，服务端接口的自动化测试更容易实施，较稳定且维护成本低。参考接口case的优先级做自动化覆盖，回归测试、线上监控等收益均较大。

4）接口自动化测试演进

接口自动化测试，通常是按手工测试→工具测试→编代码测试→平台服务化顺序演进。

- 手工测试：从客户端的业务场景测试去覆盖服务层接口，借助Fillder、Charles、FireBug等工具抓包分析。优点是简单，模拟真实业务场景；缺点是接口逻辑覆盖不够，异常和输入校验不足，重复烦琐，回归成本高。
- 工具测试：使用Postman、HttpRequest、JMeter、 SoapUI 等工具做接口测试。优点是容易保证接口逻辑覆盖，便于异常和输入校验，提高回归效率；缺点是缺乏自定义灵活性，接口依赖处理烦琐，不便自动化工程化。
- 编代码测试： 选择如Java + Httpclient，Python + Requests， PHP + Requests/cURL/HTTPFul，搭建接口自动化框架，开发接口自动化case。优点是灵活性好，扩展性强，逻辑覆盖容易，异常和输入校验充分，回归效率高；缺点是存在一定学习成本，框架及case脚本需持续维护。
- 平台服务化：通用的接口自动化测试平台，简而言之，满足接口自动化测试的Web平台。优点是通用性强，上手快，一键式，可定制策略，展示结果报告，图形展示功能等。

5）接口自动化实践

以下是通过测试平台来做接口自动化的一个实践。它主要给客户带来以下功能和帮助。

- 以项目、产品为单位，提供接口管理功能，统一接口视图、统一质量指标展示。
- 支持多种协议的解析和测试，如当前主流的协议：HHTP协议、Web Service协议、gRPC协议，JSON、XML、txt等报文格式；支持个性化报文加密策略（如MD5、RSA/AES加解密）。
- 支持单接口的功能测试、回归测试；支持多接口串联的长流程业务场景测试；支持接口之间变量值、参数值定义和传递；支持定义变量的作用域范围，如计划级变量、用例级变量、接口级变量；用例相互之间没有依赖性、保持用例原子性，执行用例的时候，不需要考虑先后顺序。

- 在生产环境，支持探测功能，7×24小时循环测试；支持仿真测试，模拟对端发起业务测试。

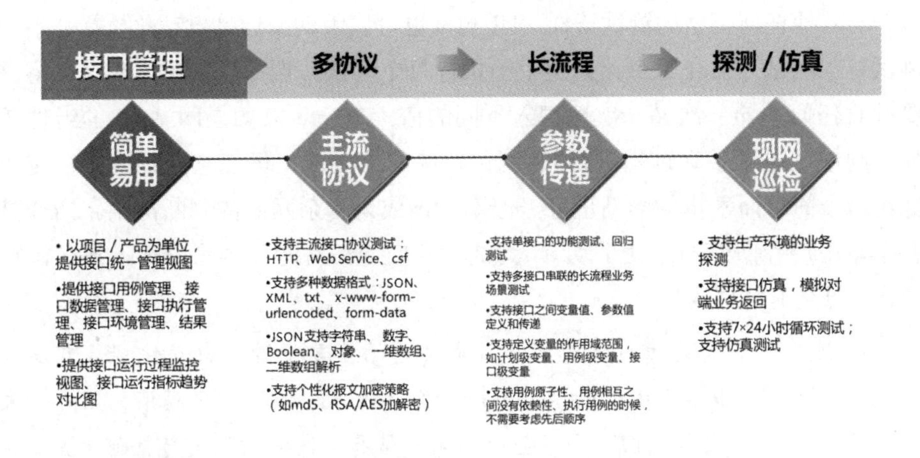

6. UI 测试

在过去的几年中，UI/UX 变得越来越重要。随着市场中竞争者的增加，软件不仅要提供给用户满足其需求的基本功能，还要为用户提供最佳的体验。这就是为什么使该过程对用户更平滑和直观变得至关重要的原因。否则，它们可能会使您的应用程序因复杂性而受挫。这就是 UI 变得如此重要，因此进行 UI 测试的重要原因！

1）什么是 UI 测试

用户界面测试或 UI 测试是一种测试类型，通过该测试，检查应用程序的界面是否工作正常或是否存在任何妨碍用户行为且不符合书面规格的 BUG。

了解用户将如何在用户和网站之间进行交互对执行 UI 测试至关重要。换句话说，通过执行 UI 测试，测试人员将尝试模仿用户的行为，以查看用户将如何与程序进行交互，并查看网站的运行情况是否如预期的那样，并且没有缺陷。用户界面中的小缺陷（例如按钮问题）可能会导致网站访问者无法填写潜在客户表单，从而不进行用户转换。

Web 网站包含许多来自 CSS、JavaScript 和许多其他语言的不同 Web 元素。UI 测试捕获这些元素并对其进行测试和声明。它主要关注网站的结构和视觉部分，因为这些是用户关注的，而不是数据如何存储在数据库中。由于 UI 测试涵盖了用户交互部分，并且网站元素可以连接到屏幕、键盘、鼠标或用户用于与网站进行交互的任何其他组件，因此最终要进行 UI 测试。

2）手动或自动，如何选择

与其他任何类型的测试一样，UI 测试也可以手动或通过自动化执行。手动测试要求测试人员在每个元素上手动执行每个测试。例如，测试输入字段将需要针对任何差异一次又一次地键入不同的值。乍一看，如果网站 UI 的组件较少，则最好通过手动过程进行 UI 测试，快速地完成。虽然它是正确的，应该针对一个简单而基本的网站进行，但不应该成为复杂网站的判断准则。当今具有丰富用户界面的网站使手动 UI 测试非常低效，费时且容易出错。那么，自动化的好处有哪些呢？

- 速度：首先是速度。时间是每家公司的主要资源，自动化测试可以节省很多时间。Selenium Automation测试要求只编写一次测试，然后一次又一次地运行它们，而不会以不同的值和不同的方案进行任何干预。
- 准确性：只要测试编写正确，Selenium Automation测试就可以正确执行测试。手动测试的主要缺点是容易发生人为错误。
- 透明度：Selenium Automation测试还有助于快速生成报告，并在测试完成后立即与团队共享。另外，手动测试需要时间来提取结果并手动报告结果以通过软件或手动生成报告。

同样，在执行 UI 测试时，确保应用程序不存在任何跨浏览器兼容性问题也同样重要。由于每个浏览器都使用不同的浏览器引擎，并且可能不支持相同的 CSS 功能。因此，确保 UI 在所有主要浏览器上无缝呈现非常重要。在不同的浏览器上进行测试称为跨浏览器测试，它可以帮助测试人员在所有主要浏览器和设备（包括手机，平板电脑等）的多种组合下测试其网站。

3）UI 测试技术

如何执行测试？在以下描述的各种技术中，遵循各种过程。一旦确定了要遵循的测试技术的类型，就可以更轻松地遵循概念并生成结果。

探索性测试：探索性测试不需要预先计划，测试人员只需根据经验和各种其他参数（例如先前的测试结果）创建测试。这些参数可能因项目而异。探索性测试为测试人员提供了非常灵活和开放的机会。UI 测试中的探索性测试有助于识别隐藏的测试用例，因为 UI 在不同机器上的行为可能不同。测试人员可以利用自动化功能，同时解决探索性测试难题，以对不同数据运行案例。探索性测试也可以手动高效地执行。

脚本测试：探索性测试是在没有任何计划的情况下执行测试，而脚本测试与此相反。在编写脚本并事先确定测试用例之后，才进行脚本测试。作为脚本测试的第一步，测试人员定义脚本，这些脚本表示测试人员的条目和预期的输出。然后分析结果并相应报告。由于大量的代码行和项目的复杂性，还是建议在脚本化测试中进行自动化测试。

用户体验测试：UI 测试中的用户体验测试技术可以通过将构建的项目提供给最终用户来完成。最终用户可以像我们所有人一样使用产品，并提供反馈，然后可以通过测试团队将其传达给开发人员。这些公司有时还会向最终用户发布该产品的 Beta 版本，以根据广阔的地理位置收集反馈。用户体验测试是一种探索性测试，因为用户不知道要测试什么以及如何进行测试，即没有预先定义的计划。不用说，它是手动完成的。还可以在部分产品上进行用户体验测试，以检查大量屏幕和不同位置上的 UI，而无须开发整个项目。这有助于公司以与整个项目相同的强度来测试较小的组件，从而最终提高产品质量。

4）UI 自动化测试实践

如下图所示是一种采用元素—组件—用例的分层设计方法实现的，实现了脚本和数据的分离，降低脚本编写难度，提高脚本编写效率，提高了脚本的复用度，有利于测试人员迅速开展自动化测试。管理元素、组件和用例，发起测试，查看测试结果及报告；执行代理接收指令，执行脚本，记录操作日志并返回执行结果。

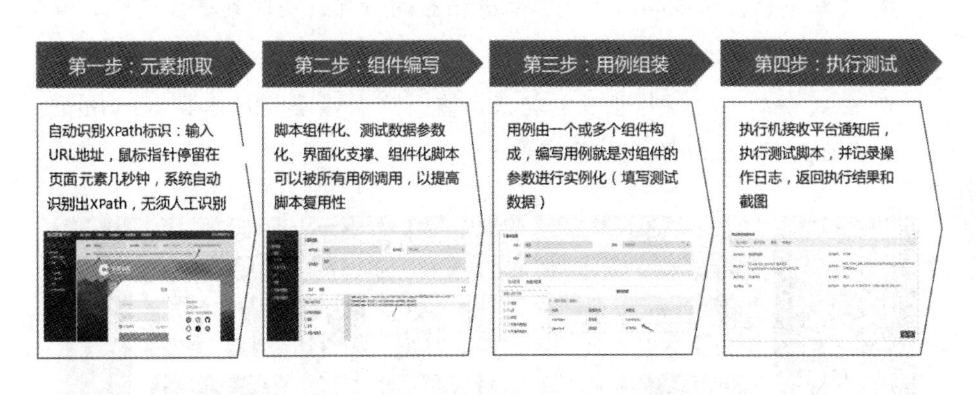

该测试工具特点：

- 简洁易用、可快速编写和维护用例。
- 同类用例多套数据，测试更全面。

- 测试报告图形化、美观、可定制。
- 实时监控测试过程，异常情况通过短信、邮件告警。
- 分布式系统架构，增加硬件资源可随时横向扩展服务能力。
- 自动识别页面元素XPath，无须人工识别。
- 结构化、组件化脚本编写，编写用例更简单、更方便。
- 脚本与测试数据分离，一个脚本对应多套数据，减少用例数量，降低后期维护难度。
- 采用脚本语言编写用例，脚本编写后无须编译，方便直接运行及后期维护。
- 支持IE、Chrome、Firefox、Edge等多种浏览器。
- 记录操作日志和异常截图。

5）UI 测试脚本录制

UI 测试脚本可以通过自动录制方式实现，下图描述了具体实现方案：

- 记录操作步骤：通过监听记录用户的操作步骤，比如点击、输入、选择、关闭浏览器等。
- 参数化输入：把输入框、选择框等有输入数据的步骤进行参数化。
- 录制回放：可选择地进行录制回放，确认录制的操作步骤。
- 关联平台：通过判断浏览器打开平台的情况，关联到平台进行新增或修改脚本。
- 生成脚本：把操作步骤转换成脚本，支持多类型脚本，如Python、Ruby、Selenium及自然语言等。

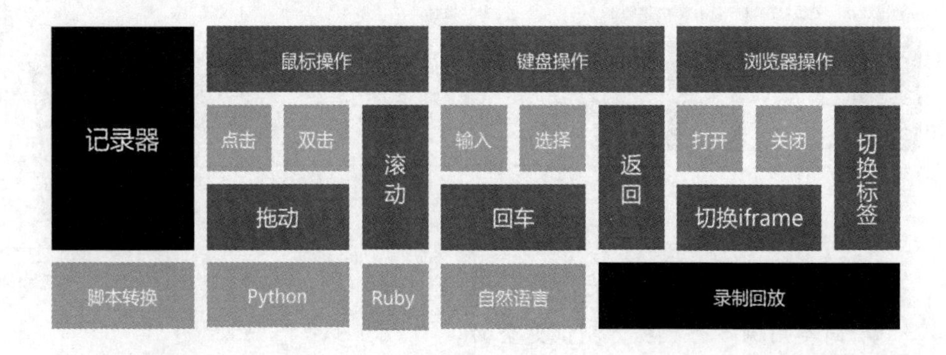

7. 移动端测试

1）什么是移动端

狭义：智能手机、品牌电脑。广义：所有可移动的设备，如点菜设备、移动的机器人、pos 机、扫码枪。移动端操作系统：iOS、Android、Symbian（塞班）、Windows Mobile、Blackberry（黑莓）。

测试的分类，传统手机测试：测试手机本身，如抗压、抗摔、抗疲劳、抗低温高温等，也包括手机本身的功能、性能等测试。手机应用软件测试：是基于手机操作系统之上开发出来的软件，做这样测试，就叫手机应用软件测试。

移动端测试的复杂性如下图所示。

2）移动端测试要点

程序的安装要点如下：

- 从不同的渠道获取安装程序是否正确。
- 软件在不同操作系统下安装是否正常。
- 软件安装后是否能够正常运行，安装后的文件夹及文件是否写到了指定的目录里。
- 软件安装过程是否可以取消，点击取消后，写入的文件是否如概要设计说明处理。
- 软件安装过程中意外情况的处理是否符合需求（如死机、重启、断电）。

- 安装空间不足时是否有相应提示。
- 安装后没有生成多余的目录结构和文件。
- 对于需要通过网络验证之类的安装，在断网情况下尝试一下。
- 还需要对安装手册进行测试，依照安装手册是否能顺利安装。

卸载测试要点如下：

- 直接删除安装文件夹是否有提示信息。
- 测试系统直接卸载程序是否有提示信息。
- 测试卸载后文件是否全部删除所有的安装文件夹。
- 卸载过程中出现的意外情况的测试（如死机、断电、重启）。
- 卸载是否支持取消功能，单击取消后软件卸载的情况。
- 系统直接卸载UI测试，是否有卸载状态进度条提示。

UI 界面测试要点如下：

- 按钮、对话框、列表和窗口等；或在不同的连接页面之间需要导航。
- 是否易于导航，导航是否直观。
- 是否需要搜索引擎。
- 导航帮助是否准确直观，导航与页面结构、菜单、连接页面的风格是否一致。
- 横向比较，各控件操作方式统一。
- 自适应界面设计，内容根据窗口大小自适应。
- 页面标签风格是否统一。
- 页面的图片应有其实际意义而要求整体有序美观。
- 图片质量要高且图片尺寸在设计符合要求的情况下应尽量小。
- 界面整体使用的颜色不宜过多。
- 输入框说明文字的内容与系统功能是否一致。
- 文字长度是否加以限制。
- 文字内容是否表意不明。
- 是否有错别字。

- 信息是否为中文显示。
- 是否有敏感性词汇、关键词。
- 是否有敏感性图片，如：涉及版权、专利、隐私等图片。

性能测试要点如下：

- 在各种边界压力情况下，如电池、存储、网速等，验证App是否能正确响应。
- 内存满时安装App。
- 运行App时手机断电。
- 运行时断掉网络。
- 测试App中的各类操作是否满足用户响应时间要求。
- App安装、卸载的响应时间。
- App各类功能性操作的影响时间。
- 反复长期操作下、系统资源是否占用异常。
- App反复进行安装、卸载，查看系统资源是否正常。
- 其他功能反复进行操作，查看系统资源是否正常。

兼容性测试要点如下：

兼容性测试是指测试软件在特定硬件平台上，不同的应用软件之间、不同的操作系统平台上，不同的网络等环境中是否能够友好地运行的测试。通俗点讲，即为测试 App 在各个影响兼容性的因素下的表现。

3）移动端测试实践

如下图所示是一种移动端测试平台的实践，它采用执行代理模式，将编写好的脚本推送到执行代理，由代理驱动不同类型终端进行测试，实现移动端的自动化测试。结合对移动端界面元素的深度遍历，实现移动端的兼容性测试。结合随机算法，实现 Monkey 测试。并通过性能指标采集、终端并发管理，全方位支撑移动端日常测试、回归测试、兼容性测试、Monkey 测试、性能对比分析等工作。

采用平台—执行代理—终端的分层设计。平台用于管理应用、终端和脚本，发起测试，查看测试结果及报告；执行代理用于连接、注册终端，接收平台指令，选择终端执行脚本，返回执行结果；终端则用来执行测试脚本。

它的功能特点如下：

- 支持Android和iOS平台。
- 支持多并发测试。
- 支持自动记录操作步骤。
- 支持Native、WebView、混合模式的App测试。
- 支持App性能数据的采集。
- 支持App的自动解析、自动安装、清除缓存等操作。
- 支持终端的自动注册。
- 支持任务多种执行模式：普通执行和快速执行。
- 可灵活配置测试数据，包括全局变量、用例属性、数据池、数据工厂，并实现对数据的回收。

从系统层次结构来看，分为应用层、能力层、驱动层、终端层，具体如下。

应用层功能如下：

- 上传的apk/ipa可被自动解析并展示应用名称、图标、版本、包名等信息，方便自动安装/卸载。
- 通过展示终端的终端名、序列号、系统版本号、内存、分辨率、占用状态等信息。
- 支持针对App的不同版本编写脚本，且可以设置用例属性、脚本参数、设置断言。

- 功能测试支持关联多用例，多终端执行，手动/定时触发，多种执行模式。
- 兼容性测试支持设置遍历深度/时长、自动登录、微信小程序，并支持截屏和录屏。
- Monkey测试支持设置各种操作的比例。
- 能对不同终端的各种性能指标做比对，并提供各种维度的测试报告。

能力层功能如下：

- 引入分布式消息队列，实现分布式并发和异步执行测试。
- 终端连入平台后，可自动注册终端信息、并通过心跳机制监控终端状态。
- Agent接收到脚本后，需对脚本进行解析，并发送到终端执行。执行时可同时采集终端日志和性能指标。

驱动层功能如下：

- 通过集成Appium框架，可对Android原生、iOS、H5页面、混合等页面进行测试。

终端层功能如下：

- 支持Android终端。
- 支持iPhone终端。
- 支持模拟器终端。

8. 性能测试

1）性能测试的需求分析

- 是否核心功能，是否要求严格的质量。
- 是否常用、高频使用的功能。
- 可能占用系统较多资源的功能。
- 使用人数多还是少。
- 在线人数多还是少。
- 指标分析，分析性能需求指标（如“支持300人并发登录”）是否合理。

2）性能测试的系统分析

结合需求分析，分析系统架构。从功能实现上来看，怎么实现这个完整功能。通常这些业务功能操作都对应着一个或多个请求（可能是不同类型的请求，比如 HTTP、MySQL 等），我们要做的是找出这些：

- 请求顺序、请求之间相互调用关系。
- 数据流向，数据是怎么走的，经过哪些组件、服务器等。
- 预测可能存在性能瓶颈的环节（组件、服务器等）。
- 明确应用类型 IO型，还是CPU消耗型、内存消耗型→弄清楚重点监控对象。
- 关注应用是否采用多进程、多线程架构→多线程容易造成线程死锁、数据库死锁，数据不一致等。
- 是否使用集群/是否使用负载均衡，了解测试环境部署和生产环境部署差异，是否按1：1的比例部署。

3）性能测试的用例设计

通常是基于场景的测试进行用例设计。单业务功能场景：运行测试期间，所有虚拟用户只执行同一种业务功能的某个环节操作。混合业务功能场景：运行测试期间，部分虚拟用户执行某种业务的某个环节操作，部分虚拟用户执行该业务功能的其他环节；或者运行测试期间，部分虚拟用户执行某种业务功能，部分虚拟用户执行其他业务功能。

根据用例合理的定义事务，方便分析耗时（特别是混合业务功能场景测试），进而方便分析瓶颈。比如，购买商品，我们可以把下订单定义为一个事务，把支付也定义为一个事务。

根据用例进行场景监控，明确可能的压力点（比如数据库、Web 服务器），需要监控的对象包括 TPS、耗时、CPU、内存、I/O 等。

4）测试策略

先进行混合业务功能场景的测试，再考虑进行测试单业务功能场景的测试。包括负载测试、压力测试、稳定性测试、强度测试。如果测试稳定性，时间建议至少 8 小时；需要逐步加压，比如开始前 5 分钟，20 个用户，然后每隔 5 分钟，增加 20 个用户。这样做的好处：不仅能比较真实地模拟现实环境，而且在性能指标比较模糊，且不知道服务器处理能力的情况下，可以帮我们确定一个大致基准，因为通常情况下，随着用户数的不断增加，服务器压力也会随着增加，如果服务器不够强大，那么就会出现在不能及时处理请求、处理请求失败的情况下，对应的运行结果图形中，运行曲线出现对应的形态，比如从原本呈一条稳定直线的情况，到突然极限下降、开始上下波动等，通过分析就能得出服务器大致处理能力，供后续测试参考。

5）工具选取

一般性能测试工具都是基于协议开发的，所以先要明确应用使用的协议。然后根据协议来做工具选取。工具类型包括开源工具、收费工具、自研工具等，如下表所示。

工具名称	工具类型	用途
Loadrunner	厂商提供	用于模拟客户端与服务器之间的数据传输
Nmon	开源	用于对被测试服务器进行资源监控和分析

6）性能测试工具实践

如下图所示为性能测试工具的实践方案，主要功能模块见下图中“功能”一栏。

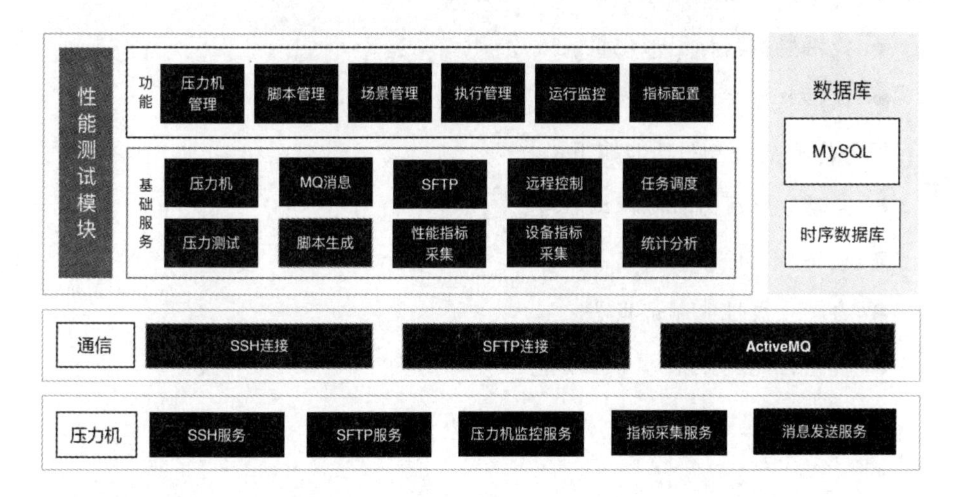

压力机管理的功能如下：

- 一键部署压力机环境。
- 支持将压力机资源化并根据剩余资源自动调度压测任务。
- 支持单机/多机压测模式。

- 支持Docker创建压测机。

脚本池管理的功能如下：

- 支持上传脚本模式并对已上传的脚本进行编辑修改。
- 支持在线编辑脚本模式自由编辑压测所需的元素。
- 能够对脚本进行调试。
- 依据配置自动生成并部署脚本。

场景管理的功能如下：

- 场景能够自由组合复用脚本。
- 每个场景可以选取多个脚本。
- 场景为性能测试的执行单位。
- 测试数据来源于文件和数据池。

服务器实时监控的功能如下：

- 测试发起后自动采集并实时监控性能指标数据。
- 实时监控资源负载指标数据。
- 自动分析测试指标。
- 提供监控指标图形化报表。
- 提供监控告警功能。

任务与测试报告的功能如下：

- 自动分配压力机资源给任务。
- 提供压测停止功能。
- 自动生成性能测试报告。
- 提供性能测试报告对比功能。

9. 单元测试

其实软件的质量在它被开发的时候就已经决定了，在代码被编写出来之后，我们无论采用什么方法，无论做多少工作，都不能从根本上提高代码的质量。唯有开发人员对软件的质量有着决定性的作用，开发人员创建了代码，这些代码实现了具体的设计，同时也包含缺陷，让开发人员在编写代码的同时就去验证代码的正确性，这是一种积极的影响，没有哪种方案像开发人员单元测试那样对软件质量产生巨大的影响。它对节约成本、加速开发进度和软件质量的提升带来极大的好处。

无数的数据显示，软件缺陷或者错误在软件开发整个生命周期中驻留的时间越长，那么我们去修复它的代价就越高！这是我们在软件开发过程中最为深刻的教训。

传统的 BUG 修复采用系统测试的方法，其实非常有限，许多 BUG 都会逃避检查而进入到最终的产品中去。

因此代码阶段是预防 BUG 最好的地方，因为那儿大多数 BUG 被产生，是代码在开发人员大脑刚刚形成的时候，因此修复是最便宜、最早和风险最小的时候。也是立即识别 BUG，进行代码重构或者调整设计最好的时候，这样一来就便于开发出更容易维护和修改的灵活的代码。很多单元级的 BUG 很难在集成级和系统级诊断，因为它们的影响很可能被其他的系统行为所掩盖，在代码阶段预防 BUG 也使得集成、系统、负载、压力测试更简单，使得传统的 QA 更有效地实施软件质量的评估，开发人员在创建软件单元的时候就负责创建测试单元并测试它，而不用其他的人在应用进行全面集成测试和系统测试之前才去测试它。

单元测试主要验证软件开发过程中某个模块、某个函数或某个类正确性检验的测试工作。它的能力要求如下：

- 支持单元测试执行。
- 支持单元测试执行统计，如执行总数/成功/失败等。
- 支持单元测试历史执行结果查询。
- 支持自动触发单元测试。
- 支持单元测试分支和行全量覆盖率。
- 支持测试用例执行结果详情可视化查询，能指出用例成功失败对应的类和方法。
- 提供按照应用维度的单元测试分析统计。
- 支持统计单元测试增量覆盖率。
- 提供按照业务需求维度的单元测试分析统计。

10. 流量回放

软件测试是软件质量保障工作中重要的一个环节，作为一名测试工程师，一定遇到过这样的场景：已经按照评审过的测试用例完成所有的测试，并且包含异常逻辑的测试覆盖，但是版本发布，或者服务上线后可能还是出现了各种问题，导致不得不回退版本或者紧急上线修复。一旦发生这种事情不仅会对业务正常运营造成严重的影响，测试人员甚至会对自己的测试能力产生怀疑，形成恶性循环。究其根本原因，还是在于没有能够全部覆盖到用户的各种场景，越是功能复杂的软件越容易发生类似问题。为了减少这种影响，在发版、上线之前会按照用户的场景进行全量和增量的一致性数据比对测试，确保软件的平稳运行，但是如果遇到对业务还不是特别熟悉的测试人员，仍然可能存在类似的风险。

系统上线前都需要提前对系统进行压力测试，尽早评估系统的各项运行指标，全面做好备战。如果想要准确地模拟用户的场景进行压力测试，就需要庞大体量的用户数据支持，比如要对搜索的接口进行大规模压测，就需要大批量的搜索词来模拟接口的实际调用，而且这些搜索词最好是与用户实际购物过程中所使用的一致，这样才能对系统产生有效的压力。那么这些搜索词从何而来，怎么产生，最直接有效的方式就是使用前台输入的内容。

针对上面提到的测试需求，我们实际使用了提取用户输入数据，线上服务与待发布服务进行比对测试等方法进行满足外，同时也在积极探索另外一种高效的测试模式：流量复制与回放。

什么是流量复制呢？我们把用户访问系统造成的数据传输定义为流量，那么在用户访问系统的过程中，我们可以把进入和流出的数据复制下来，进行保存，待后续使用，即离线模式，或者转发到一个新的服务器，立即使用，即在线模式。

什么是流量回放？获取到复制下来的流量以后，我们按照接收的时间顺序，将它们一条一条地传输到待测试的服务中，让测试服务产生相应的响应，相当于实际用户帮助我们进行测试。

通常有以下几种回放测试的情景：

- 复制下来什么内容就回放什么内容，即全量回放。
- 复制下来的内容进行一些预设规则的过滤，或者特殊的处理后，再进行回放，即选择性回放。

- 复制下来的内容，对其进行处理从中获取必需的数据项，比如上文中提到的搜索词，即关键词回放。

然而，当前流量回放也面临一些痛点：

- 数据备份不完整。当前数据备份需要指定备份表、备份字段、关键字、关联字段等信息，需要测试人员对代码逻辑非常熟悉才能配置，且配置量较大。同时，当前的备份模式不能保证数据备份的完整性和精确性，会造成回放的失败率较高。
- 数据初始化时间长。需要数据备份的表很多，每个用例回放前，会根据关键字和关联字段遍历所有表，提取数据后清除被测表并插入。如果有几千个用例，每个用例执行前都需要执行数据初始化操作，所以耗时很长，影响回放效率。
- 用例采集精度不高。当前采集程序通过服务名采集接口报文，并通过设置用例数、成功数、失败数等条件来进行筛选。筛选出来的用例重复率较高，需要再次进行人工去重。筛选出的用例也无法保证能够覆盖同一接口的多个逻辑分支。

结合当前流量回放的情况和特点，以及现有市面上通用的技术栈，整理下图的技术方案以供参考。

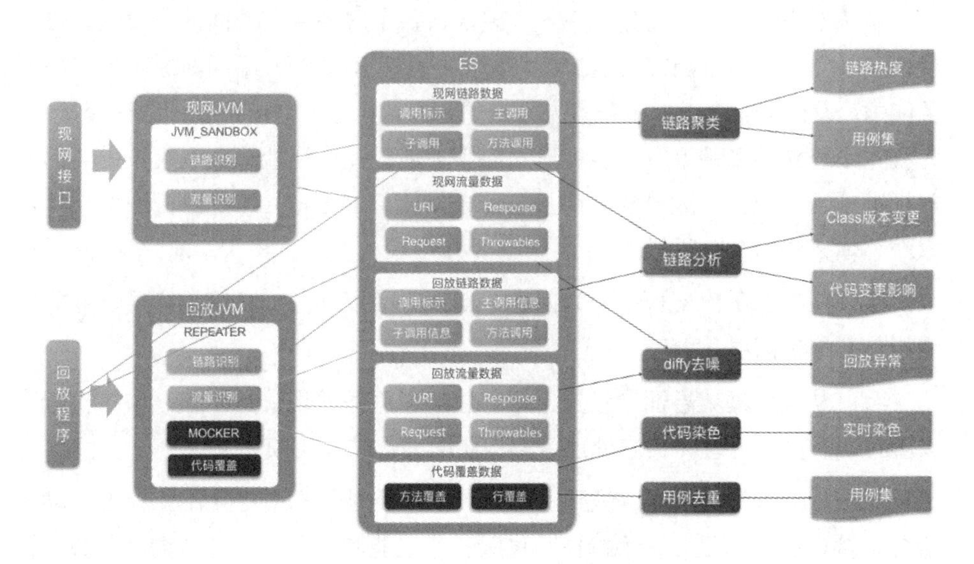

- 现网流量控制管理：主要负责流量的调度和管理，包括从哪个线上服务去抓取实时流量，离线流量保存到哪里，从哪里获取，流量需要回放到哪里等相关的任务。
- 流量复制服务：主要负责从线上服务中复制流量，做到随用随复制，不需要的时候保持静默，不损耗系统资源。
- 流量处理服务：主要负责对线上复制的流量进行处理，包括mock、链路聚类、链路分析、diffy去噪等。比如mock掉不需要进行回放的接口，比如写库类型的接口，如果直接回放到测试服务中，也会进行对应的写库操作，如果正好共用同一套数据库，就会造成大量脏数据，甚至对整体的业务流程产生影响。
- 流量回放服务：接收处理过的流量，进行回放，支持并行产生大量并发的流量，达到压测的目的。
- 流量跟踪和数据持久化中心：从流量复制到流量回放，整个过程跟踪，以及产生的请求和响应数据，比如压测的实际效果，QPS、CPU等数据，均需要进行持久化保存，进行分析，及时发现问题。

10.3.2 技术应用

系统架构设计上，充分考虑各个模块、各个服务接口之间的开放性、可扩展性、独立性，系统能够快速扩容与横向扩展，不影响、不间断原有的业务服务能力，设计层面就考虑了第三方系统的融合，第三方系统可以无缝快捷接入、为我方系统提供多种渠道、多种形式的服务展现和应用能力。系统采用当前开放标准的、开源的、成熟的，而且当前非常流行的 Spring Cloud 微服务架构，系统整体架构如下图所示。

系统从技术层次架构上分为四层，即：系统展现层、负载均衡层、业务应用层、数据访问层。

系统从技术框架层面，设置了服务注册、服务发现、熔断器、监控检查、安全控制、异常处理、日志处理等架构层面的公共复用模块。

系统从业务架构层面，做到了业务解耦，根据业务需要拆分了 Web 自动化服务、接口自动化服务、手机自动化服务、性能测试服务、任务调度服务、错误处理服务、异步消息服务等，每个服务分解为单独的微服务，满足分布式微服务部署要求。

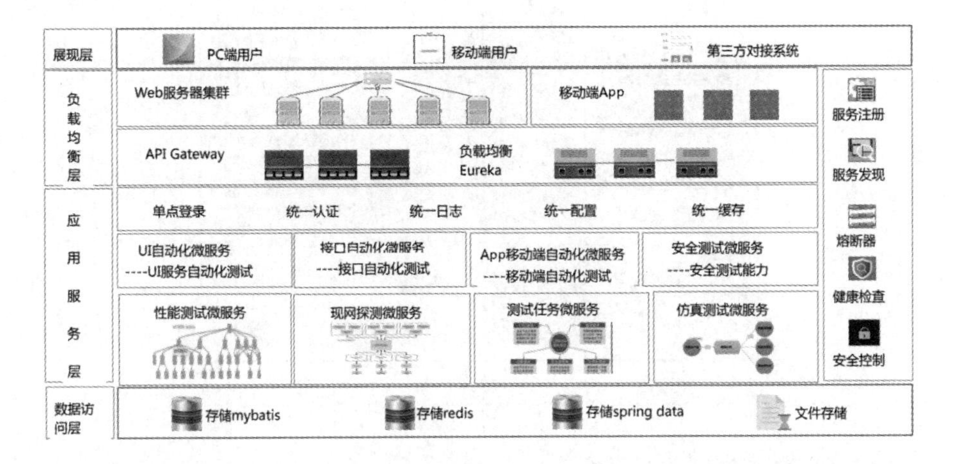

- 系统展现层：主要有前端Web页面、第三方对接系统、全局样式、页面布局等。
- 负载均衡层：主要是分布式部署的时候，统一路由控制、服务器做负载均衡集群部署，所有应用层的微服务都通过API网关做均衡负载控制。
- 业务应用层：对业务应用逻辑进行解耦，公用的模块公共服务化、统一认证和统一管理，如单点登录、统一认证、统一日志、统一配置、统一缓存等。功能模块微服务化，比如Web自动化、接口自动化等相对独立的模块单独部署一个服务，为前端提供接口服务能力；各个微服务之间的调用，通过服务治理来提供访问，避免微服务之间的网状相互调用。
- 数据访问层：主要采用了数据库技术、内存数据库技术、文件数据处理技术，提供数据访问及持久化服务。

10.4　测试域场景应用

测试解决方案不限于测试环节，在软件生命周期的开发、测试、运维环节都有相应的应用，如下图所示，展示其主要的功能。

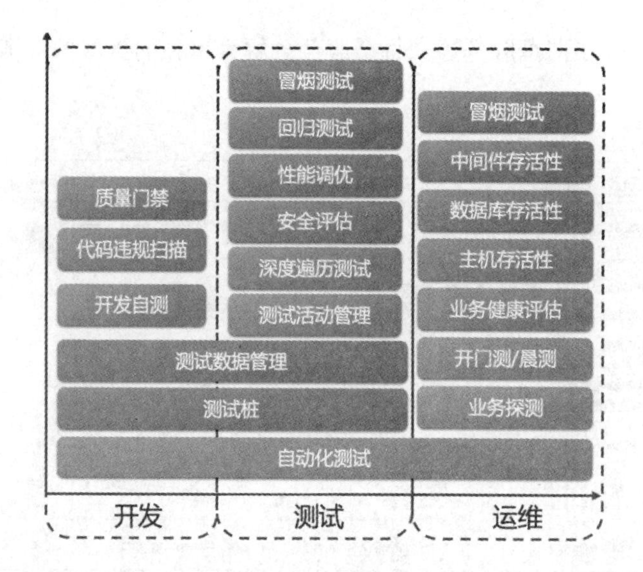

（1）在传统领域的应用如下：

- 自动化回归测试：系统上线前的全量回归测试，热点业务的冒烟测试。
- 自动化晨检开门测：开门前的晨检测试，确保业务能够正常受理，确保后台服务正常，确保可以正常营业。
- 系统性能调优：系统性能能力指标评估、系统性能短板发现、性能优化建议、智能调优、资源预测。
- 系统安全评估：接口安全评估、接口安全优化。
- 测试管理：对测试活动全生命周期进行闭环管理。

（2）在拓展领域的应用如下：

- 业务健康评估：网络连通性、主机存活性、业务可用性。
- 智能探测：保障服务正常、主动发现故障、分析故障原因。

第11章 DevOps之运营运维

11.1 运营运维域概述

通过项目管理、应用开发、测试三个领域的介绍，可以清晰地了解到软件从需求提出到进入开发环节，而后经过测试验证相关的全流程。当软件应用部署到生产环境中时，应用的运营与运维也是应用生命周期的一个相当重要的环节。

在信通院发布的研发运营（DevOps）解决方案能力框架图中，运维运营域的能力，分为资源管理、监控管理、变更管理、日志管理、CMDB、故障管理六个部分。后续的章节，将针对这六个部分进行详细的解读。

11.1.1 资源管理

资源管理，是指DevOps平台或工具能够对应用发布运行期间所需的IT资源的调度和管理，以保证IT资源的高效利用的能力。

资源管理主要包括如下能力：

- 部署资源的创建、销毁、管理。
- 两种以上的资源管理，如创建、申请、释放、变更等。
- 资源按需配额管理。
- 资源标签分类。
- 至少一种资源链接协议，如HTTP、SSH等。
- 多维度的资源视图，如应用维度、集群维度。
- 不同环境资源隔离。

- 批量创建资源。
- 异构资源的管理。
- 资源弹性伸缩管理。
- 跨云的应用维度的资源配额管理。
- 混合云下的应用资源的管理。
- 支持资源在部署链路上的连通性监控。

11.1.2 监控管理

DevOps 平台在研发运营过程中对于应用、资源、配置等不同状态的采集、分析、可视化的过程。保障系统平稳运行，监控作为重要性最高的机制之一，在一定程度上也遭到了人类的忽视。无处不在的灾难，如果有监控系统的预警，那么，人类就有机会迅速启动灾难响应方案或者着手排除复杂的性能故障，这对于任何规模的企业而言都极具实际价值。有效的运行监测体系，最终离不开相关技术平台的支撑，而我们需要了解监测技术平台。

监控管理主要包括如下能力：

- 基础性能监控，如CPU、内存、磁盘、网络等系统指标监控。
- 自定义简单阈值报警规则。
- 监控指标的实时数据和历史数据展示。
- 报警的消息通知。
- 自定义报警消息的接受人。
- 秒级数据采集。
- 复杂报警规则，如同比、环比、连续次数等。
- 多个报警规则联合判断报警。
- 报警暂停和到期自动恢复。
- 可配置的综合监控数据大盘。
- 提供应用级别的监控面板。
- 告警升级。
- 告警多维度统计分析，如应用纬度、告警等级。

- 对告警数据实时分析，对告警事件产生根源分析。
- 从日志中实时采集应用监控指标。
- 监控数据支持聚合齐全度统计。
- 容器应用监控。
- 监控数据多维度实时聚合展示。
- 重复报警抑制能力。
- 报警收敛。
- 报警规则模板化管理。
- 智能化的异常检测。
- 自定义扩展监控指标，如应用指标监控、错误码监控。
- 应用调用全链路查询。

11.1.3　变更管理

变更管理，指在整个软件生命周期内管理变更请求的过程，旨在最大限度地减少由于实施变更而对现有 IT 服务造成的任何不良干扰，变更管理确保使用标准化方法和步骤来处理变更。

变更管理主要包括如下能力：

- 提供变更的操作日志。
- 变更流程的权限控制。
- 变更流程审批。
- 自动化变更流程。
- 自定义审批流程。
- 所有变更接入安全风控策略。

变更管理的基本流程：

（1）变更申请。记录变更的提出人、日期、申请变更的内容等信息。

（2）变更评估。对变更的影响范围、严重程度、经济和技术可行性进行系统分析。

（3）变更决策。由具有相应权限的人员或机构决定是否实施变更。

（4）变更实施。由管理者指定的工作人员在受控状态下实施变更。

（5）变更验证。由配置管理人员或受到变更影响的人对变更结果进行评价，确定变更结果和预期是否相符、相关内容是否进行了更新、工作产物是否符合版本管理的要求。

（6）沟通存档。将变更后的内容通知可能会受到影响的人员，并将变更记录汇总归档。如提出的变更在决策时被否决，其初始记录也应予以保存。

11.1.4 日志管理

日志管理，指在 DevOps 实践过程中，主要是对应用系统日志、业务状态日志的收集、管理及分析行为。

日志管理主要包括如下能力：

- 日志持久化存储。
- 日志格式化。
- 日志在线查看和检索。
- 日志采集和解析清洗能力，如分隔符、正则解析采集能力，提供至少一款主流的采集代理组件。
- 对日志数据的分类管理，包含日志级别查询、日志级别统计等。
- 日志采集和解析可视化的配置管理。
- 日志分析指标的可视化配置。
- 多维度日志数据分析，如时间、级别等。
- 分布式应用日志信息的统一采集、格式转换（如：信息脱敏、格式化等）、汇总、存储、查询。
- 日志定级采集能力，提供不少于一款主流的采集代理组件。
- 日志分析指标基于时序数据存储（用于长时间历史数据分析）。
- TB级别日志量的实时智能分析。
- 日志转储到第三方分析平台。
- 提供日志消费数据API。

11.1.5 CMDB

CMDB（Configuration Management Database，配置管理数据库），包含了配置项全生命周期的信息以及配置项之间的关系（包括物理关系、实时通信关系、非实时通信关系和依赖关系）。CMDB 存储与管理企业 IT 架构中设备的各种配置信息，它与所有服务支持和服务交付流程都紧密相连，支持这些流程的运转、发挥配置信息的价值，同时依赖相关流程保证数据的准确性。

CMDB 主要包括如下能力：

- 基础资源的增、删、改、查。
- 提供资源增、删、改、查OpenAPI，且可被集成。
- CMDB配置建模管理，包括但不限于开发测试运维配置项建模、配置基线管理、配置快照管理。
- 配置检验管理，如可自定义规范、约束状态变化等。
- 配置项查询。
- 配置项统计分析。
- 类SQL的复杂关系查询、KV、模糊搜索。
- 配置项变更控制管理，如基于应用和资源视角管理配置项。
- 自动收集配置项关联关系。
- 权限控制颗粒度，如模型、字段 、操作、数据范围、角色。
- 内置的拓扑搜索引擎，可以支持深度的拓扑查询。

11.1.6 故障管理

故障管理，主要指 DevOps 平台对系统发生的故障进行管理的能力。

故障管理主要包括如下能力：

- 提供线上故障新增/修改/归档功能。
- 故障的消息通知，包括邮件、短信等。
- 故障等级标准配置能力。
- 新增故障通过配置自动识别故障级别。

- 故障处理之后的状态自更新。
- 故障复盘能力要求，形成相关知识库。
- 故障等级配置跟故障影响面关联，形成多层级故障等级配置。
- 智能分析故障影响范围，智能提供决策参考等。

11.2 运营运维域通用工具

通过之前的章节，我们了解到 DevOps 运营运维领域的基本概念，以及需要具备的具体能力。本节，主要结合相应的功能分类，介绍部分开源或商用解决方案以及工具。其中变更管理和故障管理，由于当前市面上主要以企业自研或者商业软件为主，所以选择了部分厂商的对应产品进行简要介绍。

11.2.1 资源管理

常见的开源资源管理如下。

1. Docker

Docker 是一个开源的应用容器引擎，让开发者可以打包它们的应用以及依赖包到一个可移植的镜像中，然后发布到任何流行的 Linux 或 Windows 机器上，也可以实现虚拟化。容器是完全使用沙箱机制，相互之间不会有任何接口。

2. Kubernetes

Kubernetes 是 Google 开源的一个容器编排引擎，它支持自动化部署、大规模可伸缩、应用容器化管理。在生产环境中部署一个应用程序时，通常要部署该应用的多个实例以便对应用请求进行负载均衡。

Kubernetes 具有如下特点：

- 可移植：支持公有云、私有云、混合云、多重云（multi-cloud）。
- 可扩展：模块化、插件化、可挂载、可组合。
- 自动化：自动部署、自动重启、自动复制、自动伸缩/扩展。

3. Openstack

Openstack 是由 Rackspace 和 NASA 共同开发的云计算平台，帮助服务商和企业内部实现类似于 Amazon EC2 和 S3 的云基础架构服务（Infrastructure as a Service）。OpenStack 覆盖了网络、虚拟化、操作系统、服务器等各个方面。

Openstack 的核心组件 Nova，管理虚拟机的整个生命周期：创建、运行、挂起、调度、关闭、销毁等。这是真正的执行部件。接受 DashBoard 发来的命令并完成具体的动作。但是 Nova 不是虚拟机软件，所以还需要虚拟机软件（如 KVM、Xen、Hyper-v 等）配合。

4. KVM

KVM （Kernel-based Virtual Machine）是 Linux 下 x86 硬件平台上的全功能虚拟化解决方案，包含一个可加载的内核模块 kvm.ko 提供和虚拟化核心架构和处理器规范模块。

KVM 被作为模块加载进内核以后，内核俨然摇身一变成为了 Hypervisor，其管理方式是将用户空间作为控制台，用其对 KVM 进行管理。包括创建、销毁、保存、迁移、配置虚拟机，每个新创建的额虚拟机作为一个进程运行在用户空间，其所拥有的虚拟 CPU 或虚拟内存则被抽象成为线程，如果想关闭一个虚拟机，则直接 kill 其对应的进程即可。当创建的虚拟机要执行某些特定（可以理解成普通的主机中，在陷入内核模式时所执行的命令，比如执行写操作的时候）的操作时，要通过内核中的 KVM 模块才能被调度执行（虚拟机会调用自己的内核空间，然后这个虚拟机内核空间在向宿主机内核中的 KVM 模块发起调用）。如果执行另外一些命令（比如做一个简单的加法操作）不需要上面的特权指令的话，其所在的用户空间就可以将其直接交给 CPU 运行，不需要经过内核中的 KVM 模块调度。KVM 极其依赖 HVM（硬件辅助的虚拟化），也就是说：如果 CPU 不支持 VT（Intel-VT-x，AMD-V）技术的话，是无法使用创建 KVM 虚拟机的。

5. VMware

VMware vSphere 虚拟机，与物理机一样，虚拟机是运行操作系统和应用程序的软件计算机。虚拟机包含一组规范和配置文件，并由主机的物理资源提供支持。每个虚拟机都具有一些虚拟设备，这些设备可提供与物理硬件相同的功能，但是可移植性更强、更安全且更易于管理。

11.2.2 监控管理

常见的开源监控工具如下。

1. Zabbix

Zabbix 是一个基于 Web 界面的提供分布式系统监控以及网络监控功能的企业级开源运维平台，也是目前国内互联网用户中使用最广的监控软件。

Zabbix 易于管理和配置，能生成比较漂亮的数据图，其自动发现功能大大地减轻了日常管理的工作量，丰富的数据采集方式和 API 接口可以让用户灵活进行数据采集，而分布式系统架构可以支持监控更多的设备。理论上，通过 Zabbix 提供的插件式架构，可以满足企业的任何需求。

2. Nagios

Nagios 是一款开源的企业级监控系统，能够实现对系统 CPU、磁盘、网络等方面参数的基本系统监控，以及 SMTP、POP3、HTTP、NNTP 等各种基本的服务类型。另外通过安装插件和编写监控脚本，用户可以实现应用监控，并针对大量的监控主机和多个对象部署层次化监控架构。

Nagios 最大的特点是其强大的管理中心，尽管其功能是监控服务和主机的，但 Nagios 自身并不包括这部分功能代码，所有的监控、告警功能都是由相关插件完成的。

3. Ganglia

Ganglia 是加州大学伯克利分校发起的一个开源集群监控项目，设计之初是用于监控数以千计的网络节点。Ganglia 是一个跨平台可扩展的，高性能计算系统下的分布式监控系统。它已被广泛移植到各种操作系统和处理器架构上。

4. Grafana

Grafana 是一款用 Go 语言开发的开源数据可视化工具，可以做数据监控和数据统计，带有告警功能。目前使用 Grafana 的公司有很多，如 PayPal、eBay、Intel 等。

5. Zenoss

Zenoss Core 是 Zenoss 的开源版本，其商用版本为 Zenoss Enterprise。作为企业级智能监控软件，Zenoss Core 允许 IT 管理员依靠单一的 Web 控制台来监控网络架构的状态和健康度。Zenoss Core 的强大能力来自深入的列表与配置管理数据库，以发现和管理公司 IT 环境的各类资产。Zenoss 同时提供与 CMDB 关联的事件和错误管理系统，以协助提高各类事件和提醒的管理效率。

6. Open-falcon

Open-falcon 是小米运维团队从互联网公司的需求出发，根据多年的运维经验，结合 SRE、SA、DEVS 的使用经验和反馈，开发的一套面向互联网的企业级开源监控产品。

7. Cacti

Cacti 在英文中的意思是仙人掌的意思，Cacti 是一套基于 PHP、MySQL、SNMP 及 RRDTool 开发的网络流量监测图形分析工具。它通过 snmpget 来获取数据，使用 RRDtool 绘画图形，它的界面非常漂亮，能让你根本无须明白 RRDtool 的参数就能轻易地绘出漂亮的图形。而且你完全可以不需要了解 RRDtool 复杂的参数。

8. Prometheus

Prometheus 是一个开源系统监视和警报工具包，最初由 SoundCloud 构建，现在是 Linux 基金会的云计算基础项目。它适用于以机器为中心和微服务架构，并支持多维数据收集和查询。

9. Kibana

Kibana 是一个为 Logstash 和 Elastic Search 提供的日志分析的 Web 接口。可使用它对日志进行高效的搜索、可视化、分析等各种操作。

11.2.3 变更管理

对于变更管理，由于涉及 IT 系统内部管理流程，开源工具并不常见。大部分企业都选择自研或者采购商业软件进行变更的管理。比较典型的 ITSM 商业软件供应商有 ServiceNow、BMC、Ivanti 等。

1. ServiceNow

ServiceNow 是一家基于云服务，实现企业 IT 运维的自动化供应商，专注于将企业 IT 自动化和标准化。

ServiceNow 的变更管理模块，借助内置 AI 能力、自动化能力快速应对复杂的变更流程，并提供完整的风险和影响分析信息，最大限度地减少故障并降低成本。

2. BMC

BMC，是 BMC 软件公司的品牌。是全球领先的云计算和 IT 管理解决方案提供商，致力于从业务角度出发帮助企业有效管理 IT，业务服务管理（BSM）理念的提出者和领先者。

BMC Helix ITSM 功能中 Change Release Management（变更发行管理）：

- 利用指导流程简化变更请求流程。
- 拖放变更日历。
- 自动上下文冲突检测和影响分析。
- 增强的风险分析能自动执行无须交互的常规更改，并交付给代理决策所需的关键信息。

11.2.4 日志管理

常见的开源日志管理工具如下。

1. Fluentd

Fluentd 是一个用于统一日志记录的开源数据收集的系统，由 Treasure Data

资助。它把 JSON 作为日志的中间处理格式，通过灵活的插件机制，可以支持丰富多样的日志输入应用、输出应用，以及多种日志解析、缓存、过滤和格式化输出机制。

2. Logstash

Logstash 是 Elastic 的开源数据管道，用于帮助处理来自各种系统的日志和其他事件数据。它的插件可以连接到各种元数据和大规模流数据到中央分析系统。

3. Graylog

Graylog 是强大的日志管理、分析工具，基于 Elasticsearch、Java 和 MongoDB，这使得它像 ELK 堆栈一样运行起来很复杂，甚至更加复杂。但是，Graylog 开源版本带有内置的警报，以及其他一些值得注意的功能，如流式传输，消息重写和地理定位。

11.2.5 CMDB

当前开源 CMDB 工具，包括 bk-CMDB、Open-CMDB、OneCMDB、CMDBuild、Itop CMDB、Rapid OSS、ECDB、i-doit 等。

1. bk-CMDB

蓝鲸配置平台是一款面向应用的 CMDB，在 ITIL 体系里，CMDB 是构建其他流程的基石，而在蓝鲸智云体系里，配置平台就扮演着基石的角色，为应用提供了各种运维场景的配置数据服务。它是企业 IT 管理体系的核心，通过提供配置管理服务，以数据和模型相结合映射应用间的关系，保证数据的准确性和一致性，并以整合的思路推进，最终面向应用消费，发挥配置服务的价值。

GitHub 地址：https://github.com/Tencent/bk-cmdb

2. Open-CMDB

这是一款轻量级的开源 CMDB 系统，支持全文检索、自带 RESTful API。

基本功能有：热添加删除表、自定义字段类型，方便增删改查的前端界面，强大的搜索查找能力（后端使用 ElasticSearch 存储数据）可以配合 Kibana 使用，查看数据的删除修改记录、历史版本等，还带有表级权限管理，开放所有 API。

Open-CMDB 涉及的技术栈如下：

后端技术	Python3 Django Django REST framework Elasticsearch uwsgi Nginx Docker
前端技术	Vue Element-ui Vue-Router Vuex Axios

GitHub 地址：https://github.com/open-cmdb/cmdb

Open-CMDB 功能截图如下图所示。

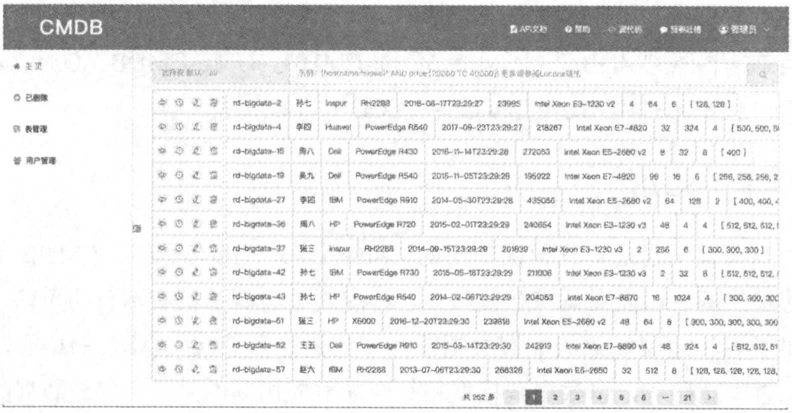

3. OneCMDB

OneCMDB 主要面向的是中小型企业。可以作为一个独立的 CMDB 来保持软件和硬件资产及其相互关系的轨道。由于其具有开放的 API，因此其也可以拥有灵活的强大的配置管理引擎的其他服务管理软件。

OneCMDB 易于安装和填充数据，它有一个无须用户具有编程能力就能改变和增强的数据模型，它能让用户轻松做到如下几点：

- 创建CMDB数据模型，而无须写代码。
- 填充数据，可以通过网络自动发现。
- 通过各种灵活的导入和转换机制来从外部源获取信息。
- 导入/导出网络配置信息从/到Nagios网络监控系统。

OneCMDB 也有如下一些缺点：

- 纯英文操作界面，增加了误操作率。
- 只支持从Nagios系统自动发现导入。
- 现在该产品基本无人维护。
- UI可定制化低。

4. CMDBuild

CMDBuild 是一个通过 Web 界面配置的 CMDB 系统。可以通过 Web 界面来进行建模、创建资产数据库，并处理相关的工作流程。

CMDBuild 可用于集中管理数据库模块和外部应用：自动库存、文档管理、文本处理、目录服务、电子邮件、监控系统、用户网站、其他信息系统等。

11.2.6　故障管理

故障管理工具，开源的产品并不多，比如 Cyphon，更多的应用是由 ITSM 供应商，例如 ServiceNow、BMC 提供的故障管理。

1. Cyphon

Cyphon 是一个事件响应平台，它接收、处理和分类故障。具备聚合数据、捆绑和优先排序警报，并让分析师能够调查和记录事件。

（1）收集。Cyphon 从各种来源收集数据，包括电子邮件、日志消息和社交媒体。它让分析师可以随心所欲地塑造数据，因此分析师可以更轻松地进行分析。分析师还可以通过自动分析（如地理编码）来增强数据。

（2）警报。Cyphon 会在重要数据到达时为它创建警报，以便在发生感兴趣的事情时通知分析师。分析师可以使用自定义规则集对警报进行优先级排序，并捆绑相关警报，以免被淹没。

（3）回应。分析师可以通过探索相关数据来快速调查警报，并用他们的发现来注释警报。借助 Jira 集成，他们可以通过在 Service Desk 中创建工单来升级重要警报。

注意：当前该项目已经停止维护。

2. ServiceNow

ServiceNow 的 Incident management（故障管理），能够帮助客户快速恢复服务并解决问题。确保员工可以轻松联系支持人员来跟踪和解决问题。

内置经过验证实践的工作流管理流程，更好地识别、跟踪和解决重大问题。

3. BMC

BMC Helix ITSM 功能中事件和问题管理：

- 利用智能情景感知和主动事件匹配提高事件创建和解决速度。
- 支持自然语言、请求单的无表单化数据输入和快速准确解决问题的建议方法。
- 使用高级服务分析来确定推动效率之处，以提供更好的服务。
- 通过BMC Helix Digital Workplace 实现智能全渠道自助服务，减少呼叫量。
- 使用现代 UI/UX 最大限度地提高代理生产力和易用性。
- 通过专家服务、全面培训和即用型的ITIL 流程，与ITIL®最佳做法保持一致。

11.3 运营运维域企业级解决方案

本节主要从运营运维领域里面比较常见的三个模块结合方案的核心能力和技术应用两个角度讲述相应的企业级解决方案。

11.3.1 核心能力

1. 应用监控

随着各应用系统向微服务架构的演进及应用 Docker 化，在带来灵活性、扩展性、伸缩性以及高可用性等优点的同时，其复杂性也给运维工作中最重要的监控环节带来了巨大的挑战。如何能快速掌握应用运行情况、快速定位故障问题、快速执行运维操作等成为新架构下监控系统的重中之重。如下图所示，应用监控主要面临如下问题。

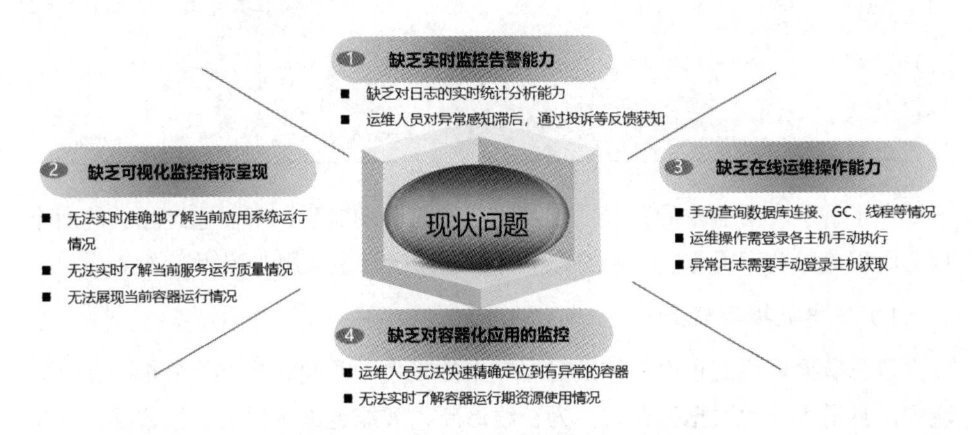

运维监控平台是一套针对应用级的实时监控与大数据智能分析平台。通过异步采集性能日志数据，结合大数据分析计算，实时掌握系统运行情况。同时提供在线可视化运维及代码级别的故障定位能力，助力运维人员快速定位故障问题，提升运维效率，降低运维难度，确保系统健康度，助力数字化业务运维。

运维监控平台是针对应用实例、中间件等做实时监控的运维监控平台。通过对数据的采集、分析、存储，实时计算监控指标，同时提供可视化的监控运维管理能力，从而提升运维人员工作效率，确保系统高可用。

- 前台管理提供可视化的管理能力，包含系统管理、运行监控信息，告警信息管理、监控指标调用统计能功能。
- 后台功能提供数据分析、数据聚合、数据清洗等实时计算能力。指令单元、探针埋点为监控数据采集、运维操作提供能力支撑。

运维监控平台前后台功能如下图所示。

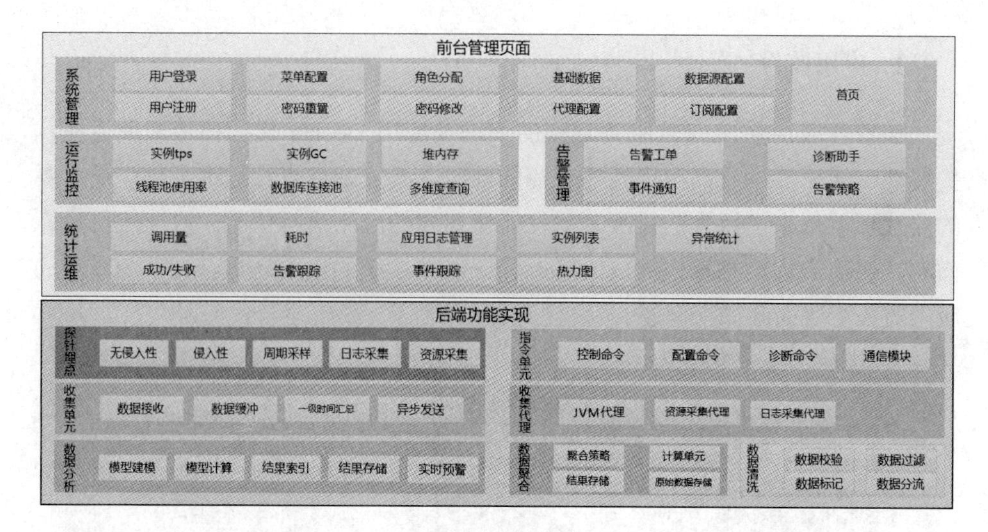

在了解了应用监控的背景，以及相应的核心功能后，下面通过相关的两个核心流程，以及应用监控平台的典型特性进一步介绍应用监控解决方案。

1）日志数据处理流程

日志数据处理流程主要涉及日志数据的采集、传输、聚合、分析、存储等流程。且日志过程数据持久化，为在线诊断、智能运维等提供数据依据。日志数据处理流程如下图所示。

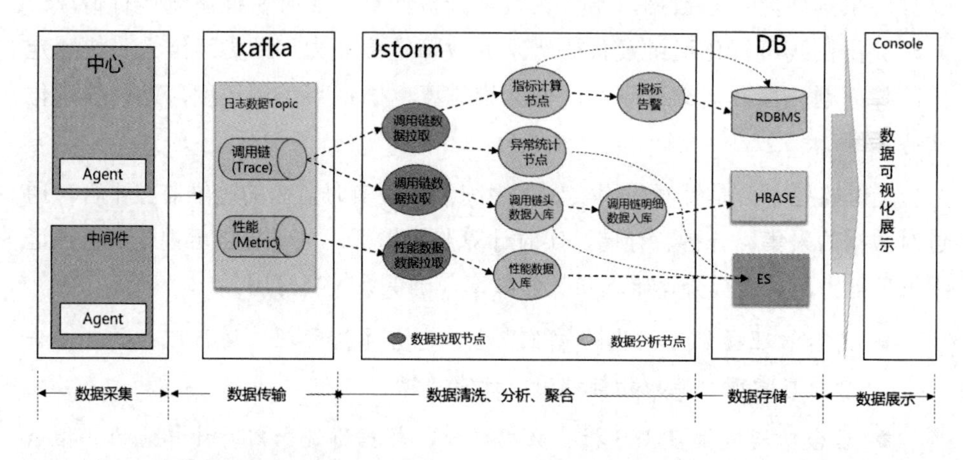

2）运维监控处理流程

应用通过探针埋点，启动时自动上报节点信息，同时通过探针实时收集性能日志数据，通过流计算拓扑实时计算监控指标，通过可视化实时呈现。针对告警策略，提供自动的告警执行策略和手动执行告警策略。告警执行策略支持流程可编排，运维人员可以将以往的运维经验编排成对应的告警策略流水线，从而提升运维效率。运维监控处理流程如下图所示。

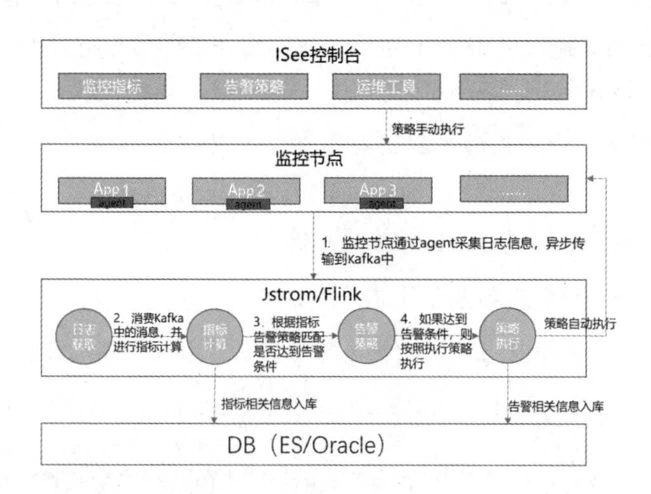

3）无侵入式埋点

通过探针埋点方式实现对应用的性能日志数据采集。探针包括两种：周期性探针和事件性探针。

- 周期性探针：主要是周期性统计如每分钟内应用访问总量、成功总量、失败总量等。
- 事件性探针：主要是事件驱动类日志信息获取，如应用启动，探针上报日志信息到监控平台。

无侵入埋点实现方式如下图所示，是在 Class 文件第一次被加载到 JVM 中的过程中，利用 Java instrumentation 特性，通过增加的 Agent 将二进制字节码内容修改，动态注入新的代码逻辑，然后再加载到 JVM 中，从而在运行时完成日志埋点的注入，实现无侵入埋点的功能。

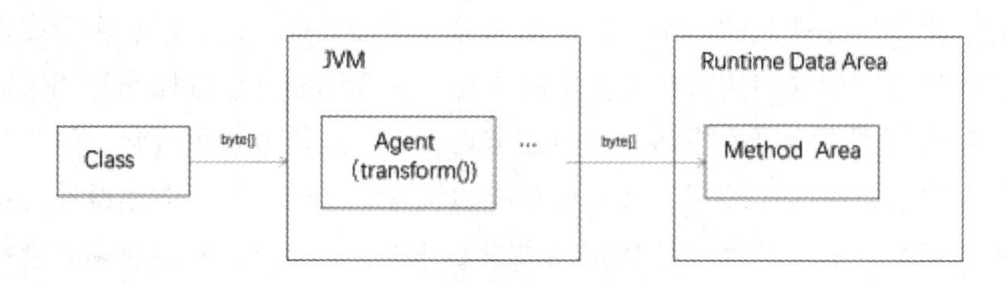

4）实时计算（数据清洗、聚合、分析）

系统监控首先最重要的就是实时感知，尽早发现异常，将故障扼杀在萌芽阶段或将产生的影响降低到最小化。

应用监控平台支持日志数据清洗、聚合、分析，达到监控指标实时计算。

Kafka 聚合的数据，由 JStorm 进行消费，将获取的数据进行如下操作，处理流程如下图所示：

- 数据校验：对采集的数据进行校验，剔除无效数据，保证数据的有效性。
- 数据过滤：根据规则，过滤事件数据。
- 数据聚合：进行数据聚合计算，分类汇总。
- 数据标记：对清洗之后的数据进行标记之后形成服务统计表。

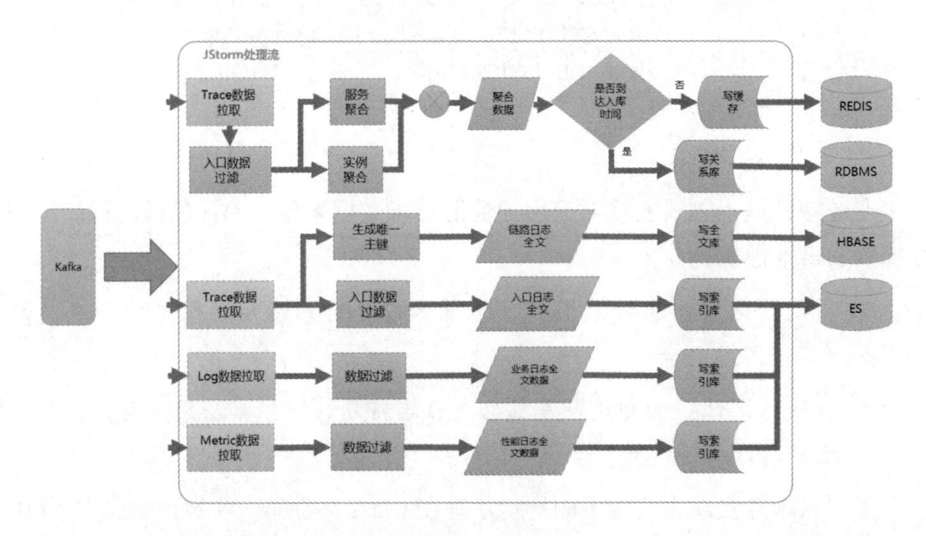

5）可视化 / 自动化运维及代码级定位能力

平台提供在线运维能力，包含在线日志搜索查看、数据库连接池、线程堆栈等信息在线实时获取、分析计算，同时支持运维命令在线操作，将运维能力可视化，提供快捷便利的运维工具，从而提升运维效率。在线运维主要提供可视化界面操作，包含应用指标监控实时展现、在线诊断、运维操作等相关命令可视化配置管理。运维操作命令与监控节点绑定，提供各种可视化运维工具。运维工具可以根据运维要求，实时进行能力编排，形成一整套的运维能力链，极大提升运维效率。平台内置 JVM 等相关运维能力。如线程堆栈抓取、降级、限流等常规运维能力。可视化运维工具功能如下图所示。

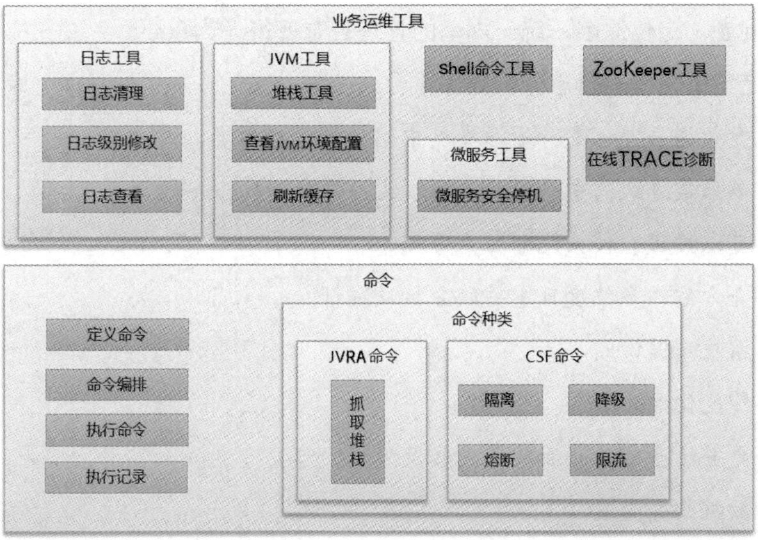

业务运维工具
日志工具
日志清理
日志级别修改
日志查看
JVM工具
堆栈工具
查看JVM环境配置
刷新缓存
Shell命令工具
ZooKeeper工具
微服务工具
微服务安全停机
在线TRACE诊断
命令
定义命令
命令编排
执行命令
执行记录
命令种类
JVRA命令
抓取堆栈
CSF命令
隔离
降级
熔断
限流

6）应用关键指标监控

应用关键指标监控，包括应用实例监控和中间件监控，如下图所示。

组件名称	指标名称	描述
应用实例监控	容器CPU	CSF实例的CPU使用情况
	实例信息	实例的核数，内存等基本信息
	内存情况	CSF实例的内存情况
	GC情况	CSF实例的GC情况
	CSF分线程池使用情况	CSF实例每个线程池的线程总量、线程使用量、队列使用率
	堆栈信息	查看JVM堆栈信息
	线程dump	整个CSF实例的线程dump信息
	调用量	当前实例中1分钟内的总调用量
	平均耗时	当前实例中1分钟内的平均耗时
	最大耗时	当前实例中1分钟内的最大耗时
	最小耗时	当前实例中1分钟内的最小耗时
	TPS	当前实例中1分钟内的TPS
	QPS	当前实例中1分钟内的QPS
	业务异常量	当前实例中1分钟内的业务异常量
	成功量	当前实例中1分钟内的总成功量
	数据库连接池使用情况	CSF实例的数据库连接每个数据源的数据库连接总量、已用连接数
中间件监控	状态监控	中间件是否在线，包括 ZooKeeper、Kafka、activeMQ等。

2. 日志管理

随着云原生技术架构的迅速流行，很多企业的业务支撑系统逐步向微服务化、网格化演进。市场需求的快速变化，新业务、新设备的不断更迭，业务支撑系统的规模日趋庞大，系统架构的复杂性不断增加，运维难度也不断增大，为了能够提供更好、更稳定的服务，提升后续的系统运维质量和效率，便于快速发现问题，定位原因，统一规范的管理日志变得尤为重要。

打造集中化统一日志分析处理平台：

- 多数据来源，支持资源类、中间件类、应用类。
- 多采集方式，支持探针采集、文件采集、syslog等。
- 可以按域、按系统分租户管理。
- 全方位、多维度日志关联分析及统计。
- 系统一键诊断。
- 智能化综合告警。
- 更灵活丰富的页面展示内容及方式，可自定义。
- 数据归并查看。

日志管理是负责实现日志采集、分析和展示、针对分布式系统环境下分散日志，进行集中存储、分析及运用的日志管理平台。

- 无侵入性：无侵入采集，对业务透明，开发人员不需要关注日志如何采集。无侵入埋点，不对源代码进行修改或者埋点代码添加。
- 低消耗：日志系统对在线业务系统的影响足够小。通过异步线程，批量进行日志采集和记录。
- 灵活的应用策略：可以随时变更收集数据的范围和粒度，如地市、时段等。应用服务器中日志文件的留存时间、日志数据采集的频率等。
- 时效性：从数据的产生和收集，到数据计算和处理，再到最终存储，有极高的实时性。
- 决策支持：通过Storm、Hadoop等大数据技术实时或全量分析收集的日志数据，为决策提供数据支持。

1）日志管理的目标

如下图所示，日志管理的目标是实现对主机、服务器、中间件、数据库以及各种应用服务系统访问过程中产生的日志，进行统一收集、多维分析和灵活呈现，从海量日志中精确查找事件数据。支持前后台业务全链路跟踪和关键行为回溯分析，一键查找业务调用故障点。

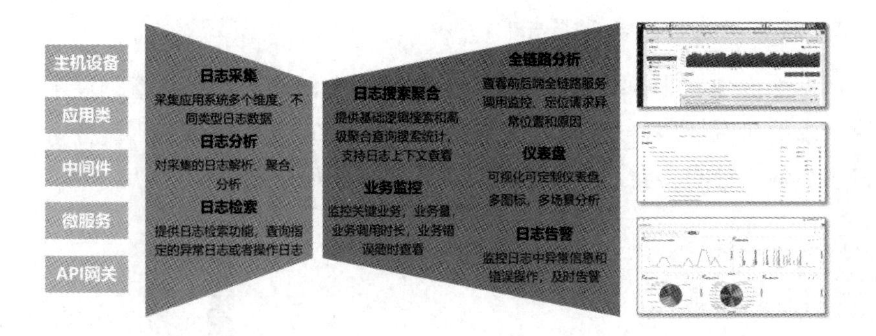

2）平台架构

从功能角度，分为日志管理及展现、日志处理分析和日志采集三个部分，功能架构如下图所示。

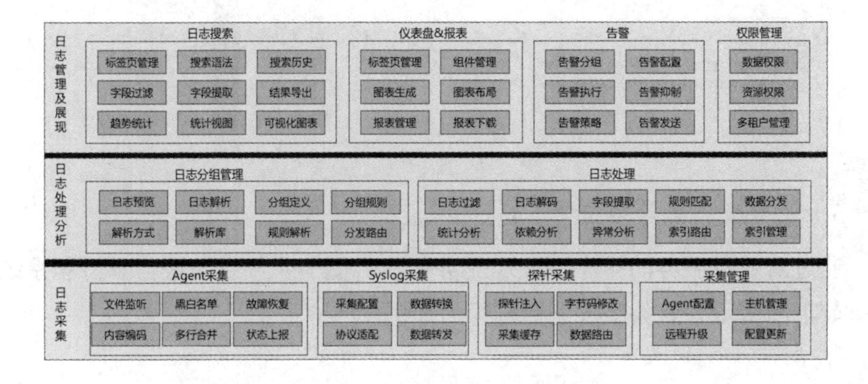

3）日志统一搜索

实现统一日志收集管理，并提供搜索功能，在业务故障发生时，可以帮助系统运维人员迅速定位故障日志。日志统一搜索的功能如下图所示。

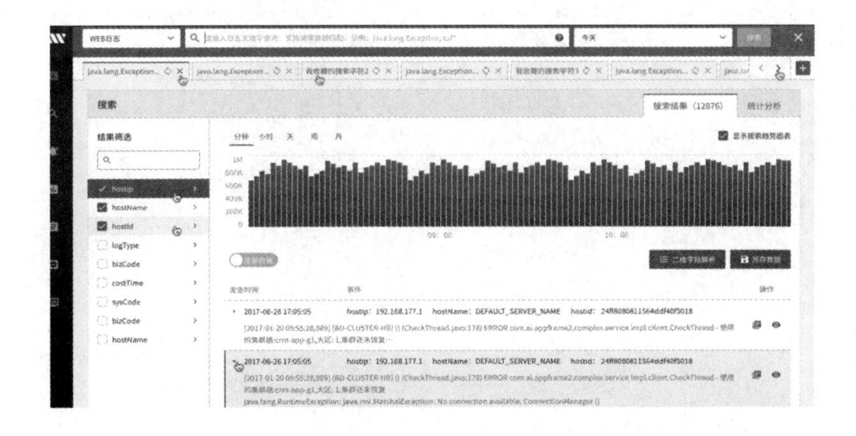

4）服务调用日志关联展示

根据手机号、业务编码，实现业务发起的全链路关联日志查询展示。查看该次请求的所有调用日志，并且针对每次调用，可以下钻到调用链分析，并查看日志和响应时间。如下图展示了服务调用日志如何关联。

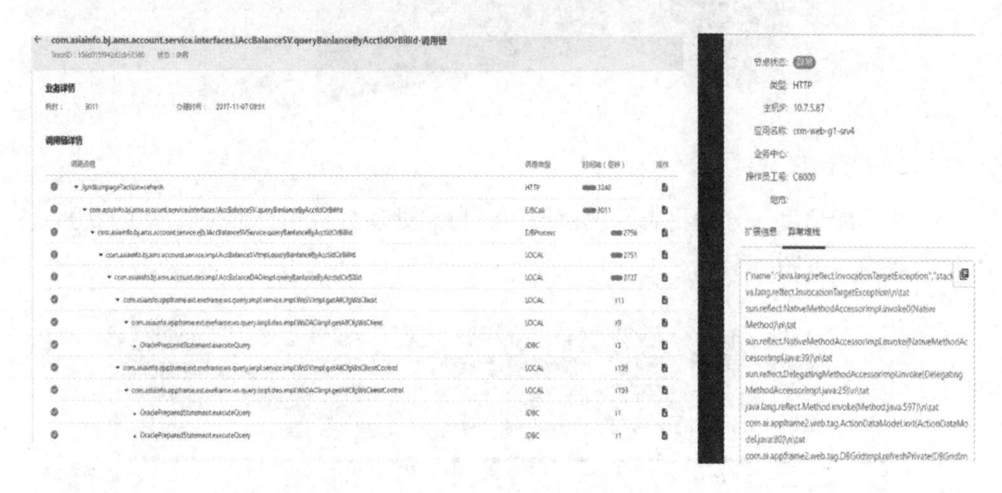

5）业务服务统计排行

通过对业务服务的排序，发现业务瓶颈，便于业务系统进行分析和系统优化。如下图所示为业务服务统计排行的样例。

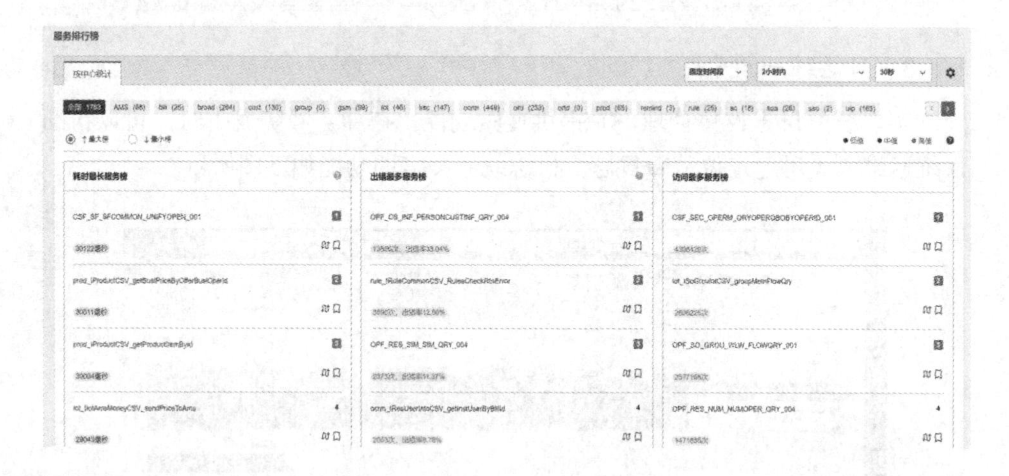

6）统计图表

自定义统计图表，满足多种业务使用场景，更直观地展示系统的情况。如下图分别展示了自定义图标的功能和仪表盘监控大屏的样例。

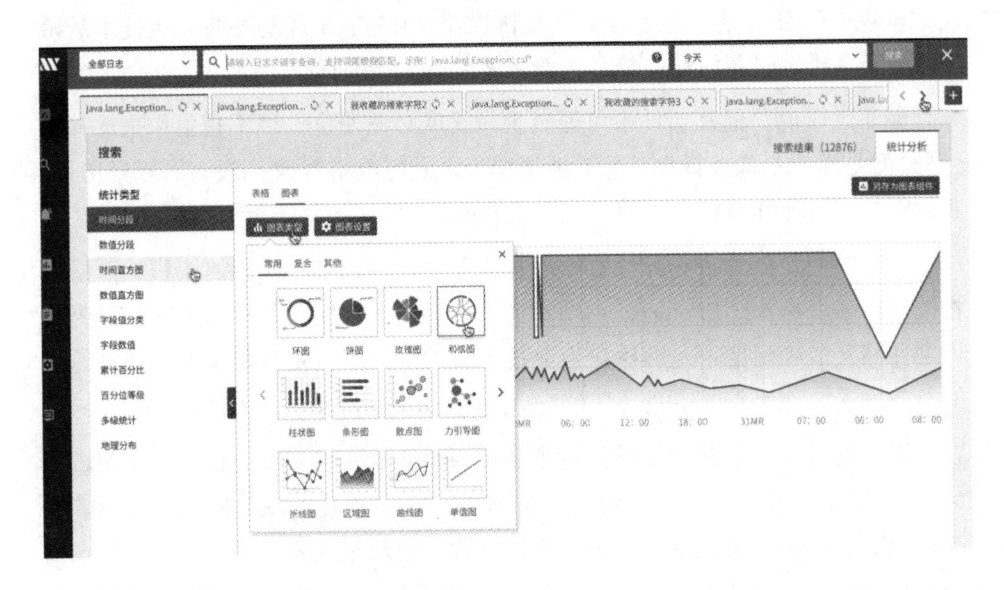

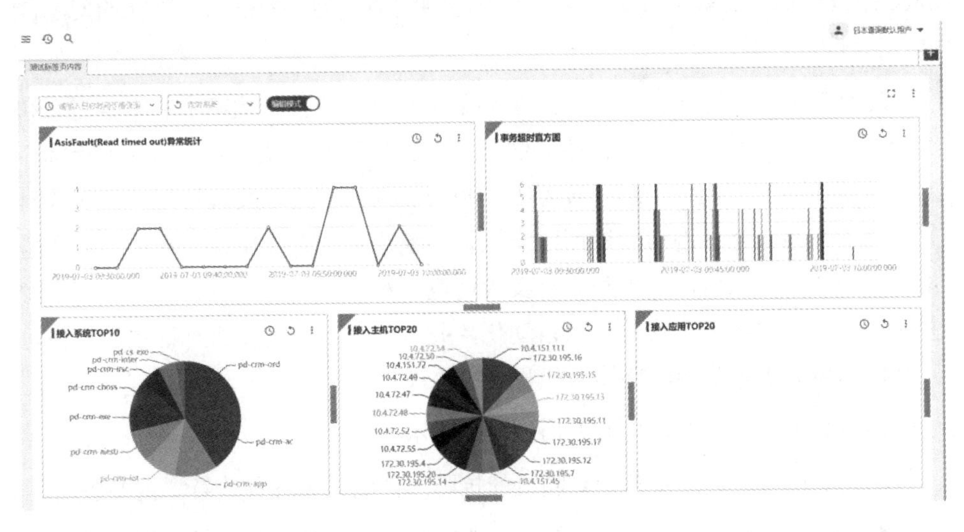

3. 混沌工程

云原生架构下，系统实现弹性伸缩、动态调度、优化资源利用率，初步具备韧性架构，但复杂的架构也带来了更高的故障概率，对于测试和运维是很大的考验。传统的测试手段，耗费越来越多的精力、时间和成本。也难以应付“随机性”的故障。

复杂的服务依赖，使得某个关键节点的失效可能导致整个系统的宕机。一次宕机可能让公司遭受重大损失。英国航空 2017 年 5 月发生的一次技术故障造成数千名乘客滞留机场，给公司造成 8 千万英镑的损失。

墨菲定律说“但凡一件事可能发生，它就必然发生”“不是由你来选择那一刻，而是那一刻来选择你！你只能选择为之做好准备”。然而没有真正经历过，我们无法确认弹性系统在“那一刻”是否能生效。

失败经验是创建成熟弹性系统的先决条件。以此实践“混沌工程”，旨在将故障扼杀在襁褓之中。通过主动制造故障，测试系统在各种压力下的行为。识别并修复故障问题，是解决在当前技术架构下，混沌实验是保障系统高可用的有效方法。

混沌高可用平台是一个故障即服务（failure as a service）的破坏性测试平台，是“混沌工程”的一个实践方案，在故障测试可能产生的影响（即故障范围，failure scope）可控的前提下，通过有意识地对某些系统组件（即注入点，injection points）搞破坏。引入随机和不可预测的行为，发现系统潜在的问题，并针对性改进。

完整的混沌工程实验是一个持续性迭代的闭环体系，从初步的实验需求和实验对象出发，通过实验可行性评估，确定实验范围，设计合适的观测指标、实验场景和环境，选择合适的实验工具和平台框架；建立实验计划，和实验对象的相关干系人充分沟通，进而联合执行实验过程，并收集预先设计好的实验指标；待实验完成后，清理和恢复实验环境，对实验结果进行分析，追踪根源并解决问题，并将以上实验场景自动化，并入流水线，定期执行；之后，便可开始增加新的实验范围，持续迭代和有序改进。

混沌高可用平台整体功能架构如下图所示。

主要实现对平台的服务进行随机的抗脆弱性测试和各种检查。主要包括：

- 随机关闭生产环境中的实例，确保服务能够经受故障的考验，同时不影响客户端的正常调用。
- 在服务调用中人为引入延迟模拟服务降级，测试上游服务是否做出恰当响应。

- 查找不符合最佳实践的实例（如实例不在自动伸缩组里，将其关闭后，服务所有者能够重新让其正常启动）。
- 查找不健康的实例，除了监控自身的健康度，还会监控外部健康信号，一旦发现不健康就将其移出服务组。
- 查找不再需要的资源，将其回收。
- 检查系统的安全漏洞，同时保证SSL等安全证书的有效性。
- 配置检查，确保配置的正确性（语言和字符集等）。
- 模拟高可用故障（AZ故障等），验证在不影响用户，且无须人工干预的情况下，能够自动进行可用区的重新平衡。
- 进行其他混沌实验组件（降级、健康守护、安全检查、配置检查、注入异常等）的探索和挖掘，最终目标是要能够保证服务和平台的健壮性、高可用性。

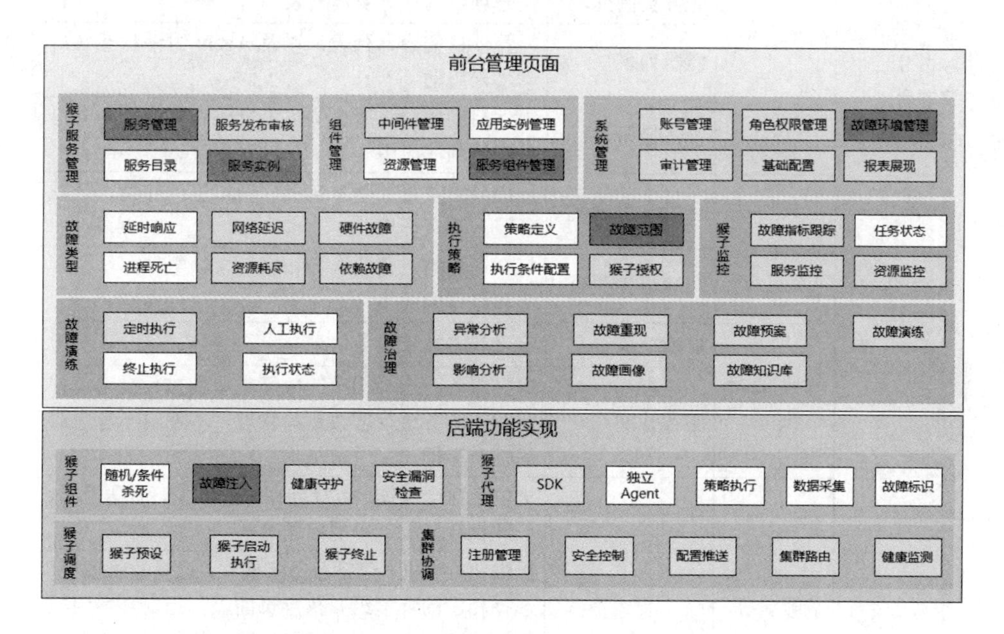

混沌高可用平台本身也是一种执行框架，具体执行可能需要调用三方接口（如指令通道、云管、DCOS、ISEE 等），也可以使用自身的 Agent 来进行操作。

混沌高可用平台的功能如下表所示。

一级功能	二级功能	三级功能	功能特性描述
控制台	故障类型	故障类型定义	后台定义故障类型，例如应用级别故障、硬件故障、网络故障；通过配置表后台定义及加载，本期不提供页面
	混沌策略	混沌策略定义	后台实现，根据不同的故障类型，定义相应策略
		演练执行前置 & 退出条件	后台实现，执行前提条件，可配置无或者有。可以定义执行前提 & 退出条件，例如从 ISEE 接口获取当前系统健康情况，设定执行的准入条件，如果不满足就不能执行。对于定时调度，根据需要，设置自动退出条件；本期不提供页面
		演练执行策略	后台实现执行动作策略，例如一次性动作，随机停 1 个实例，或者定时每 *N* 分钟，停一个实例。本期不提供页面
	组件管理	主机（VM）列表	托管项目的所有宿主机列表及 Agent 组件状态（启动、未启动）
		业务实例列表	托管项目的业务实例列表
		容器列表	托管项目的容器列表，以及 Agent 组件状态（启动、未启动）
		服务注册	组件启动后，将所在的宿主机或者容器等相关信息注册到注册中心
	环境管理	环境分组定义	环境分组及相关基本信息，例如生产环境、开发环境、测试环境
		环境组件关系	每个环境组，需要选择相应包含的组件，维护环境和组件的关系
	故障服务管理	故障服务定义	定义基本故障服务信息
		服务管理	定义服务，选择相应的故障类型和执行策略。并且对于服务进行增改删等管理。本期暂不考虑服务发布审批
	故障演练	Dashboard	提供表盘全景图，包括当期组件数量，活动情况，已经执行情况、发现问题等
		演练执行	提供执行页面，包括服务实例化，选择故障服务，选择相应的环境组。执行页面显示当前环境组的健康状况，在执行时记录快照，执行后动态显示执行日志，以及当前环境组各个监控指标，来和基线快照进行对照
混沌高可用平台组件	应用级别故障组件	杀掉应用实例	根据规则，杀掉应用实例，模拟进程 DOWN 掉故障
		服务实例延时响应	通过可插拔动态字节码增强，模拟服务实例响应时间，例如设置某个应用实例响应延时 *N* 秒

11.3.2　技术应用

1. 应用监控

如下图所示，展示应用监控功能的整体技术架构。

- 业务中心以及中间件做埋点，采集数据。支持采集周期类指标和事件探针。
- 代理探测到的所有数据都异步发送到Kafka。
- JStorm定义流计算拓扑实时从Kafka消费监控数据，进行一系列聚合，实时分析后将数据持久化到存储，统计数据入数据库，时间序列数据入ES。
- 监控控制台可以从存储里面检索数据并展示，同时提供开发接口供外系统调用。
- 代理提供管理端口，控制台可以通过控制、配置、诊断命令进行管理、定位告警。
- 实时分析流根据告警策略探测告警，在控制台生成告警工单，整个告警处理进度通过工单进行跟踪。

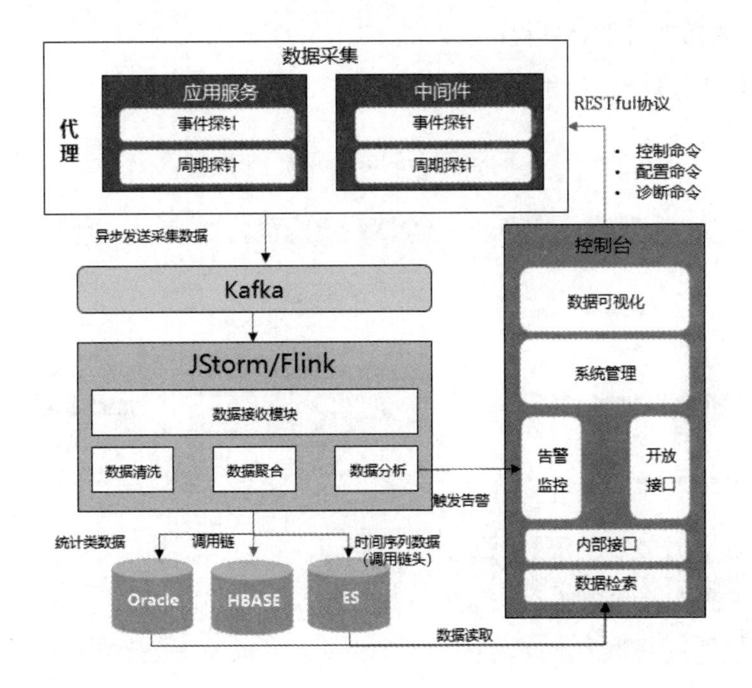

2. 日志管理

日志管理，通过服务网关接入外部资源类、中间件类、数据库类、应用类平台，借助 Kafka 集群和实时数据流处理平台 Flink 对海量日志数据进行收集和管理，最后依托大数据平台、检索引擎、关系数据库对日志进行管理、分析。通过网关给前端及外部系统开放接口。平台前端提供统一日志搜索、关键字统计、自定义图表、自定义仪表盘、自定义报表等功能。日志管理功能的整体技术架构如下图所示。

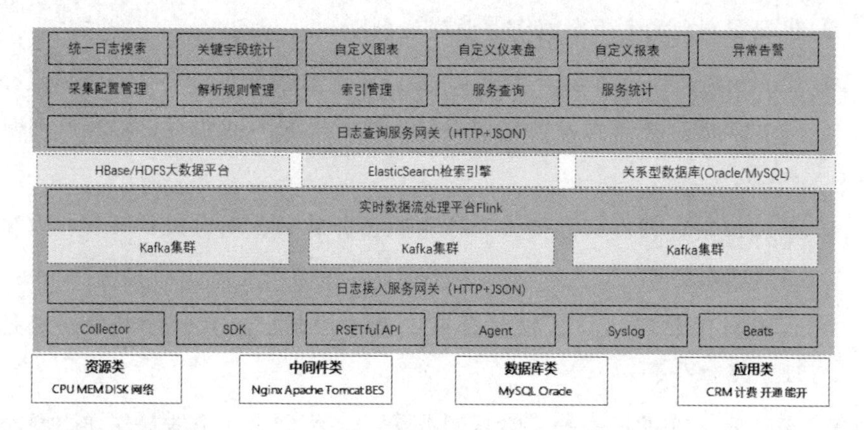

3. 混沌工程

1）混沌高可用平台架构

混沌高可用平台架构如下图所示。

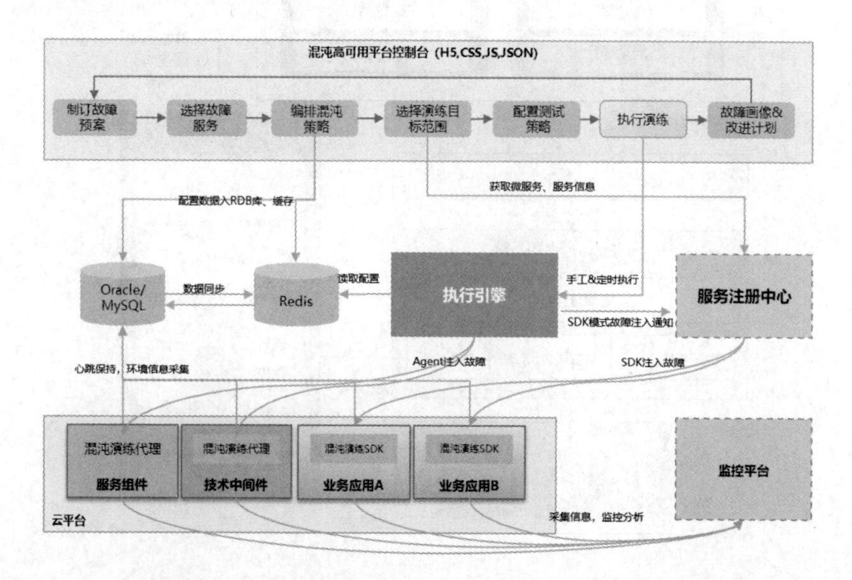

- 混沌高可用平台控制台，包括如下功能：制定故障预案，选择故障服务，编排混沌策略，选择故障演练范围，配置演练测试策略，执行演练，故障画像&改进计划定义、跟踪。
- 执行引擎：通过agent代理、SDK方式，由控制台触发，进行故障注入。
- 混沌演练监控：目标测试环境集成监控平台，通过监控平台采集日志信息，进行分析展示，实现实时环境监控；同时监控平台还提供环境正常运行时各项参数指标供测试对比参考。

2）混沌高可用平台技术体系

混沌高可用平台技术体系如下图所示。

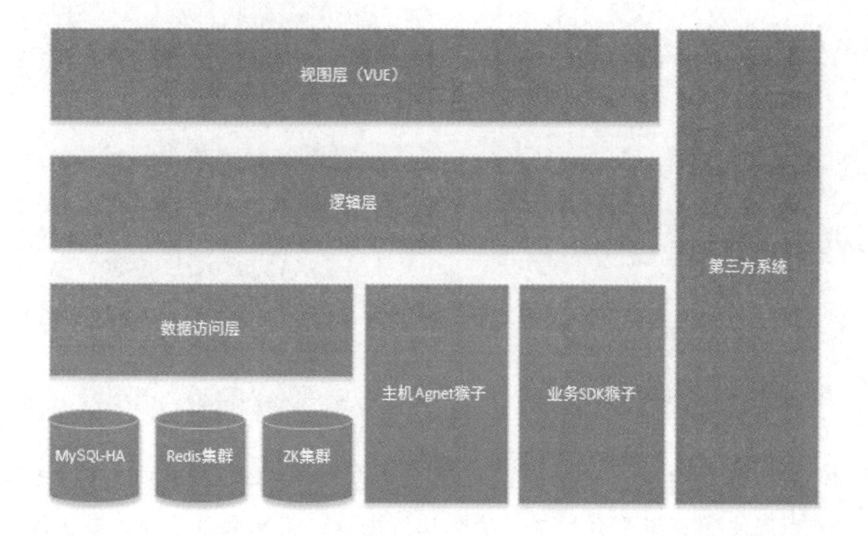

- 视图层：混沌高可用平台控制台采用前后台分离架构，视图层采用VUE前端框架，实现Dashboard、服务管理、故障范围、故障演练页面。
- 逻辑层：混沌高可用平台控制台采用前后台分离架构，逻辑层采用Spring Cloud微服务架构，实现混沌逻辑能力。
- 数据层：数据层通过MyBatis进行持久化管理，通过执行引擎代理采集主机等相关信息，并且集成微服务的注册中心，获取微服务实例、服务等相关信息。

- Agent代理：主机安装Agent代理，通过代理进行数据采集，以及实现该主机上故障的注入能力。
- 混沌演练SDK：混沌演练SDK开放给业务包引用，实现微服务、服务延时和异常注入能力。
- 第三方系统：通过集成第三方系统，快速集成平台能力。

3）混沌高可用平台提供的故障注入方式

如下图所示，混沌高可用平台提供多样的故障注入方式，可以通过演练代理 Agent、API 对宿主机、平台进行故障注入，通过混沌演练 SDK 在应用系统侦听故障注入通知。

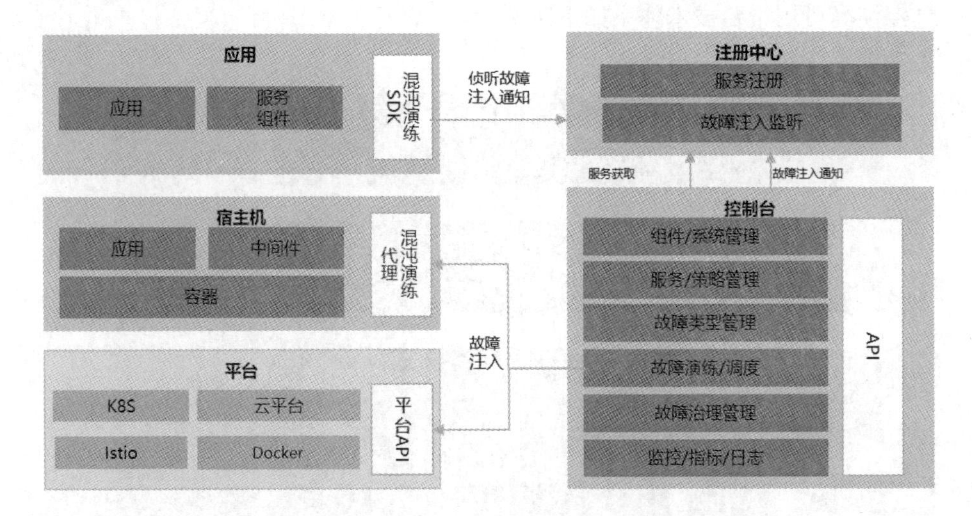

- 混沌演练SDK：作为SDK包供业务包引用，减少埋点和管理成本。由混沌高可用平台控制台侦听注册中心，获取微服务和服务实例，根据混沌演练策略发送演练通知给注册中心。SDK侦听注册中心，通过premain、agentmain埋点的方式注入故障。该方式主要应用于微服务实例和服务延时、异常等故障，可用于服务链依赖关系故障演练业务场景。
- 混沌演练代理：agent jar包部署在宿主机上，与混沌高可用平台控制台RESTful API通信。主要适用于IaaS层基础资源故障注入，例如CPU、内存、IO、网络类型故障。该方式也应用于高可用破坏性测试业务场景。

- 平台API：混沌高可用平台控制台调用平台API，实现容器、中间件的进程异常退出故障注入。该方式可应用于容器化部署的故障注入、中间件故障注入。

11.4 运营运维域场景应用

1. 全方位数据源采集：保障系统的健壮性

统一日志能力需要满足收集主机设备、主流操作系统及应用日志信息的需求。对于应用系统，需要收集用户的操作行为日志、系统后台操作日志及异常日志、提供一种统一的日志数据标准并在收集过程中需要注意关键信息的脱敏处理。

资源类：操作系统日志及主机资源监控数据，如Linux系统、Unix系统等

数据库类：采集数据库日志文件，如MySQL、Oracle等

中间件类：采集中间件运行及访问日志，如Redis、Apache、Nginx、Zookeeper等

应用系统类：含各个业务系统的应用log输出日志，包含Java类应用日志框架采集的日志(log4j, logback）、输出到日志文件的应用日志、输出到Syslog服务的日志

接口调用类：各个应用系统间接口调用日志

2. 多租户数据隔离：提高数据安全性和准确性

在共享数据存储的前提下，通过采用不同的数据库 Schema 和表结构及数据标识的方式，实现不同系统域或子系统的数据隔离。

不同的系统域或子系统分属不同的租户，数据存储及查询均按租户类型进行区分。

不同系统用户对应不同的租户，根据租户的不同，系统对前端 Web 及接口服务所查询的数据进行权限控制，实现租户数据隔离的能力。如下图展示系统如何按多租户进行日志管理。

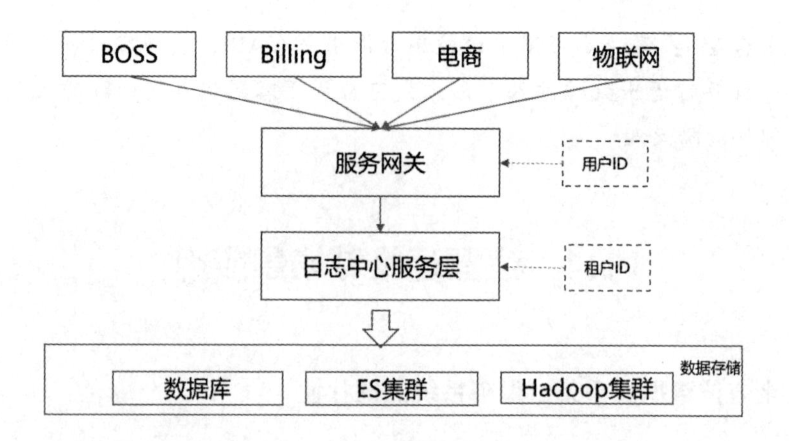

3. 多维度跨域数据关联分析：解决数据散乱和多样性问题

通过不同的采集方式，将不同类型及不同域的数据统一采集到日志中心，并且分类分租户存放。

服务及依赖统计，故障分析过程中，将不同类的数据按照服务请求和发生时间进行关联分析， 横向汇总比较各项数据指标，形成综合分析统计结果。如下图展示了不同数据维度的采集指标。

数据维度	采集指标	备注
服务请求	耗时，返回状态，依赖关系，异常信息等	跨域采集
系统资源	CPU，内存，磁盘IO等	分域采集，与服务关联
中间件	中间件日志，如Nginx、Tomcat等	分域采集，与服务关联
数据库	会话数，锁争用，等待事件	分域采集，与服务关联

4. 全视角服务依赖分析：快速排查故障定位问题

- 服务依赖统计：根据单次请求生成的唯一TraceID，串接本次请求跨越的所有系统及服务请求路径中的节点信息，并提供统一的入口服务进行查询展示。针对同一个业务请求，汇总一段时间内所有调用路径信息，展示每个节点服务与其他服务之间的依赖关系及依赖度。
- 中间件依赖统计：汇总一定时间区间内的所有请求经过的中间件节点信息，展示各个中间件之间的调用频次，以整体视图的形式展示中间件的使用情况。

- 如下图展示如何进行服务依赖分析。

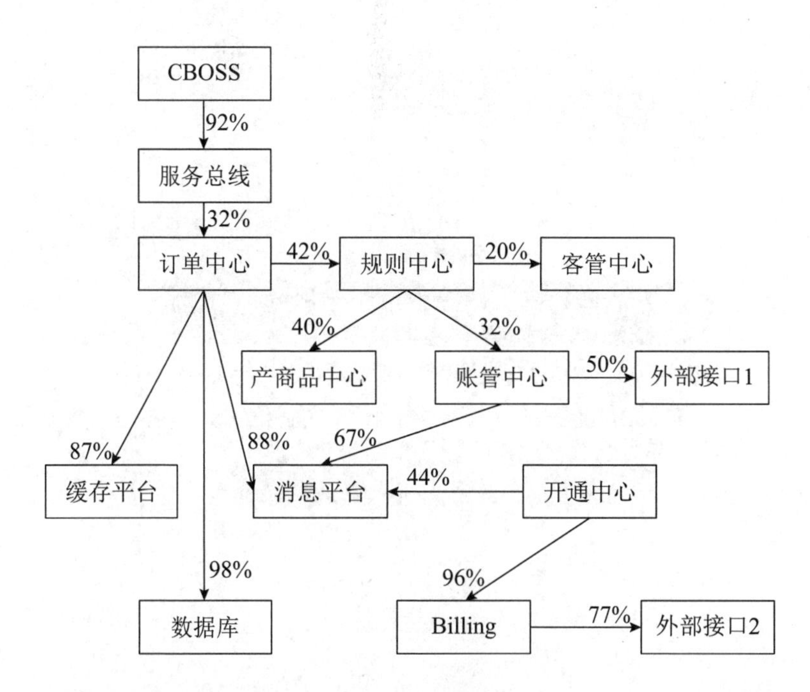

5. 灵活丰富的数据展示：直观了解系统现状，及时发现问题

- 数据查询服务开放：通过RESTful接口，将日志中心原始数据或沉淀后的数据开放给第三方平台。可利用日志中心实时统计分析能力，将日志数据进行分析处理后，将统计结果开放给第三方平台。
- 全视角动态系统大盘：提供结合各类系统资源数据、中间件数据，应用系统和性能指标数据以及业务分类统计数据汇总的页面动态大盘。
- 更灵活的可定制页面组件：可定制化仪表盘功能，可以排列和编辑仪表盘内容，然后保存并可分享。可按照一定的业务维度，定制业务统计指标显示，结合仪表盘功能，可分享内容。

6. 智能化综合告警：减少运维成本，提高运维能力

通过对服务依赖的分析，可以知道哪些节点存在依赖关系和依赖方向。

对有依赖关系的告警节点做关联性分析，筛除掉冗余告警，或合并告警，减少告警噪声。

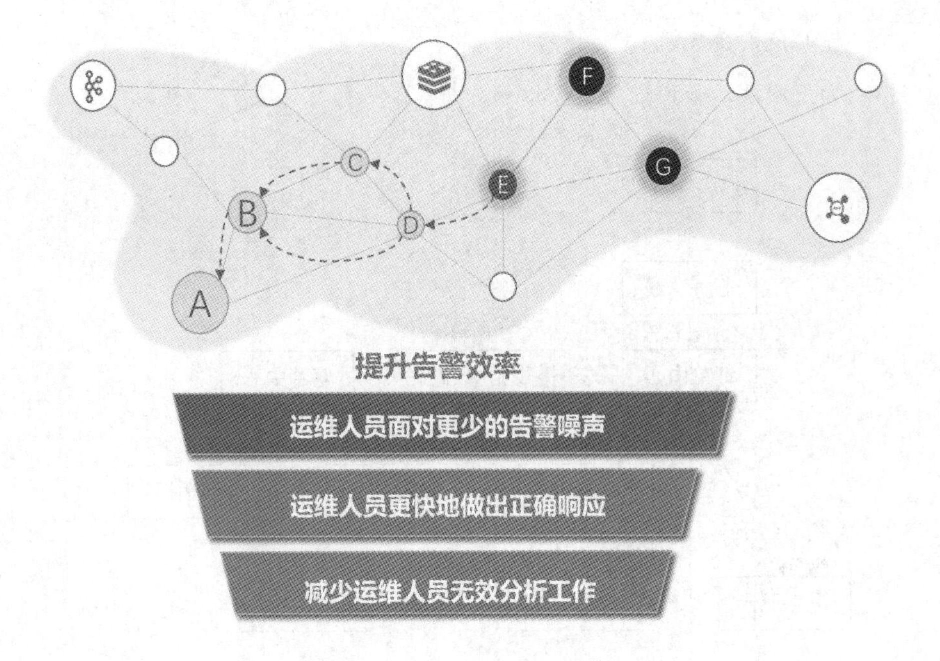
A
B
C
D
E
F
G
提升告警效率
运维人员面对更少的告警噪声
运维人员更快地做出正确响应
减少运维人员无效分析工作

第四部分

DevOps 平台行业落地实践和未来展望

前几部分介绍了 DevOps 相关的基础知识，包括敏捷开发相关的理论和方法；也针对企业级 DevOps 平台和工具详细介绍了项目管理域、应用开发域、测试域、运营运维域四个核心领域的具体内容。

根据中国信息通信研究院最新发布的《中国 DevOps 现状调查报告（2020）》，中国企业 DevOps 成熟度逐步向全面级发展。当前处于基础级的企业占比最高，为 43.66%；26.56% 的企业位于全面级阶段，相比 2019 年增长 8.49%，具有系统化、工具化、规范化、大范围的特点；此外，12.18% 的企业位于优秀级，具有深度规范化、服务化和按需交付的特点；仅有 0.85% 的企业处于卓越级，能够做到 DevOps 全流程的数据化、智能化与持续改进，如下图所示。

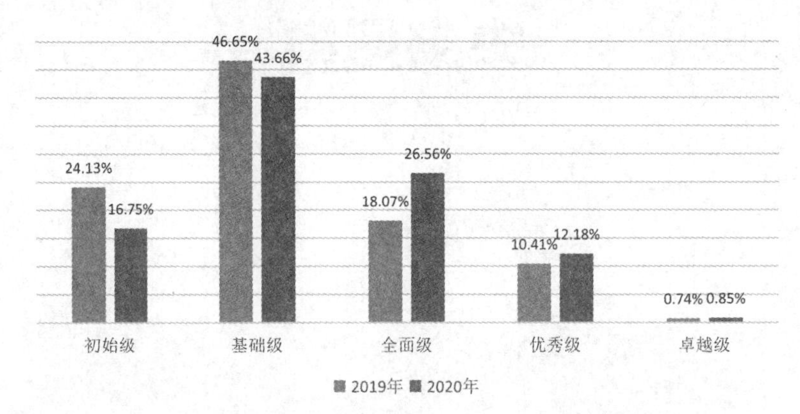

数据来源：中国信息通信研究院

注解：中国信息通信研究院按照组织内推行 DevOps 获取的效果，分为 5 个不同的级别，从开始起步的初始级到熟练应用 DevOps 的卓越级，呈现递进的方式，高级别的内容需建立在低级别的要求上。5 个级别的说明如下：

- 初始级：在组织局部范围内开始尝试DevOps活动，并取得初期效果。
- 基础级：在组织较大范围内推行DevOps实践，并获得局部效率提升。
- 全面级：在组织内全面推行DevOps实践并贯穿软件生命周期，获得整体效率提升。
- 优秀级：在组织内全面落地DevOps并可按需交付用户价值，达到整体效率最优化。
- 卓越级：在组织内全面形成持续改进的文化，并不断驱动 DevOps 在更大范围内取得成功。

亚信科技 DevOps 平台结合自身产品优势，帮助客户构建 DevOps 体系，推进敏捷文化落地，依托敏捷研发平台实现需求端到端管理，借助持续交付平台建立持续交付流水线，借助自动化测试平台提升测试的广度和深度，帮助部分客户的 DevOps 成熟度顺利提升到全面级。本部分从亚信科技众多落地案例中，选取电信、金融、能源等几个典型行业实际落地的案例，通过理论结合实践，根据不同行业的特点，针对性地给出相应的解决方案。

电信行业，主要以电信运营商为代表，较其他传统行业，对于新产品、新方法的接受程度较高，同时 DevOps 落地转型的诉求也比较强烈，并且对于 IT 系统建设能够持续投入。一般由集团总部牵头制定标准，各省份公司拥有一定的自主权。但是由于省份公司数量众多，各省份公司通常情况下都已经形成了自己的管理方法和应用模式，对灵活性和适配的要求比较高，相应的需要现场支持服务的要求也高。

金融行业，以银行为代表，随着互联网的不断冲击，各大国有银行、商业银行、民营银行纷纷开始尝试业务转型和探索，DevOps 转型的诉求也比较迫切。由于金融行业对于安全管理要求有着清晰的边界，一般可分开发中心和数据中心，各组织有对自己工具的采购权和使用权，多数都已经搭建了自己的工具平台。在落地实践过程中，我们的产品更多提供的是指导和方法，它们往往需要重新根据自身需求进行定制开发。此外，对于敏捷的方法和管理方式，也受限于全局的管理模式，一般只在部分小团队内部使用。总体来讲，通过 DevOps 文化的建设，能够有效地促进各组织协同交流，通过 IT 平台的建设，将各个工具平台打通，促进工作协同和信息透明。

能源行业，有着浓厚的传统行业气息，行业准入门槛较高，互联网等新兴行业对其的冲击相对较小，但是，其自身也在谋求优化、提升和转型。能源行业的 DevOps 落地实践，通常比较强调方法论和产品体系，对于亚信科技 DevOps 系列产品，一般情况下可以全套使用。同时，自身平台也会借鉴敏捷方法论进行适配改造，但是受到固有管理方式的影响，一般只是部分引用或参考。

此外，对于 IT 公司 DevOps 落地实践的情况进行介绍，重点介绍 IT 公司对于产品代码管理流程的落地以及混沌工程的逻辑案例解析。

最后第 18 章，从低代码、云原生、数字体验监控等方面对 DevOps 的未来进行展望。

第12章 电信行业 DevOps 落地实践

12.1 某运营商集团公司 DevOps 落地实践

12.1.1 背景介绍

随着运营商智慧中台的持续推进，各省份公司逐渐聚焦在业务本身建设及创新上，由于各省自主建设模式以及技术多元化发展差异，导致各省 IT 能力水平参差不齐，业务支持能力高低不等。为了有效应对这一难题，集团公司大力推进容器云平台统一建设，旨在快速提升业务开发效率，节约开发成本，逐步形成“厚 PaaS、薄应用”的 IT 架构。同时，通过统一版本建设及推广，将优秀省份的技术能力向全网拉齐，补足相对落后省份的技术短板。

按照集团容器云规范要求，结合各省份技术业务需求，形成统一的容器云基线版本能力。实现以开发交付体系、微服务体系、运营运维、弹性计算、统一门户、组件管理等六大能力，提供应用容器化、组件标准化、微服务化、云原生四种接入模式，实现能够进行高效业务持续交付的技术基础平台。

在开发交付体系中，平台的建设主要为持续交付平台和自动化测试平台。

12.1.2 落地方案

此项建设是以“云原生”为背景来进行建设的容器云基线版本。

围绕平台互通、能力拉通、数据贯通等诉求，通过统一的规划建设，引入先进的云原生技术架构，将 AIF 平台从生产支撑，延伸到管理支撑和运营支撑，实现“平台 + 应用”的系统架构和运营管控体系，打造云化、开放、弹性、敏捷的分布式架构平台。在企业内部构建和形成一个紧密的产业生态，推动 IT

部门从“工厂式交付”向“服务提供商”模式转型。

DevOps 产品通过自身的开放 API 将租户、权限统一托管在 PaaS 门户中，并和容器云中其他产品一起通过 PaaS 中统一的 CMDB 的对接，实现概念模型、基础配置的一致拉齐，如下图所示。

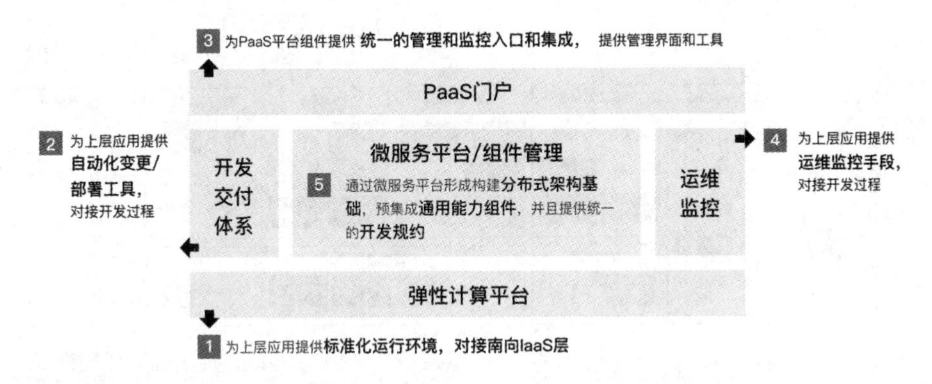

12.1.3　能力要求

根据规范中开发交付领域的要求，产品在落地过程中对以下内容进行演进升级，满足规范要求及各省份需求：代码管理、构建与持续集成、制品管理、部署管理、发布管理、环境管理、数据变更管理、流水线、交付物管理、接口测试、界面测试、性能测试、单元测试、安全性测试。

产品在容器云开放实施及落地过程中，产品的主体能力满足规范要求，改造优化工作量涉及三个方面：

- 体系化融合——主要在集中化租户，权限改造对接，CMDB内统一基础数据的对接。
- 领域产品对接——相关领域产品如门户、弹性计算平台、微服务、组件管理这些平台类产品对接。
- 个性化改造——涉及在落地省份的需求管理系统、运维操作系统、特殊的操作工具平台的对接。

12.1.4　对标梳理

本案例中，开发交付领域涉及 CI/CD 和自动化测试两大领域，分别对应持续交付平台和自动化测试平台。

针对**持续集成与持续交付领域**功能梳理出如下功能范围图，并对所涉及的代码管理、构建与持续集成、代码质量管理、应用配置管理、单元测试、制品管理、数据变更管理、环境管理、部署管理、发布管理、流水线、容器云资源池这些领域标识出了能力覆盖情况。

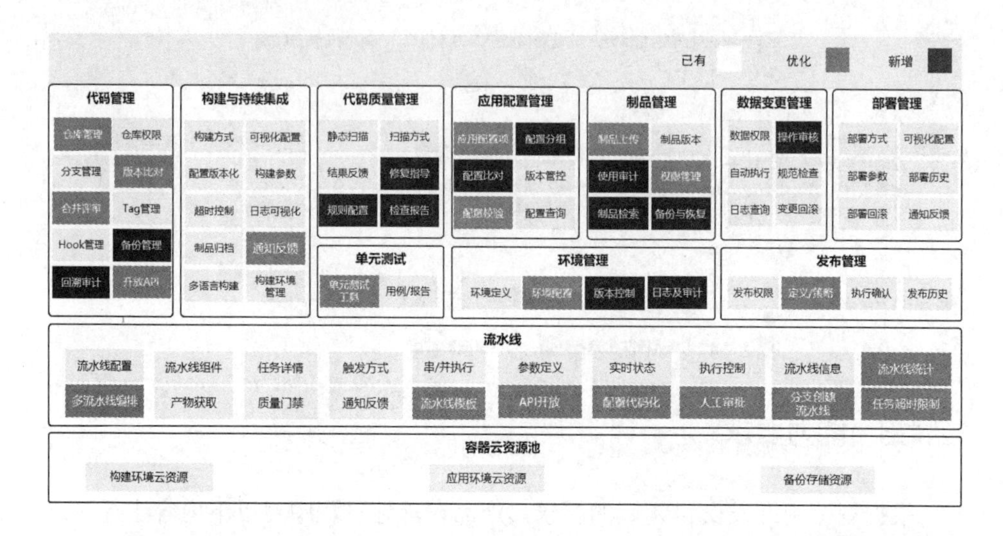

持续集成与持续交付领域已有功能、待优化功能、新增功能如下图所示。

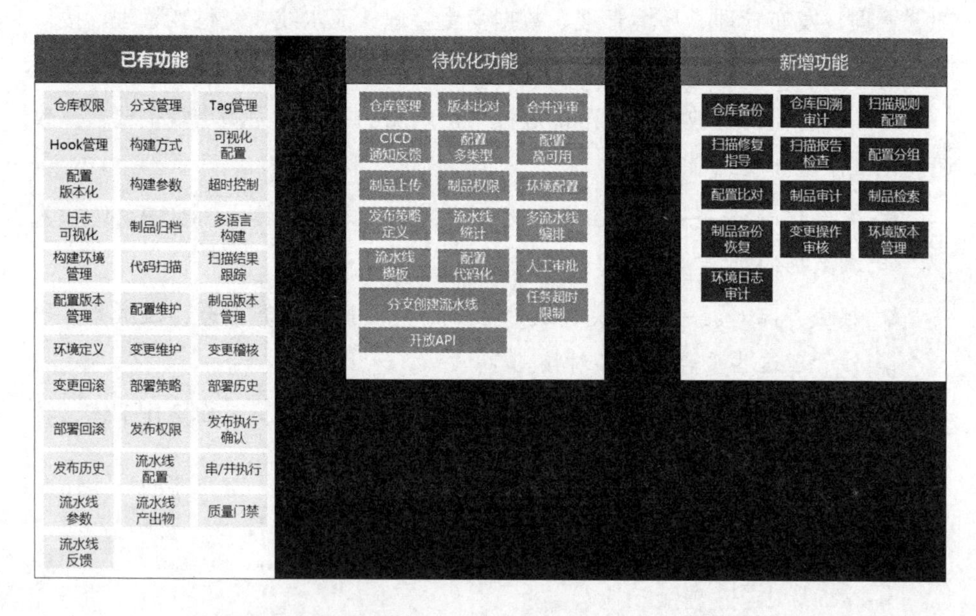

针对**自动化测试领域**功能梳理出如下功能范围图，涉及测试管理中心域，包括测试管理、缺陷管理、案例管理、可视化管理、执行调度、测试数据；测

试技术中心域，包括接口测试、UI 测试、性能测试、App 测试、安全测试、单元测试、业务探测、MOCK 管理、第三方测试能力接入。除这些之外还有基础信息中心域，包括统一接口、权限管理、用户管理、日志管理、安全认证、第三方介入的底层支撑能力。

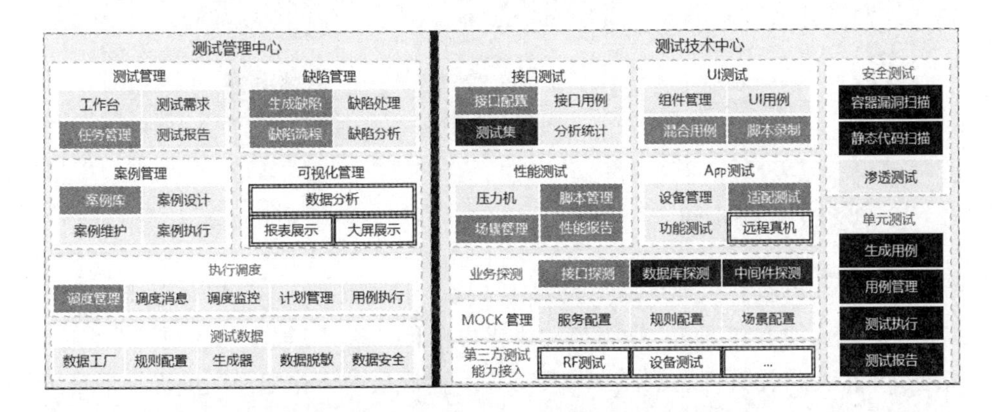

自动化测试领域的已有功能、待优化功能、新增功能如下图所示。

已有功能

主流接口协议	UI控件识别	逻辑编排
多种报文格式	UI控件操作	性能测试结果
接口鉴权认证	UI录制回放	思考时间设置
提取接口报文	UI结果检查	设置上下文
公共参数管理	UI用例并行执行	性能测试场景
API接口调用	多浏览器	实时采集性能指标
接口指标统计	识别控件坐标	性能测试报告
多种测试方法	UI录像	API调用性能测试
缺陷自动发现	自动重跑失败用例	自动扩充压力源
接口用例并行执行	自动生成性能测试数据	性能指标比对

待优化功能

接口复用报文	接口模拟器	UI截屏
接口测试断言	对接第三方接口工具	UI断点调试
测试流程控制	接口录制	第三方控件识别
复用测试逻辑	可视化展示	多种测试驱动
接口报文调试	UI脚本调试	OCR图像识别
性能多协议	性能脚本编辑	性能超时设置
性能错误信息统计	动态调用压力源	性能脚本录制回放

新增功能

单元测试断言	镜像系统漏洞	检查容器文件
自动生成单元用例	依赖软件漏洞	校验启动参数
单元用例管理	漏洞库	模拟外部硬件设备
自动生成模拟器	扫描巡检机制	性能自定义协议
自动生成单元数据	镜像检测结果	压力源调用公网资源
API调用单元执行	审计规则配置	压力源调用局域网资源

12.1.5　亮点能力

在容器云中由产品所支撑的开发交付的能力，面向开发、测试、交付过程，通过工具使用实现流程自动化、使用自助化、过程标准化和质控透明化，促进“开发交付”各模块能力解耦，如下图所示，以开放的 API 设计、可配置式架构，加快各省系统对接落地，从而实现降本增效、提高 IT 投资 ROI 等效果。

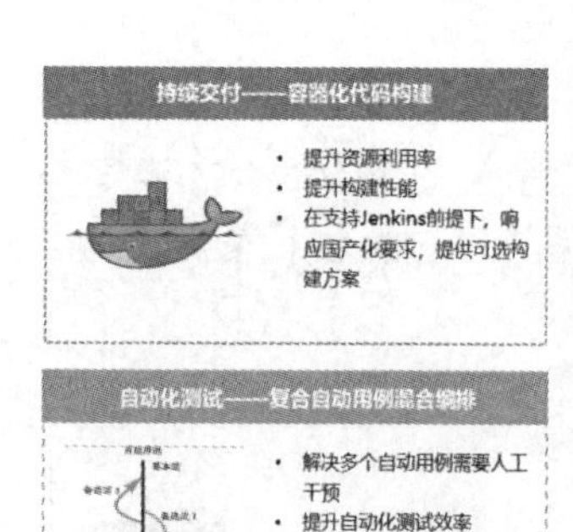

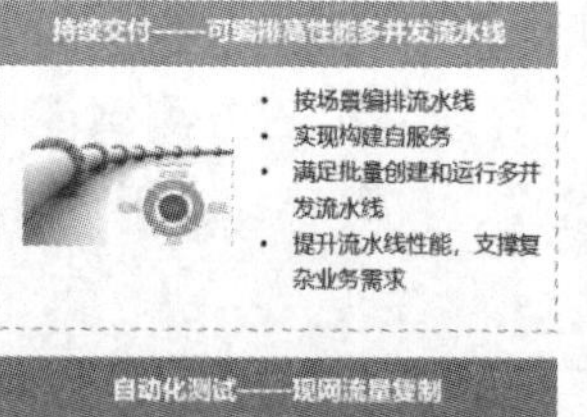

1. 容器化代码构建

提供云化的打包编译环境，将编译环境、工具栈、编译模板标准化。从而拉齐打包编译的方式方法，使得自动化能力提升。编译过程中的问题精准定位、精准反馈能力，提升问题响应和修复效率。而底层的云化编译环境提升了资源的有效使用率，降本增效。

2. 并发流水线

将流水线拆分成技术层面和协同层面两大类。

技术层面提供：构建流水线、部署流水线、构建部署流水线。以上拆分能力提供适用于单个系统应用在 CI/CD 的不同领域诉求。

协同层面提供：组合流水线。实现场景级的协同调度能力支撑，如单个系统、多个应用的协同部署。多个系统、多个应用的协同部署，都可以通过组合流水线将单个应用的流水线组装协同起来，并设置并行执行或串行执行。以上兼顾灵活性和提效性的流水线分层并发能力，适应了复杂系统研发管理模式下的自动化、自助化和质效提升。

3. 持续反馈，内建质量

将质量引入开发交付流水线各环节，将流水线作为载体和链接线，使得质量设置、质量执行、质量检查、质量修复活动贯穿于开发交付的整个生命周期。

开发人员变更提交阶段，进行代码质量的扫描、单元测试及 SQL 脚本编写规范的扫描。

代码合并阶段，进行变更质量卡点，当代码扫描无问题时，才允许分支合并操作。

持续集成阶段，通过持续构建部署并调用自动化测试来进行内建质量。

应用部署阶段，不同应用环境的部署所获取同一份制品包，制品包通过晋级方式实现环境部署的输入，而晋级操作可以将上一个环境的部署测试结果作为是否可以晋级的质量卡点。

生产发布阶段，通过待生产发布的交付物的完整性，将交付物在之前环境验收的结果信息作为发布的质量卡点。

4. 复合自动用例混合编排

用例原子化的能力，通过用例组合，传递参数自定义维护管理。实现用例的复用，提升效率，减少人员重复劳动。

混合编排的可视化，传递参数的维护自定义，以及测试用例的关联管理，将测试案例库有效盘活，提升企业的软件资产管理水平。

12.1.6　实施策略

针对产品落地开发时间短，涉及多产品整合，在满足某电信运营集团公司规范的基础上又需要考虑各省份的个性化诉求。且落地后推广范围广，涉及 18 个省份且需要看到落地效果。产品体系整合难度大、人员结构复杂、市场竞争压力大，为此项目分阶段开展。

12.1.7　落地意义

基于 DevOps 产品在该运营商项目的落地，一方面通过实践验证了 DevOps 产品的开放性，实现产品 80% 核心能力不变的情况下，快速地与多平台多系统对接融合。另一方面作为容器云基线版本的一部分，能够适应不同省份公司交付管理的通用诉求。以上证明了平台产品化能力、高适应性以及在复杂条件下运行的高稳定高可靠性。

此项目的实践经验也为 DevOps 产品与云原生大体系下的相关产品融合协同进行了可行性的验证。

12.2 某电信运营商省份公司 DevOps 落地实践

12.2.1 背景与挑战

在互联网越来越深入各类市场的时代，市场商机瞬息万变，为了更快地实现最终用户需求，快速交付高价值的市场需求，提升最终用户的满意度，需要对传统的软件研发方法和团队进行改革。然而由于种种原因和历史因素，系统的现状并不像规划那么完美。由于业务稳定性和延续性为第一要求，缺少标准API、集成困难、多环境部署自动化程序低，经常出现新老系统并行的情况，造成实际上支撑系统各种新老架构并存，各种硬件类型也都有在使用。开发模式、管理体系也不完全统一，相信大部分传统企业都存在类似情况。面临着以上众多挑战，DevOps 成了一项必然选择。

- DevOps集众多思想之大成，吸纳了敏捷、精益、系统思维在内的诸多思想。
- DevOps的三高核心理念可以满足业务快速交付要求。
- DevOps是目前唯一可以涵盖从需求到运营全过程的完整体系。

12.2.2 问题分析与规划

可能很多人对于 DevOps 的理念还存在这样的误解：DevOps 来源于互联网，也只适合互联网企业。但 DevOps 思维和互联网思维还是有着一定的区别的，不能简单地认为只有互联网公司才适合 DevOps。恰恰相反，最早提出 DevOps 理念并尝试发展的，并非互联网公司而是传统企业。互联网公司强调的是快速、用户口碑、性能，并且对于上线的大部分应用具有一定的容错性，严重的错误可以快速地修改和再上线。而 DevOps 追求的是质量、效率、精益、价值、稳定，企业尤其是运营商对于线上应用的问题容忍度其实很低，很难想象如果一个交易业务出现问题后，会给企业带来多大的损失。

所以，DevOps 绝不只是互联网企业可以实行，对于传统企业而言，更加适合。通过建设 DevOps 平台来大幅提升软件研发效率，提升对市场的响应速度，支撑企业的数字化转型，也许对于传统企业而言，DevOps 平台带来的价值才是更大的。

我们的DevOps规划体系，主要基于企业的业务目标，从过程管理这个层面，把 Scrum、精益看板引入进来，通过看板将人员工作、业务价值流动等内容可视化。在工程实践上借助 DevOps 整合现有工具平台，打通业务交付的端到端流水线。在组织架构及文化宣传精益的文化、自动化的文化、度量的文化以及分享共担的文化，强调以人为本，协作、交流、去隔阂，从而提高软件生态流程的效率。

12.2.3　DevOps落地步骤

1）第一步：规划

梳理企业的已有流程和规范，只有统一企业的流程和规范，才能建设出一个适用于企业的 DevOps 平台，否则到最后，有可能会让 DevOps 平台脱离实际，导致没有人会去使用。结合自身的痛点，从痛点入手，认清自己最迫切的需求，规划出 DevOps 平台的建设路线图。DevOps 要求大家遵守 DevOps 的规则，在实践 DevOps 的过程中不断强化对这些原则的认识，就会逐渐打破心理的那面“无墙之墙”，做到真正的 DevOps。

传统的软件研发体系基于瀑布式流程，需求、设计、开发、测试、交付、运营处于割裂的独立节点，既有反馈周期长、交付速度慢的缺陷，同时每个节点负责人只关注自己负责的工作，信息无法贯穿整体流程，交付质量也无法得到有效保证。DevOps 敏捷开发体系，强调通过建立融合团队，将需求提出人、研发团队、交付团队、运维运营团队等相关干系人虚拟融合在一起，从业务需求的视角完成端到端的提出和交付，保证需求提出和实现的一致性，保证开发和运营的稳定性，以小版本、短周期、高质量的快速交付来响应支撑市场的变化和产品的发展。在 DevOps 体系中，既强调流程和方法，也有相应的工具链平台支撑，同时在各个环节和节点都有对应的数据进行度量分析，来促进提升整个体系的改进和增强。

2）第二步：筑基

DevOps 希望能够通过端到端的分析，并采用一种合作的方式，打破部门之间的壁垒，从全局的角度出发。在管理者的支持下，开发和业务负责人要融合，既要了解客户的需求也要知道团队可以做到什么。约定、高效的组织日常建立透明化、拉动式的研发过程打通工具链的集成，构建统一研发管理平台、持续交付平台、自动化测试平台等。

3）第三步：赋能

全局优化 DevOps 平台能力，支撑企业 IT 精益运营，结合众家 DevOps 实施经验，以 DevOps 成熟度能力为标杆，持续优化敏捷管理、持续交付及后期的运营管理各域功能。

通过建立敏捷型的开发团队，选择交付场景驱动开发的敏捷模式，识别软件交付价值流，定义交付成熟度标准，采用体系化的工具系统支撑，提供自助式的交付能力，从全局发现和识别浪费并有针对性地持续改进，使得整个软件交付活动提质和增效。研发效率上目前团队效率平均在 6 ～ 7 人时 / 功能点，效率提升 20%。

交付周期上，进行 DevOps 敏捷开发转型后生产率稳步提升，同时在同样的迭代周期内，交付的需求数量有显著提升，需求整体交付周期从转型前的 2 周缩短到转型后的 1 周。持续集成的编译部署效率提升了 300% 以上，关键业务场景接口自动化测试覆盖率达到 100%，UI 自动化测试覆盖率 90% 以上，自动化测试助力提效 55% 以上。

产品交付质量上，通过引入 Sonar 代码扫描、自动化测试工具、CMP 持续集成工具等产品，帮助团队在产品研发过程中，每个环节都有质量检查工具。点滴提升促进产品的整体质量得到明显提升和保证。采用 DevOps 敏捷开发转型后，产品交付上线后的工单故障率下降了 60% 以上。

团队能力上，敏捷开发团队是 DevOps 敏捷开发转型体系中一个重要因素，所有的活动都是由团队执行交付的，通过敏捷开发团队的改变，将原有的一人一坑转变为集体目标、集体所有、集体负责，以业务需求交付为最终导向，所有人为了一个共同的目标努力。在这个过程中每名团队成员都有可能接触到更广的业务知识，更深的技术能力，无论对自身还是对团队都是一个巨大的挑战。通过这种挑战的验证，敏捷开发团队不再依靠单独的个体，而是将团队中的所有人员平等地培养、增强及优化，最终打造一个有凝聚力的战斗组。

12.2.4 总结

在 DevOps 转型的过程中，我们先从研发域试点进行敏捷转型，经过不断的改进和磨合，各个开发团队已经能在保证产品或者产品线的快速、高质量的发版大节奏下，灵活安排自己的小节奏，主动高效地完成团队和个人的开发任务。然而敏捷只能提升开发团队的工作质量和效率，这种提升已经不足以满足业务创新的需求。我们需要做到更快更灵活，需要从更广阔的视角来看待软件交付的改进。所以开始从研发过程的敏捷向上下游扩展，引入精益思想，进行端到端透明的流程管理和自动化工具链来减少沟通协作以及开发运维等各交付管道中的浪费，从全局视角出发持续跟踪和关注流程中的瓶颈问题，进行全局优化，打造端到端的反馈闭环。将 DevOps 平台做到：

- 体系化：一套完整的贯穿业务全流程的研发管理体系；
- 数字化：全方位多维度的数字化度量体系，以数字驱动改进；
- 精益化：以精益思想为根本，实现精益决策，精益管理，消除浪费，提高效率；
- 透明化：研发过程透明，流程清晰，一切变化可追溯。

建立企业级的统一研发管理体系，规范工作流程，打造统一的工具平台，逐步支持所有应用系统的研发和交付流程，避免各自为政。构建“开放共享、协同一体、智能精准、敏捷高效”的 IT 技术体系和运营体系，实现固化流程、降本增效，打造高效协同、服务一线、敏捷快速的 IT 服务。

第13章 金融行业 DevOps 落地实践

13.1 某股份制商业银行 DevOps 落地实践

13.1.1 工程实践

1. 业务升级与客户体验

近年，科技与金融的融合不断提速，金融科技已迈进更深层次、更高水平的发展阶段。面对互联网时代“新经济、新模式、新趋势”的冲击，传统银行在支付、资管、交易、融资等领域都面临着新的课题。同时，实践证明，软件和 IT 系统的生产运行风险很大程度上出在技术运维环节，运维操作失误导致的重大生产事件时有发生。一场提高生产效能、优化用户体验的数字化变革迫在眉睫——DevOps 产品体系当仁不让。

某股份制商业银行（以下简称“该商业银行”）在这场变革中走在了行业前列。在运用金融科技加快产品创新和营销服务体系转型的过程中，该商业银行通过建设数据中台、技术中台，驱动业务前台和客户导向下的组织能力构建。这场数字化转型强调敏捷组织建设，“敏捷组织”好比该商业银行扎向地基的“桩”。

亚信科技协助该商业银行打造了组织级敏捷体系，指导和落地敏捷转型在一期工程中完成了如下工作：建设了具有特色的组织级敏捷文化；实现了项目级敏捷研发模式工作支撑，持续集成（CI）和持续交付（CD）能力，提高集成和交付效率；简化了工作流程，与数据中心相关系统无缝对接，提高流程效率。另外，还培养出数十名敏捷教练，推动和辅导试点项目使用敏捷工作模式，以解决实践中敏捷与体系协同问题。

一期工程完成后，试点项目平均研发交付周期缩短了 18.3%，并形成了可复制的敏捷实施流程、工艺和管理方法。此外，一期工程的“新版个人移动银行项目”“快捷协作平台升级优化项目”“资产托管清算系统项目”等三个试点应用还一次性通过了中国信息通信研究院的《研发运营一体化（DevOps）能力成熟度模型》持续交付三级认证。

该商业银行 DevOps 体系建设的二期工程，将在一期基础上，支持规模化敏捷、建立多模协同机制、实现精益项目管理、优化业务需求管理和发布管理、增强流水线功能、全面对接测试服务平台、迁移 PLMP 相关功能，扩大对业务和组织的覆盖深度及广度。建设的平台功能如下图所示。

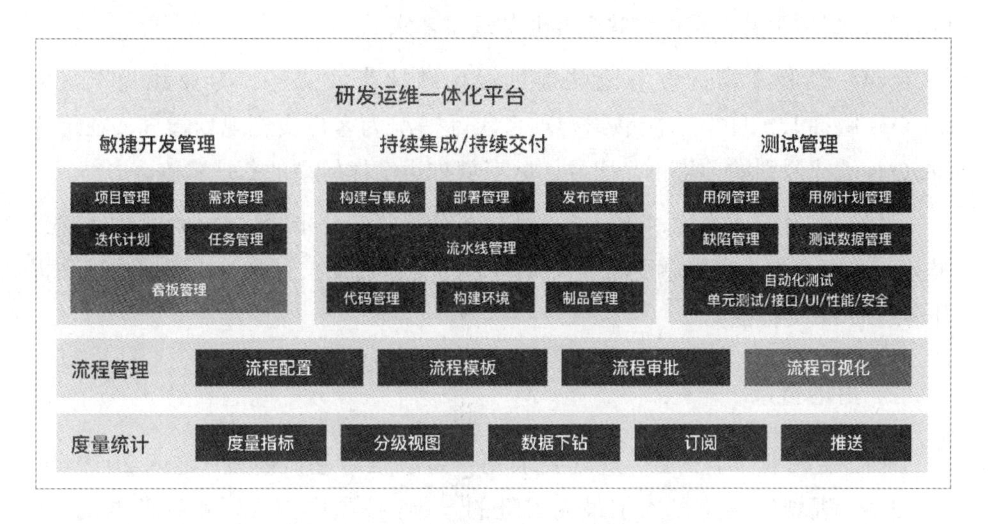

亚信科技的 DevOps 平台既能为客户提供从需求开发、测试、交付到运营的全套高效工具，还能提供个性化的现场咨询和带教服务，真正实现了 IT 系统“端到端”的持续开发、持续集成、持续测试、持续部署和持续监控，以高质量的快速交付支撑着用户的业务运营，将工具生产力有效地转化成了企业的“经营力”。

该 DevOps 平台具备以下特征：

（1）完善的双模开发体系工具链：支持传统的瀑布开发模式，又支持新兴的敏捷开发模式，形成了研发体系的双模融合。其工具链包括敏捷及精益开发管理、代码质量管理、持续集成、持续交付、自动化测试、开源治理、运维监控、度量统计和反馈等工具，能够有效促进各团队高效协同。良好的闭环也极大提升了整体产出，促使软件开发到交付的各阶段都具备真正意义的“敏捷”。

（2）平台成熟，具备开放性和定制化能力，支持模块化功能调用：平台不仅支持多种产品的能力集成，也支持第三方平台、开源工具的深度集成；同时，亚信科技重视产品给客户带来的交付体验，能够根据不同行业客户的需求提供个性化的定制服务；此外，平台组件、产品间是松耦合关系，方便产品功能的模块化调用。

（3）高认证标准保质增效：对照研发运营一体化能力成熟度标准，在满足 DevOps “3 级标准认证”的前提下，持续优化改进，以满足软件研发的交付效率、交付质量、高可用等主要业务场景需求。

（4）经验丰富的教练团队提供现场敏捷带教服务：专业经验丰富的 DevOps 敏捷教练团队，能够结合项目实际情况为客户实施现场指导，在遵守 DevOps 敏捷原则的前提下，引导团队有效推进敏捷转型的落地实施。

（5）建设的体系化、效果的可视化：分阶段、分步骤的 DevOps 体系建设服务，方便客户清晰地感受每个阶段转型的实际效果，有助于持续地改进和提升客户的 IT 支撑能力。

2. 落地背景

（1）**金融业“十三五”规划要求完善金融信息基础建设**：进入 2019 年，“十三五”规划的实施进入了最为关键的一年，按照中国人民银行印发的《中国金融业信息技术“十三五”发展规划》的要求，“牢固树立创新、协调、绿色、开放、共享的发展理念”，“着力完善金融信息基础设施建设，提升金融服务水平”，使得到“十三五”期末，全面建成安全稳定、技术先进、集约高效的金融信息技术体系。基于此行业背景，对标国际先进标准，引入 DevOps 开发运维一体化思想，打造适合于银行业的一体化体系。

（2）**该商业银行高层对数字化高质量发展的要求**：在 2019 年第 2 期《中国金融电脑》上，银行领导发表文章，深刻阐述了该商业银行是如何做到“深刻领会和贯彻实施‘创新、协调、绿色、开放、共享’的发展理念”，通过全面升级全行基础设施，深化云平台建设和金融级应用，打造安全、敏捷、弹性、分布式，兼顾稳健性和敏捷性的 IT 基础平台，再造开发、测试、运维流程一体化（DevOps）体系，“打造数字化、智能化、移动化、平台化以及开放、敏捷、安全的应用体系和基础架构，助推全行科技实现高质量发展”。

（3）**同业的 DevOps 建设对标**：随着银行业务的快速发展，IT 建设步伐明显加快，降低成本、提高软件工程活动效率和质量、提升软件产品的交付能力，对于提升银行业的核心竞争力至关重要。对标国内同行业其他银行，A 银行从 2017 年开始结合已有的持续交付工具，打造 DevOps 管理流程体系，实现开发运维一体化，并于 2018 年 6 月通过了 DevOps 成熟度模型第三部分，即持续交付的三级成熟度评估。同为股份制银行的 B 银行，从 2015 年开始，尝试 DevOps 落地实践，2018 年完成了比较全面的落地，并且在同年，相关 4 个受评项目全部获得 DevOps 成熟度模型的三级标准评估认定。该商业银行目前正在进行分布式架构的转型，这为 DevOps 的推广落地打下了良好的基础，结合丰富的落地实践经验，同步追赶行业领先企业，最终实现弯道超车。

（4）**该商业银行软件开发对效能提升的渴求**：由于受到金融科技公司快速发展的影响，传统银行业的瀑布开发模式已完全无法适应市场需求的快速变化。冗长的开发审批流程，低效的应用发布模式，混乱的代码制品管理，割裂的开发和运维阶段，无不限制着银行信息技术的快速发展。通过打造全面线上化、自动化、规范化的开发运维体系，提升持续交付效率与质量，快速响应市场需求变化，从而提升该商业银行在同业中的竞争力，保持该商业银行在同业中的优秀水平。

3. 现状特点

通过前期投入了大量的资源，做了较深入的现状调研，了解到目前该商业银行的软件开发模式主要是瀑布式，仅有部分项目采取了敏捷模式的试点。并了解到当前软件开发过程所使用的平台和工具主要集中在 PLMP、Firefly、BuildForge、Entegor、ITSM 等平台和工具。整体开发现状流程图如下。

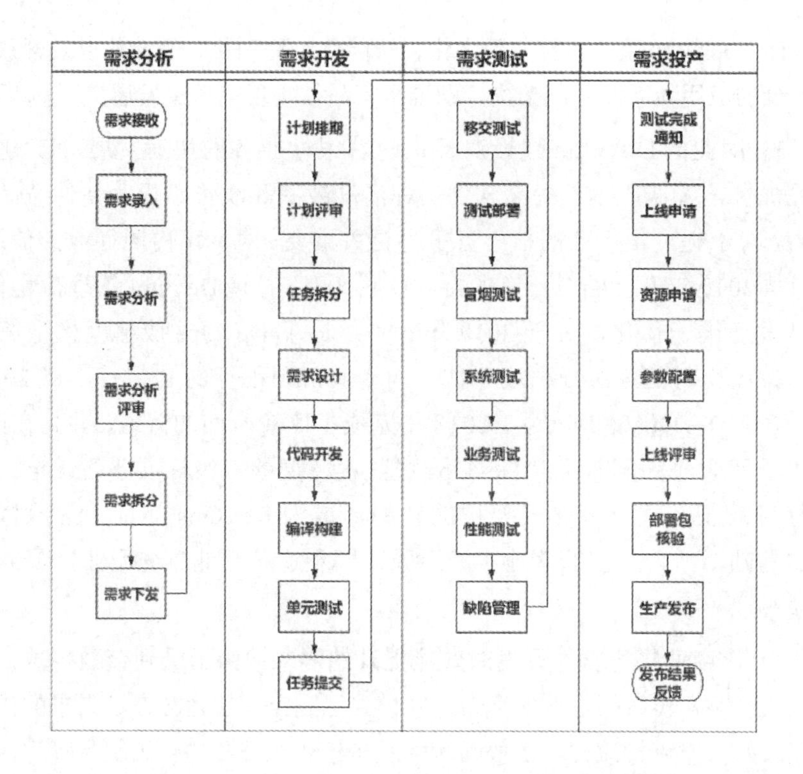

1）开发模式现状

该商业银行目前的开发模式主要包括需求分析阶段、需求研发阶段、需求测试阶段：

- 需求分析阶段：业务部门通过OA系统提交原始需求到信息技术管理部的需求管理同事，之后由需求管理同事录入PLMP，并根据内部规则分发给需求分析师这个虚拟团队。需求经过分析后，提交给PMO，然后由PMO下发给软件开发中心。整个过程全部在PLMP中进行记录。
- 需求研发阶段：需求下发后，主、辅办系统分别评估计划，PMO评审计划排期，计划排期确定后下发给各系统，并将计划排期同步给数据中心作为排班依据。各系统收到需求计划后，进行研发任务拆分，任务类型包括开发任务、测试任务、文档编制任务等，此系列工作全部在PLMP中完成。任务完成后，通过人工调用BuildForge工具，完成代码构建，并进行手工触发代码扫描工具，完成静态代码扫描工作。然后由开发人员通过PLMP，完成移交测试操作。
- 需求测试阶段：测试人员接收到测试任务后，首先调用Entegor完成测试环境的部署，之后触发TaaS平台进行准入测试。TaaS平台测试通过后，测试人员开始执行业务测试、准生产验证。测试通过后，手工触发需求上线流程的启动，上线流程在ITSM系统进行。

2）发布模式现状

需求测试通过后，这个需求的开发阶段已全部完成。测试人员采取线下方式通知数据中心人员可以启动生成发布流程，数据中心人员在 ITSM 系统上手动生成上线申请单，并处理生产环境配置任务，完成环境参数的配置。如涉及环境资源申请，则通过 PLMP 触发云管平台完成资源申请和分配。上线申请单生成后，经由开发中心领导审批后，通知相关系统负责人，并由项目经理确认上线后，人工进行上线条件的检查验证。上线条件验证通过后，由数据中心领导进行审批，之后制订和审核变更计划，然后人工通过 ITSM 调用 Entegor 从制品库获取制品完成生产环境的部署，并将上线结果反馈至 ITSM 系统。最后将上线结果手动同步回 PLMP。

4. 落地方案

该商业银行希望通过开发运维一体化体系的建设，达到促进 IT 部门的协作、解决系统间的竖井、落地双模研发模式、快速将需求推向最终用户、提升 IT 部门效能的目的。通过整体分析，最终确定项目目标如下：

（1）**完善全生命周期的项目管理**：完成从需求接收、研发过程、测试验证到生产上线的全流程、“端到端”的一体化管理，以交付为核心，覆盖项目管理、研发过程管理、持续集成、持续交付，对接现有自动测试平台、代码质量扫描工具、集成发布工具、上线流程管理工具等，并进行全生命周期的度量数据收集、整理、分析，打造全行统一的端到端全生命周期的项目管理体系。

（2）**DevOps 操作平台的统一化**：为了解决操作人员在整个流程中频繁切换不同工具、平台页面，打造统一的流程操作界面，将双模看板与 PLMP 深度集成，并通过建立持续构建、部署、发布平台，将现有构建、发布工具（BuildForge、Entegor）统一集成，并在 PLMP 中的任务状态变更时或 Firefly 中的代码变更时，自动触发构建、部署操作。部署完成之后自动触发 TaaS 平台完成自动测试脚本执行，并将发布结果、执行结果进行收集反馈回 PLMP 和 ITSM 中，使得全流程的操作、跟踪全部在统一工作界面完成，避免系统间的来回切换。

（3）**软件开发流程的全面线上化**：全部流程的操作、审核、通知都在线上自动完成，按照配置好的工作流程，当前任务状态变更时，自动完成线上后续任务的通知和触发，以及相关任务到期提醒功能，减少团队间的沟通障碍。

（4）**DevOps 全流程的自动化**：通过完成全流程工具的集成和对接，保证任务状态变化自动触发代码持续集成，并将代码扫描、单元测试流程集成到持续集成流水线中，同时将扫描结果通过持续集成工作台自动反馈到 PLMP 中，自动完成相关人员的修改通知。持续集成完成后，自动将制品上传到制品库，并触发持续部署操作。持续部署自动根据版本号获取相应制品，并发布到相对应的环境。部署完成后，自动通知 TaaS 平台启动自动测试执行，并将执行结果进行自动收集，然后回传给 PLMP 进行自动化的任务状态变更，自动通知测试人员进行业务验证。验证通过后，PLMP 中的研发阶段任务全部完成，自动触发 ITSM 开启上线流程，并自动化地完成申请单、制品内容、代码清单的对应发布检查。检查完成后，自动触发审批流程，并触发相关审批人员及时进行审批以及相应的到期提醒。审批流程结束后，到达上限窗口期，ITSM 触发持续发布工作台，自动获取对应制品发布到对应环境，并通知相关监控系统进行监控和验证，最后将发布结果自动回传到 ITSM 和 PLMP 中。

（5）**DevOps 全过程的统一规范化**：在软件开发全流程中，建立统一的需求、上线批次、代码分支版本、制品版本、发布环境的配置管理规范，并做到完整的前后跟踪、溯源；同时在项目管理层面，做到设计方案、数据模型、代码质量、过程管理的标准化和规范化，并通过标准的度量体系规范，对软件开发全过程进行标准化的度量。

（6）**持续交付流水线模板的可视化配置**：为了支持全中心级的研发过程管理，一体化平台提供界面化的可配置模板，项目人员可直接通过前台界面，完成流水线模板的配置。同时支持“敏态”和“稳态”的双模驱动模式。看板模板可定制化，支持不同模式的多泳道配置；构建触发方式可配置，支持任务状态触发或者代码变更触发；持续集成流水线可配置，各节点支持开关模式，可适应不同项目的管理需求。通过动态配置降低二次开发工作量，快速适应不同项目类型。

（7）**DevOps 全过程的可度量化**：全过程的度量数据统一收录、整理、分析，并提供项目内、项目间的横向、纵向比较分析，覆盖全流程从需求、研发、测试、发布、运维的 60 多项的指标分析，做到全过程可度量。

（8）**软件开发管理体系化**：打造适合全中心的组织级敏捷流程体系和开发运维一体化（DevOps）管理体系，并通过 DevOps 平台工具，实现体系的落地，打造标准化的管理流程。同时建立相对应的一体化管理评价体系，完成项目集、项目的综合效能评价，并通过试点项目完成体系的优化和完善。

（9）**研发过程双模驱动**：研发过程支持双模驱动模式，对于适应于传统模式的项目，从研发过程管理、发布模式管理全面支持瀑布模式的研发过程；对于适应于敏捷模式的项目，从敏捷团队组建、敏捷迭代周期到集成模式全面推行敏捷化转型。

5. 现状与目标的差距分析

基于对现状的调研分析以及对目标的理解，确定该商业银行目前开发发布模式距离目标差距如下：

（1）**开发发布管理缺少全流程视图，导致问题分析和解决效率较低**：按照目前的开发发布流程，需求分析、研发设计、测试验证、生产发布分别分布在不同的系统进行管理，需求分析后无法与全部任务进行关联，研发交付无法自动触发持续构建，构建完成后无法自动触发测试脚本执行，验证通过后无法自动触发生产发布计划，全流程缺乏统计状态、结果跟踪反馈，各团队之间缺乏协作模式，各级领导无法全面了解项目当前状态以及所面临的问题。

（2）**缺少统一操作界面，研发人员需要在不同系统、不同工具间频繁切换，影响持续交付效率的提升**：需求人员从 OA 系统接收到原始需求后，需在 PLMP 中建立需求单，并拆分需求、分配给各个系统；各系统负责人接收到需求后，需在 PLMP 中进行任务拆分并分配到各相应研发人员；研发人员完成任务开发后，需首先在 PLMP 中进行任务状态的变更，同时进行代码提交，然后再手工触发 BuildForge 完成代码构建，并将制品上传到制品库，再进行手工点选所需发布的环境将变更发布到测试环境；变更发布后无法自动触发相应的测试脚本执行，也无法自动通知测试人员进行业务验证。测试人员接收到 PLMP 中的任务状态变更，并线下确认变更已发布到相应环境后，需要先到 TaaS 平台选择相应测试脚本进行冒烟验证测试，验证结果无法完成自动回传，需要测试人员登录 TaaS 平台确认自动验证已完成，才可进行业务验证。验证通过后，需要再次回到 PLMP 中更新任务状态，方可认为完成测试验证。项目经理需要频繁登录 PLMP 确认相关需求已经测试通过，并线下确认后，方可通知数据中心启动生产变更流程，数据中心的相关运维人员，需首先在 ITSM 中生成相应的申请单，并在配置中心完成相应环境参数的变更和确认，并跟踪一系列审批完成后，手工从制品库获取相应制品，然后手工调用 Entegor 完成生产环境的部署，部署结果也无法自动回传到 ITSM 或 PLMP 中，需要运维人员再次登录到 ITSM 中，完成部署任务状态的变更。

（3）**流程未实现全面线上化，团队间协作需借由线下或邮件方式，导致过程不可回溯，沟通成本增加：**需求管理岗接收到需求后，需线下通知需求分析团队完成需求分析工作，且无线上状态跟踪和到期提醒，需要线下跟踪分析进度。研发完成后，无法自动触发持续构建，需线下完成构建操作，并线下通知测试人员进行测试。测试人员完成测试后，无法自动触发生产发布申请单，需线下通知运维人员单独申请。全流程数据未完成线上全面记录，不利于后续跟踪回溯。

（4）**各系统、工具之前缺乏自动化调用和数据回传，影响交付效率：**当 PLMP 中的研发任务状态变更，无法自动触发构建，需人工触发 BuildForge 工具进行代码构建。构建完成后无法自动触发 TaaS 平台完成自动测试脚本执行，且脚本执行完成后，无法自动通知测试人员进行业务测试。环境配置信息无法完成自动检查，需要人工一一核查。

（5）**代码管理、制品管理缺乏统一规范，生产上线版本易出错：**目前代码管理缺少统一规范，无法从需求任务单自动确定代码提交分支、代码版本号。制品版本缺乏统一规范，无法确定需求、上线批次和上线制品的关联关系，无法根据上线批次号自动定位到上线制品。

（6）**各项目发布流程独立，缺少统一且可视化配置的模板，降低配置效率，增大人为错误风险：**目前各项目都有自己独立的构建发布流程，缺少统一的流程模板，各项目都有一套各自独立的发布流程和模板，无法形成统一的标准化操作。且部分模板的配置不支持可视化操作，极大地降低了配置效率和模板的可复用性，增加了人为配置错误的风险。

（7）**各项目相互独立，缺少统一度量体系，无法对项目进行有效的横向对比评估：**由于项目缺少统一的流程管理，项目度量各不相同，导致项目之前缺少横向的对比，且单一项目中的流程割裂，各节点度量数据独立存放，缺乏统一收集、分析，无法形成整体的度量体系。

（8）**缺乏兼容敏稳双态的统一过程体系，无法在全中心推广 DevOps 体系：**目前该商业银行的软件研发过程中，大部分项目仍然采用的是传统瀑布模式，部分项目正在进行敏捷试点，但是从全行研发中心的角度，缺乏一个整体的兼顾敏稳双态的研发过程体系，项目之间的过程管理和度量评价缺乏体系化建设。

6. 高阶规划

DevOps 体系及工具的建设是一项需要进行持续优化的长期工程，在本期 DevOps 基础能力及文化建设的基础上，还需要进一步往如下方向扩展，以适应金融业务和 IT 技术不断发展的趋势需要。

（1）**核心能力动态可扩展**：增加流水线的动态可扩展能力，做到流水线的配置和执行分离。以便在更多项目接入的情况下，结合容器化技术，动态调用流水线资源，满足高并发的情况下同时最大程度地节约资源。

（2）**云原生架构的支持**：进一步融合以 DevOps、微服务和容器化技术为核心要素的云原生（Cloud Native）体系架构，支持采用 Spring Cloud 和 Service Mesh（后续）技术的微服架构应用的快速交付。

（3）**运维域的延伸及 AI 技术的引入（AIOps）**：进一步加强 DEV 研发域与 OPS 运维域的信息流动与反馈，以更好地从全局层面上促进产品质量及效率的提升。如对于微服架构的应用，可以从研发域的代码变更信息得到受影响的服务，再从 OPS 域的调用链分析得到此服务所关联的业务，从而可以精准地对这些业务做自动化回归测试验证，以保证本次变更不影响其他业务。在全流程信息打通和知识积累的基础上，可以优先在 OPS 域进一步引入 AI（人工智能）技术，来进行自动化的分析和决策，进一步促使效率的提升和成本的降低。

（4）**安全管控的进一步融合**：结合 DevSecOps 理念，在软件开发全生命周期流程中全面引入并加强安全节点管控，并集成到流水线流程中。包括代码安全、数据安全、第三方组件 / 开源组件安全、应用安全等。

（5）**完善的持续反馈机制**：进一步完善全流程的综合度量分析与持续反馈机制，结合敏捷与 DevOps 体系建设，及时识别流程中的阻碍环节，并加以优化解决。过程中需要重点关注以下几点：

- 将反馈内建到价值的流动过程中，实时衡量状态与目标间的差距，并系统性地分析差距背后的共同原因，形成改进行动，从而提升团队的能力，缩小实际状态与目标的差距。
- 敏捷与DevOps的目标是顺畅和高质量地交付有用的价值，团队需要不断地利用反馈机制使实际过程与目标保持一致，减少偏差。
- 通过提升指标度量、异常告警、阻碍解决、资产入库、经验借鉴等各环节的PDCA循环，并借助平台支撑实现过程可视、可控，从而达到反馈流程的持续优化。

（6）**与 PaaS 体系的无缝融合**：初期与 PaaS 平台建设紧密融合，继承 PaaS 的多租户体系，打造 PaaS 的能效平台能力，为各个应用及组件的敏捷开发、持续集成、快速发布等提供统一的能力支撑。后期针对多层 PaaS 体系，结合 AI 技术，进一步打造大 PaaS 平台专属的 DevOps 层级能力，所有在 PaaS 平台之上运行的应用、服务和组件，都必须经过统一的 DevOps 平台进行集成和发布。

7. 实施及成果

在项目一期建设过程中，亚信科技全力投入，协助该商业银行完成研发运维一体化项目建设目标，完成体系建设、文化建设、平台建设、人才培养、能力认证等工作。

（1）打造组织级敏捷体系，指导和落地敏捷转型：

- 指导团队级精益/敏捷实践，为规模化敏捷提供支撑。
- 为精益/敏捷教练提供方法指导；为项目经理提供精益改造依据。
- 管理模式和工艺分离设计，研发流程灵活，流水线配置方便，更快速应对市场和客户变化。

（2）建设具有银行特色的组织级敏捷文化：

- 建设、推广DevOps及敏捷文化，为组织级敏捷转型提供文化支撑。
- 敏捷文化宣传、管理层宣贯和转型、权威宣讲培训。
- 看板竞赛和应用、教练培训认证、技术沙龙分享、敏捷实践推广。

（3）建设研发运维一体化工作平台：

- 实现项目级敏捷研发模式工作支撑。
- 实现持续集成（CI）和持续交付（CD）能力，提高集成效率。
- 简化工作流程，与数据中心相关系统无缝对接，提高流程效率。

（4）培养敏捷专业人才，持续推动试点项目交付能力提升：

- 进行内部敏捷教练第一期培训工作，完成一批敏捷教练的培养。
- 推动和辅导试点项目使用敏捷工作模式，解决实践中敏捷与体系协同问题。

（5）DevOps 三级认证：

多个项目顺利通过中国信息通信研究院《DevOps 持续交付能力成熟度》三级认证。

13.1.2　敏捷实践

1. 敏捷开发体系建立

该商业银行在引入 DevOps 体系前，采用传统的瀑布式研发流程。原始需求由业务部门提出后，通过内部的 OA 系统，以邮件的方式进行传递，需求以各种形式和方式传递到软件研发中心后，由各部分负责人分派到研发小组进行分析，研发小组负责人将分析结果层层上报，最终形成发版计划，按照不同的周期进行开发，开发完成后，将开发完成的软件移交测试团队验证，验证通过后再正式发版，交付数据中心安排上线周期，最终上线使用。在整个过程中，需求管理工作被人为分割成多个环节，并由不同的团队执行。此种工作方式既缺少快速流畅的协作模式，又缺少统一的能力支撑平台。

因此客户迫切期望通过开发运维一体化项目的实施，加强 IT 部门间的协作能力，落地双模的研发管理模式，将全生命周期的项目管理全面线上化、自动化、规范化，使得业务能力能够通过创新的解决方案快速地从 IT 研发过程推向最终用户，并提升持续交付效率与质量，保持同行业优秀水平。

所以项目团队明确了整体项目目标：建立开发运维一体化管理规范和评价体系，并建立线上管理门户，通过精细化、可视化的监控、度量、评价活动，不断优化和提升开发、运维的整体管理水平。

通过打造“端到端”的开发运维一体化流程平台，形成以交付为核心，适合多种研发模式的一体化交付工具链，使得 IT 产品交付更加快捷可靠，进而有效地落地双模的研发管理模式。

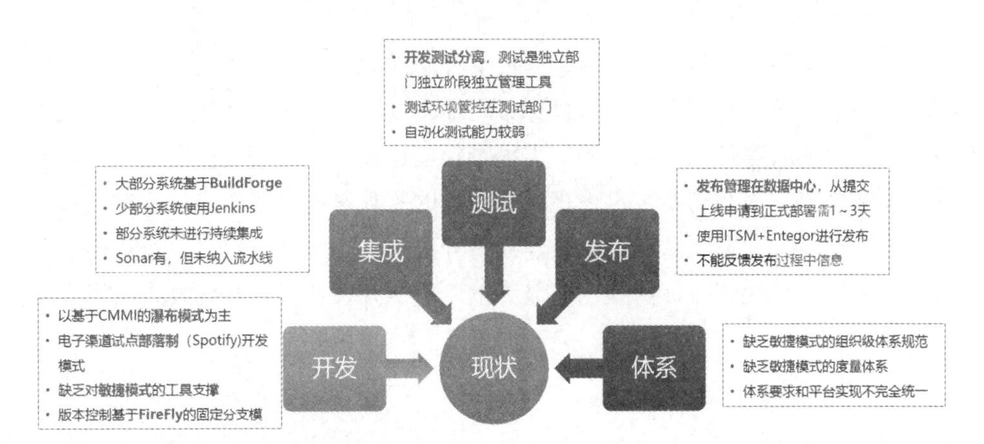

1）整体调研

收到客户的项目计划和目标后，需要根据项目计划和目标进行相应的能力分解，其中需要分解的能力包括体系能力、平台能力、团队能力、管理能力、支持能力、协作能力等。为了更好地深入了解客户现状、现有组织架构构成、团队划分和能力差异，更有针对性地开展后续阶段的项目工作，需要对整个项目进行分层次的整体调研，如下页表所示。

进行整体调研时，采用了不同的主题分层，首先调研客户当前的主要运作模式，包括项目整体目标、客户的业务架构、主要研发流程、研发流程中涉及的工具、团队之间的协作和交互模式。

其次，梳理业务流程。着重进行整体研发流程步骤的分解，特别是需求的提出、审批、拆分、排期等子流程的处理和交互模式。需求准备好后通过研发团队执行设计、开发、测试、交付、上线、运维等子流程进行交付。在此过程中，为每个流程动作节点标注使用的工具，明确业务流程和研发工具的关联关系。

最后调研项目技术能力。着重了解整体过程管理现状、需求管理现状、开发测试交付现状、上线运维现状、工具应用现状，对全业务链条进行价值流分析，明确了解整体业务流程时间、各节点处理时间、各节点前置等待时间、梳理并确定等待时间最长的 10 个关键节点。在调研项目技术能力时，因调研对象既涉及业务团队，也涉及技术团队，需要跟所有的调研对象了解详细的痛点和改进诉求。

针对本项目中关键的开发运维一体化平台建设，在了解清楚当前研发模式和研发工具使用的情况下，结合可落地的能力目标，有针对性地梳理改进项和改进计划，为后续的项目实施确定可供参考的指导目标。

在整体调研工作基本完成后，分批次分层次编写项目调研报告，并根据调研中收集的客户需求和整体建设目标编写需求规格说明书。调研阶段的需求规格说明书中的内容是比较宏观的，需求颗粒度比较粗，无法直接用于项目的迭代开发和交付。因此需要客户积极参与后续的需求澄清过程，在后续完成项目试点平台建立，业务团队应用试点建立，分里程碑推广试点建立，所有的这些活动都需要和里程碑目标对齐，并最终纳入敏捷开发体系，实现最终的管理变革和改进提升。

计划项	计划条目	输出物	计划时间	里程碑阶段
知识概念学习	项目 SOW 学习	相关学习资料	2 天	里程碑一
	业务架构学习			
	PLMP 主要功能			
	配置中心功能			
	CI/CD 流程（FF、BFG 工具）			
	自动化部署			
	制品库产品			
	运维相关工作（含 ITSM）			
业务流程现状梳理	需求整体开发流程步骤	流程图及讲解材料	2 天	里程碑一
	需求提出流程			
	需求审批流程			
	需求拆分流程			
	需求排期流程			
	设计流程			
	开发流程			
	测试流程			
	交付流程			
	上线流程			
	业务流程及支撑工具映射关系			

续表

计划项	计划条目	输出物	计划时间	里程碑阶段
调研项目技术能力（迭代循环）	过程管理现状		2 天	里程碑一
	需求管理现状			
	开发测试交付现状			
	运维现状			
	工具应用现状			
	全业务流程分析（业务流程时间及节点处理时间）			
梳理现有产品能力（迭代循环）	CICD 能力		2 天	里程碑一
	敏捷看板能力			
确定能力目标及计划（迭代循环）	分析并确定能力差距条目	能力差距条目需求分析阶段性计划	2 天	里程碑一
	交付能力目标			
	制订需求分析计划（阶段性计划）			
编写需求文档（迭代循环）	需求规格说明书	持续集成工作台 - 代码分支管理持续集成工作台 - 代码标签管理持续集成工作台 - 代码合并持续集成工作台 - 自动化编译构建 配置管理 - 流水线配置管理 - 流水线节点配置平台管理 - 流水线平台登录校验平台管理 - 流水线平台权限控制	10 天	里程碑一
	用户故事（完成优先级排序）			
	验收标准（需求及用户故事）			
	流程图			

2）试点选择

敏捷开发体系建立过程中，需要有两类试点项目的参与和支持，一类是开发运维一体化平台敏捷试点团队，另一类是业务应用试点团队，这两类不同的团队承担不同的职责。

开发运维一体化平台敏捷试点团队，负责一体化平台需求细化分析、平台能力开发建设、开发工具集成适配、产品版本发布交付，支持解答业务应用试点团队试用中提出的问题。对于开发运维一体化平台敏捷试点团队来说，自身使用敏捷开发的模式进行迭代增量交付，在和客户深入沟通需求并明确核心能力后，对需求进行细化拆分，将编写的用户故事和迭代规划、项目里程碑进行对齐，确保交付的平台能力符合客户的使用诉求。

业务应用试点团队，负责在发布的开发运维一体化平台上进行日常的迭代开发，因平台能力有可能出现不足，需要将出现的问题和改进的目标进行清晰的描述说明，并反馈给开发运维一体化平台敏捷试点团队，在后续的迭代中进行改进增强，以符合实际业务生产的使用需要。业务应用试点团队在研发过程中可能出现流程和工具现有支持的流程不匹配的情况，在工具短时间内无法满足业务需求时，可以沿用原有的流程，避免影响正常的业务功能及开发交付。

3）规划周期及里程碑目标

项目整体规划了不同的周期，用于分阶段实现不同的能力目标，并在目标达成后尽快推广应用，在实践中进行修正和优化，以确保开发运维一体化平台贴近实际业务环境，更好地支持敏捷团队研发交付。

在 2020 年度周期中，将里程碑目标按季度进行了分解。其中分为体系建设、平台建设、团队推广、文化建设四个大的维度。

- 体系建设：（1）跨团队级规模化敏捷精益规范输出。（2）产品线级体系与指导输出。（3）指导产品线级敏捷落地实践。
- 平台建设：（1）完成看板功能，产品、需求、开发、上线端到端打通。（2）产品线级流程功能打通。（3）支持混合态项目协同。
- 团队推广：（1）一季度第一批团队推广实施。（2）二季度第二批团队推广实施。（3）三季度第三批团队推广实施。（4）四季度第四批团队推广实施。
- 文化建设：（1）第一期内部精益/敏捷/工程教练培养。（2）第二期内部精益/敏捷/工程教练培养。（3）第三期内部精益/敏捷/工程教练培养。

在项目实施过程中，需要遵守以下四项基本原则。

- 线下实践转为线上功能支撑。
- 跟随项目进度逐步完成组织效能指标定义与评审。
- 平台能力建设遵守渐进式完善原则。
- 项目试点团队实现提速增效目标和原则。

项目整体管理过程中，每周需要定时召开项目例会，各分组团队介绍各自团队进展、存在的问题和可能的风险。开发运维一体化平台每个迭代结束后都需要进行迭代演示验收评审，并跟随版本计划进行产品发布和上线，确保平台能力和项目里程碑计划对齐，满足业务团队发展和支撑要求。

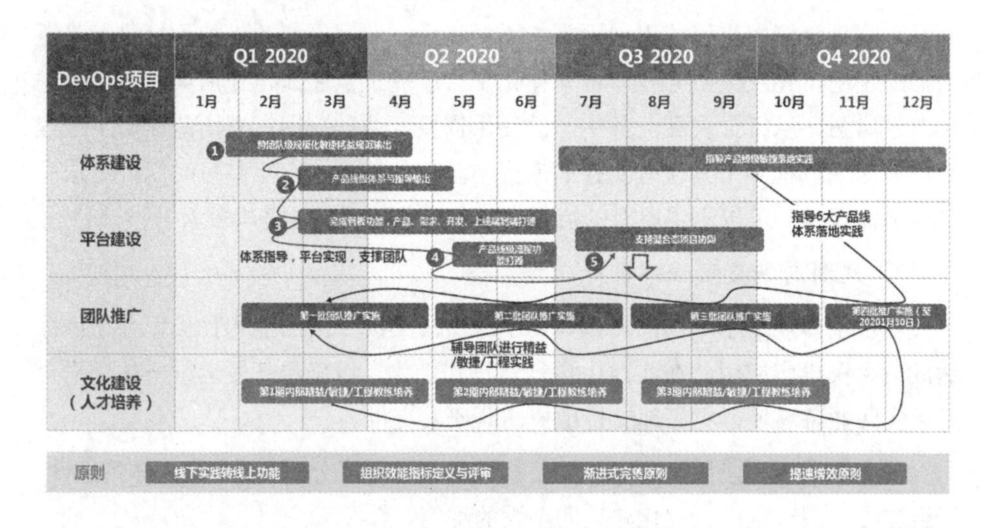

4）建立敏捷开发体系规划

明确了项目里程碑和各维度目标后，需要对敏捷开发体系进行系统性规划，并与项目整体目标进行对齐。整个敏捷开发体系规划，主要分为三大部分，分别是体系建设、人才培养、文化建设，这三者成为了敏捷开发体系的三大支柱。

在体系建设中，主要涵盖了敏捷开发相关的制度、流程、规范。对于金融行业来说，标准的流程规范和可靠的制度必不可少，这既是企业运行的实际需要，也是国家监管的必要手段，虽然和敏捷开发的价值观有部分冲突，但是从实事求是的实际出发，需要帮助企业梳理并建立适配的制度、流程和规范。例如需求的管理流程、敏捷团队的研发流程、质量保证的验证流程、交付上线的审批流程、运维工单的处理流程等。在这些流程和子流程节点中，对应适配的模板、在线工具、检查标准，这些也都存在不同类型的规范定义，但这些规范定义对于采用敏捷开发方法的团队具有普遍适用性。

在人才培养中，主要涵盖了敏捷人才培养方案、敏捷人才培养规划、敏捷人才培养实施三个部分。在进行敏捷人才培养前，首先要识别哪些人具备敏捷人才培养的基础和意愿，因此需要进行有效的识别。通过广而告之，让企业内部员工知道敏捷人才培养的活动和目标，有效激发具有参与意向的人员进行敏捷人才培养申报，通过收集申报人员的个人信息和材料进行初步筛选。初步筛选通过的人员组织面试后进行综合评价，选择具备培养潜力人员加入敏捷教练训练营，进行正规的敏捷人才培养。找到合适的敏捷人才培养对象，还需要对培养过程进行规划。考虑到需要培养的敏捷人才较多，因此对敏捷教练训练营设计了 3 期百人计划，通过 3 期敏捷教练训练营，共培养 100 名以上的敏捷人才，助力企业规模化敏捷实践落地实施。最后通过分期开展的敏捷教练训练营，采用培训、自主学习、团队观摩、试点实践等组合方式，帮助企业培养具有实操能力的敏捷人才。

在文化建设中，主要涵盖了团队级敏捷文化宣贯、产品线敏捷文化宣贯、业务团队敏捷文化宣贯、企业管理层敏捷领导力宣贯等不同层次的敏捷文化建设活动。团队级敏捷文化宣贯主要在团队层级向敏捷团队成员进行看板应用、敏捷知识、工程技术、项目试点经验等不同类型的文化活动宣贯。产品线级敏捷文化宣贯主要在产品线层级组织敏捷社区分享、敏捷实践样板间、外部专家交流等高阶培训交流。业务团队敏捷文化宣贯主要在多个业务团队间组织敏捷工作坊，专项沟通研讨普遍关注的痛点难点问题，组织敏捷知识应用大赛，组织敏捷/工程文化沙龙，将敏捷开发的知识和业务结合起来，进行有效宣贯沟通。企业管理层敏捷领导力宣贯帮助企业管理层更加准确、深入地理解敏捷开发的特性和价值，助力企业领导提升敏捷领导力，并组织定向的敏捷训练营活动。

通过体系建设、人才培养、文化建设这三大支柱的建立，帮助企业构建比较完善的敏捷开发体系，对不同层级的人员提供从流程规范到落地方法的应用帮助指导，通过不断培养敏捷人才，帮助企业获得深厚的敏捷实施力量，通过文化建设，帮助企业在不同的组织单元内进行敏捷开发文化宣贯和基因改变，影响组织内每一个人理解、应用、提升自己的敏捷思想。

5）明确变革管理方法

依据项目目标和整体规划，各团队分别开展相关工作，对于项目管理团队，也需要明确在项目进行过程中怎样进行相关的变革管理。

● 体系建设域

体系建设分别从管理工艺、实施工艺、自动化工艺三个方向入手。在敏捷开发模型引入后，管理工艺需要做适应性调整，原有的瀑布式管理工艺对阶段、评审有详细的定义和划分，但敏捷开发中更聚焦于高价值需求的快速迭代增量交付，因此使用迭代计划会议和迭代验收评审对原有的管理工艺进行替换和优化。在实施工艺方面，通过工具平台应用和敏捷开发活动的导入，将团队原有注重过程的方法转变为注重结果和目标。在自动化工艺方面，大量引入单元测试、自动化测试等工程实践，穿插在迭代开发过程中，变事后验证为事先预防，从而更好地提升交付质量。

● 团队推广域

在整个项目过程中，团队推广应用也起着至关重要的作用，主要从敏捷驱动、工程驱动、双重驱动三个方向进行突破。如果团队对研发工具应用的水平比较高，也具有较强的变革意愿，可以从敏捷驱动的角度进行推广，通过帮助团队了解敏捷，实践敏捷改变团队的研发模式，降低浪费，有效提升团队效率，总结并改进更适合团队的敏捷开发方法。如果团队在工具应用上比较弱，可以从工程驱动入手，引入可借鉴的工程实践方法和称手的工具应用，帮助团队快速提升能力或效率。如果团队意愿强烈，可以直接引入双重驱动，既要敏捷变革，又要工程提升，快速见效。

- 成熟度模型评估域

在团队进行敏捷实践的过程中，需要分阶段对团队进行敏捷成熟度评估，通过开发管理能力成熟度、工具支撑能力成熟度、团队实施能力成熟度这三个方面进行综合评价，按照不同的等级标准，分析并确定团队的当前层级，明确后续的主要改进方向，有针对性地进行改进提升，帮助团队实现指南路标。

- 平台建设域

平台基础能力建设是整个 DevOps 项目中最重要的环节之一，主要涵盖了一体化平台，度量平台，相关工具链集成。通过一体化平台建设，可以为研发团队提供丰富、强大、可靠、高效的研发工具，支撑从需求管理、代码开发、质量监控、持续集成、制品管理、持续交付、高效运维等多方面的研发能力。通过度量平台，可以为管理层展现不同维度的效能指标和数据，通过不同的模型和算法，进行有效的预测分析，为管理层做出正确决策提供数据支持。通过工具链集成，可以将行业内优秀的开源工具集成到 DevOps 工具链中，为研发团队提供多种不同的工具选择，提升整体易用性和丰富程度，打造 DevOps 社区生态环境。

- 度量建设域

度量建设域主要包括度量可视化、指标基线定义、度量口径定义，通过定义不同的度量指标和统计口径，可以明确度量数据来源及采集模式，并对数据进行核对汇总后生成静态素材。通过定义指标基线，结合企业自身情况创建基线仓库，打造企业基准数据，为个团队的衡量比较提供基础依据。通过度量可视化将度量结果进行展示，以不同的图形、表格、分析展现目前的运行状态，为管理层决策提供依据。

- 文化建设域

文化建设是项目整体重要一环，所有的项目工作最后都需要文化土壤的固化才能发挥长期效果。文化建设主要包括文化宣传、文化活动组织、教练培养与实践等内容。文化宣传包括各种不同的培训、宣贯、海报、宣传文章等。文化活动组织包括沙龙、工作坊、专项竞赛、优秀评比等。教练培养与实践包括敏捷教练训练营、看板大赛、团队观摩、试点项目实践等。所有的这些内容都能支持 DevOps 文化建设深入一线，将 DevOps 文化理念和价值观传递给每一个员工，让大家深切理解什么是 DevOps，什么是敏捷，什么是核心目标和价值最大化。

2. 敏捷赋能

敏捷赋能是 DevOps 实践中的重要一环，在团队开展实践前，需要对团队、相关干系人、管理层进行不同类型的赋能，才能让实践者明白什么是敏捷，怎样开展敏捷实践，理解敏捷思维和价值观，这样才能帮助实践者从根本上认识到敏捷的精髓和价值。

1）设计敏捷赋能方案

在开展敏捷赋能活动前，有必要进行可靠的敏捷赋能方案设计，针对不同的层次设计有针对性的赋能方案。

- 敏捷实践团队。
  - 需要了解敏捷开发基础知识。
  - 准确掌握 PO、Scrum Master、团队的特征和责任。
  - 具备编写用户故事、编写验收标准、绘制流程图、绘制原型的能力。
  - 能够根据需求价值、市场环境、工程能力合理进行需求优先级排序。
  - 能够准确理解业务需求，进行任务拆分和工作量估算。
  - 能够规范化执行 Scrum 框架中的各类敏捷活动。
  - 深刻理解敏捷价值观并遵守。

基于这些诉求，敏捷实践团队层面的敏捷赋能方案需要围绕基础知识介绍、角色认知、重点方法掌握、沙盘演练等内容讲解，简单的说教只能实现信息传导的 10% ～ 15%。更多的掌握需要通过肢体语言、沟通讨论、思考演讲、协作练习等方式加深印象，最终真实有效地掌握敏捷开发的知识，达成对团队敏捷赋能的目标。

- 敏捷实践相关干系人。
  - 需要了解敏捷开发基础知识。
  - 需要熟悉如何识别需求业务价值并进行评估。
  - 需要掌握用户故事编写和用户故事地图规划能力。
  - 需要熟练梳理业务价值流并进行业务价值点组装技巧。
  - 需要掌握快速验证团队交付产品增量并有效反馈能力。
  - 了解如何同敏捷团队协作并进行高效沟通。

通过这些方法和过程，敏捷实践相关干系人能够在厘清业务价值流，明确业务价值点的情况下，有效地和敏捷团队展开协作，以迭代增量的方式对业务需求进行快速构建，通过快速顺畅的沟通，将实际应用的效果向敏捷团队进行反馈，以便更好地改进产品能力，贴近实际业务场景，更好地支持业务价值实现。

- 组织管理层。
  - 了解什么是敏捷开发和敏捷开发的基本方法。
  - 熟悉敏捷开发带来的价值。
  - 熟悉开展敏捷开发需要的前提条件。
  - 了解敏捷团队运作方法及所需要的支持。
  - 了解敏捷开发对组织变革的影响及支付的成本。
  - 了解敏捷文化、敏捷价值观、敏捷领导力的知识。

通过敏捷知识的宣贯，帮助组织管理层认识到敏捷开发带来的好处和需要付出的成本，开展敏捷开发实践需要的前提条件和提供的依赖支持。在敏捷实践过程中，通过组织层面的变革和管理方式的转变，帮助敏捷团队和相关干系人更好地开展敏捷实践，解决团队实际面临的管理问题，能够更好地鼓舞敏捷团队的士气，充分发挥“人”在敏捷开发中的关键作用。有效的沟通和合理的管理规则，可以更加规范地帮助敏捷开发实践落地，这都离不开组织管理层对敏捷领导力的认知和认可。

2）调整敏捷赋能材料及案例

在以往的敏捷赋能培训材料中，主要包含敏捷开发体系介绍、Scrum 框架讲解、敏捷项目的约束、如何有效编写用户故事和验收标准、用户故事的故事点估算方法、推荐的工程实践等标准内容，在案例介绍和模拟练习中，更多的是采用传统软件行业和互联网行业的案例进行介绍，这些案例带有一定的行业背景，对于金融行业的从业人员理解起来有一定困难，同时也较难做到共情。为了避免此类问题对培训效果造成的影响，需要有针对性地调整敏捷赋能材料和案例。

通过收集和提炼可参考的项目及团队实践，归纳并改造了 10 个以上的培训赋能案例，这些案例全部来自金融行业和保险行业，主要从这些方面进行形象的对比介绍，很好地激发了培训赋能时团队的理解和共情，让大家更直观地感受和思考，并和自身的实际工作相结合，反思是不是存在同样或类似的问题，有没有从这些案例中发现可以改进提升的关键点，是不是可以借鉴培训赋能的方法进行实践，将单纯的说教转变为讨论、思考、行动的行动学习式培训赋能。

- 传统项目痛点和敏捷项目优势。
- 为什么我们的需求全生命周期流程这么长？
- 业务需求价值流分析怎样做？
- 传统项目中的管理人员驱动和敏捷团队的自驱自组织。
- 传统项目中的变更控制和敏捷开发的需求快速反馈。
- 敏捷开发怎样适应金融行业的强管理？
- 敏捷实践与工具平台支撑对提升研发交付的重要性。
- 打破部门之间的壁垒，实现开发运维一体化的方法。
- 金融行业特别注重质量，敏捷开发如何实现高质量交付？
- 疲于奔命忙于交付需求，为什么不能有效识别需求的业务价值？

调整后的敏捷培训赋能材料和案例，可以有效地支持金融行业的敏捷赋能培训，在不同的层面向不同的受众开展敏捷培训，为大家奠定一个开展敏捷实践的基础知识基石，避免从一开始就产生偏差和误解。

3）集中式敏捷赋能

集中式敏捷赋能培训有巨大的优势，可以将敏捷赋能的目标更聚焦，在相对较短的时间内，通过有步骤的方式将敏捷开发的整体知识完整地介绍给团队，在赋能的过程中，可以观察团队的表情、参与度进行节奏的把控和调整。在整个赋能过程中，语言往往只占到很小的一部分比例，对于知识的掌握，还需要通过肢体语言、讨论、思考、题目练习、实践操作等活动加深理解和印象，这样才能更加准确深入地掌握敏捷开发的知识，实现从怎么做到为什么这样做的学习提升。

通过深入的学习实践，可以将自己代入到练习场景中，通过学到的敏捷开发知识对需要实践的敏捷活动进行快速演练和体验，以实际行动行为验证敏捷开发带来的好处和价值，从而在学员心理上产生强力的共鸣和认同感，这对于敏捷赋能的目标有巨大的好处。

在集中式赋能过程中，充满着大量的互动，可以有效地拉近讲师和学员之间的关系，建立信任感，这对后续展开的团队敏捷开发实践也具有较强的优势，让团队能够更加信任赋能讲师，减少不信任带来的怀疑和等待浪费。

团队在集中式敏捷赋能培训中的沟通讨论，可以让团队成员充分表达自己的观点，既可以促进团队成员的头脑风暴交流，又可以帮助讲师及时发现存在的疑点和误区，进行有效的引导，帮助团队纠偏，避免后续实践中踩坑，建立良好的规范化敏捷开发习惯。

4）日常宣贯式敏捷赋能

日常宣贯式敏捷赋能相对于集中式敏捷赋能有独特的优点，日常宣贯式敏捷赋能不像集中式敏捷赋能那样规模庞大、正规和沉重，日常宣贯赋能的规模往往比较小，面向一个团队或者新加入团队的几名成员。规模小就意味着日常宣贯敏捷赋能的形式比较灵活，地点可选择性高，时间容易协调，便于组织者尽快安排和实施。

在日常宣贯式敏捷赋能活动中，往往都聚焦在某个或某几个特定主题上，通过这些特定主题的沟通讨论，能够帮助学员深入掌握理解相应的敏捷开发知识，同时可以帮助学员快速提升敏捷开发的知识水平达到团队平均水平，利于后续敏捷实践活动的执行和同步。

但日常宣贯式敏捷尽量不要采用远程会议的模式，会导致学员参与程度不够，知识传导的有效性比较差。消耗了大家的时间却没有收获到良好的成果，久而久之对讲师和学员的积极性都会有较高的伤害。

5）敏捷领导力培养

企业敏捷领导力培养将帮助组织管理者系统、深入了解学习敏捷开发知识、原则、价值观等基础内容，同时让组织管理者理解敏捷团队和相关干系人需要在哪些方面获得组织的支持，为什么需要或者这些支持，以及组织可以从实施敏捷转型变革的过程中获得哪些收获和提升，这将帮助组织获得更强大的生命力和活力，创造更多的商业价值。

组织管理者具备敏捷领导力，从深层次上影响了企业文化的发展，为组织是否具备敏捷转型提供基因注入，帮助组织从内部创造良好的敏捷文化氛围，提供敏捷转型成长的土壤。

领导力是指领导、激励和带领团队所需的知识、技能和行为，可帮助组织达成业务目标。其中技能包括协商、抗压、沟通、解决问题、批判性思考和人际关系技能等基本能力。对于思维敏捷能力而言，思维敏捷性是思维的品质之一，指善于迅速地发现和解决问题的思维特征。它主要表现在用词的流畅性、观念的流畅性、表达的流畅性和联想的流畅性等方面。具有思维敏捷性的人表现出如下特点：多谋善断，反应迅速，应变果断，即使在某种紧急情况下，也能积极地进行思维，周密地考虑，正确地判断，迅速地做出决定。思维的敏捷性不同于思维的轻率性。

在敏捷领导力赋能过程中，要特别注意对四种不同类型的领导进行有差异的引导，分别是：技术型领导、合作型领导、适应型领导、生成型领导。

- 技术型领导：通过确定性方案处理不确定性事务，更厌恶可能的风险。
- 合作型领导：更关注于消除不确定性和共情团队以避免风险。
- 适应型领导：喜欢调整团队的价值观，让团队检验不确定性问题来获取答案。
- 生成型领导：利用不确定性来获取机会，良好的学习者和创新者。

不管是哪种类型的领导，通过敏捷领导力的培养和提升后，都需要为敏捷团队创造一个良好的敏捷环境。

- 提供一个允许试错的环境或者机会。
- 为支持团队自驱自组织而提供所有的必要信息。
- 对团队授权范围内的决策进行支持。

3. 试点团队转型验证

1）选择合适的试点团队

敏捷开发实践转型选择合适的试点团队非常重要，要特别考虑团队人员特性、团队能力、团队负责产品的生命周期、产品市场环境等综合信息，这样才能找到条件适中的团队进行敏捷开发实践试点。既不要过于简单，发现不了更多具有代表性的典型问题，认为敏捷开发体现不出价值也非常容易。也不要难度巨大，产生大量的非必要和特殊的干扰，影响正常的敏捷活动开展和应用落地。

- 团队人员特性。

敏捷开发试点团队的人员需要保持一定的稳定性。有的组织从成本和管理方式考虑出发比较喜欢用外包人员，在实际的工作中外包人员对团队的认同感比较低，无法和团队的整体目标保持一致，这也客观地造成了人员流动性较大。有的团队在成员组成上低层次的人员较多，因为考虑到自身发展和工作环境的制约，也会有大量更换的情况。在敏捷团队中如果出现人员频繁变更的情况，会导致敏捷团队始终处于不稳定的状态。根据团队成长的五阶段模型，如果团队人员不稳定，团队将总是徘徊在组建期和震荡期，无法向成熟度更高的阶段发展提升，生产效率的提升更无从谈起。所以保持敏捷团队的人员稳定是一个非常重要的评估条件。选择一个在较长时间内保持人员稳定的团队展开敏捷开发试点，能提供一个比较好的基础条件。

- 团队能力。

选择敏捷开发试点团队时，团队能力也是一项重要的评估项。因为团队的工作对象是产品，产品具有不同的技术栈、业务背景、技术应用难度等因素。当团队人员能力都比较弱时，很难在承担新技术预研类产品上取得突破和进展。当团队人员能力差异较大时，很难在产品研发过程中在个人工作量上形成比较均衡的场面，长期下来将导致高能力团队成员产生不满和抱怨情绪，低能力团队成员被严重打击自信心，形成破罐破摔的局面。当团队人员能力都非常强时，如果产品进入稳定期，将产生严重的交付浪费，并且对团队成员和组织的发展产生阻力。

为了避免这些情况的产生，在选择试点敏捷团队时，建议选择的团队成员能力比较均衡，有比较相似的不同业务经验。如果出现当前团队成员能力较弱，但有非常强烈的上进心和自我提升意愿，也可以在试点敏捷团队中承担一定的责任来成长，但人数不要过多，避免影响正常的交付速率。

当试点团队中能力较弱的团队成员较多时，组织管理者需要适当地降低预期目标，并要求团队成员设定能力成长目标路线图，进行周期性的复盘总结，细化每名团队成员能力是否得到了增长，能否承担正常的产品研发交付工作，对于无法达到目标的人员需要通过一定的管理方法进行调整。

- 产品生命周期。

试点团队的产品，处于生命周期的初始或者上升期是最理想的，这时可以产生丰富的业务需求，也可以通过敏捷实践快速交付高价值的业务需求能力，通过短周期版本进行市场验证和试错，帮助组织找准市场定位，为客户创造最大的价值。在此周期内的产品可以蓬勃发展，无论是团队人员还是组织都可以看到产品带来的价值，对产品的发展和市场拓展有着充足的信心。当产品生命周期进入平稳的发展阶段后，按部就班的研发交付和对现有能力的改造优化，敏捷开发模式能够体现的价值和提升就没有那么明显和典型。当产品生命周期来到末期阶段，随着业务需求的下降和市场的萎缩，投入产出比明显较低，只需要保持少量人员进行维护，不必再进行大规模投入。

基于对产品生命周期的认知，敏捷开发实践转型更倾向于选择产品处于发展和上升期的团队，取得的效果会更有说服力。

- 产品市场环境。

不同的产品团队面临的市场环境是不一样的，面向个人业务的产品团队更强调反应能力、交付速度、产品易用性。面向商业用户的产品团队更强调服务能力、产品稳定性、产品功能覆盖率。面向集团用户的产品团队更强调安全性、合规性、产品质量、产品维护能力。所以产品的市场环境也是惊醒敏捷开发实践试点团队的考虑因素之一。

考虑到敏捷开发主要面对的是不稳定需求带来的不稳定市场选择机会，当产品市场环境中存在需要快速占领市场，通过新产品新版本的交付取得竞争优势时，敏捷开发就凸显它的价值和适用性，选择相应的产品团队也更加的适用。

2）强化理解敏捷开发知识

敏捷试点团队确定以后，并不能直接进入敏捷开发实践，还需要进行敏捷开发知识和工具平台的相关强化练习。在敏捷培训赋能中，团队接受的主要是敏捷开发基础知识的介绍，从理念上对敏捷开发有了一定的了解，但是还需要从感性实践上进一步加深学习，掌握敏捷开发中需求分析、用户故事拆分、功能规模估算、迭代规划、电子看板使用、工具掌握和应用等方面基础能力，来逐步开展敏捷实践。

- 敏捷开发知识强化。
  - 怎样和客户沟通需求，进行优先级设定。
  - PO 根据需求进行用户故事的拆分和编写，准备验收标准、原型图、流程图。
  - PO 更新维护产品 Backlog。
  - 团队召开迭代计划会议，PO 按优先级讲解用户故事，团队选择可以承诺迭代交付的用户故事。
  - 团队按照用户故事优先级拆分任务，估算工作量，建立迭代 Backlog。
  - 根据迭代 Backlog 建立电子看板和物理看板。
  - 团队进入迭代开发，召开每日立会同步工作进展，发现障碍并推动解决。
  - 迭代结束召开迭代演示评审会，团队向 PO 和相关干系人展示迭代交付的工作成果。
  - 团队进行迭代回顾，总结、分析、确定下迭代需要改进的内容和方法。
  - 完成迭代总结报告，进入下一个迭代周期。

通过敏捷知识的强化学习和掌握，让试点团队可以真实的开展并应用敏捷开发，通过实践掌握敏捷开发的基础方法，保持迭代过程透明可视，在迭代结束后进行检视，并对后续的改进和变化进行适应性调整。

- 工具平台掌握及应用。
  - 掌握如何使用开发运维一体化平台。
  - 掌握电子看板和物理看板使用方法，确保及时更新。
  - 掌握使用自动化测试工具。
  - 掌握使用持续集成工具。
  - 掌握使用代码质量分析工具。
  - 掌握使用单元测试工具。
  - 掌握使用制品库和发布工具。
  - 掌握使用度量平台。

通过不同类型的 DevOps 工具链应用，可以帮助团队提升敏捷能力，在敏捷开发方法论的指导下更好、更快地进行产品研发交付，同时通过自动化测试工具引用保证交付质量，提升大量回归测试效率。通过持续集成工具的支持，解放团队在构建、部署、发布等方面的手工操作，既可以避免人为错误，也可以大大缩短构建和部署时长，帮助整个团队提速。

3）试点团队上路

选好合适的试点团队，完成敏捷开发知识和工具的强化学习，试点团队可以正式上路开展敏捷开发实践了，在这个过程中，无论是 PO、Scrum Master、团队，还是相关干系人、管理层都给予了厚望，但需要注意对敏捷实践有一个合理的预期目标，希望团队能达到很高的成熟度，具有优秀的研发交付能力，都是良好的期望，但在迭代初期是无法一蹴而就的。需要通过一个长期的过程，在不同的时期达成不同的能力，这样才能帮助试点团队逐步取得良好的结果。

- 做好准备工作，建立产品Backlog。
  - PO 跟客户、需求提出人保持良好的沟通，收集各方的需求，对于一句话需求通过面对面沟通进行挖掘细化，对于书面需求进行理解、讨论和确认。
  - PO 将和用户沟通讨论确认后的结果记录下来，编写用户故事，保存在产品 Backlog 中。
  - PO 对产品 Backlog 中的用户故事进行功能规模的估算，根据业务价值、紧迫程度、工程约束进行用户故事的优先级排序。
  - PO 需要确保用户故事对应的验收标准、原型图、流程图等配套需求信息在迭代开始前准备齐全。
- 开启第一个迭代。
  - 在团队开启第一个迭代前，需要正式地进行一次迭代计划会议，通过迭代计划会议，团队选择可以承诺在迭代交付的用户故事。
  - PO 需要向团队详细讲解用户故事、验收标准、原型图、流程图，帮助团队深刻理解需求价值和实现目标。团队也需要认真思考，针对理解过程中的难点、疑点反复沟通讨论和确认。
  - 针对用户故事拆分的任务和估算的工作量，需要通过迭代 Backlog 进行承载，并在迭代计划会议结束后录入开发运维一体化平台，建立电子看板和物理看板。

  - 在开启第一个迭代前，需要让 PO、Scrum Master、团队、相关干系人都共同了解迭代目标并达成一致。

- 过程顺利吗？手把手带教还是旁观引导？
  - 团队进入迭代后，每日立会能准时召开吗？团队成员有没有迟到的现象？
  - 迭代过程中，团队是不是能够按照优先级主动领取任务？任务完成后是不是能够及时提交，确保电子看板更新准确？
  - 迭代过程中，团队如果发现了问题或者障碍，有没有及时反馈出来？Scrum Master 是不是可以及时跟踪推动障碍的解决，保证团队处于高效研发过程中？
  - 迭代过程中团队不可避免地受到外部干扰，Scrum Master 是不是能够保护团队尽量避免这种干扰？
  - 当团队在敏捷实践过程中出现不知道该怎么做，或者面临严重风险时，Scrum Master 采用带教的方式还是引导的方式？需要进行谨慎的考虑和衡量。
- 完成第一次迭代展示。
  - 当迭代结束后，团队需要实现迭代计划会议上的承诺，完整地交付全部“完成”的用户故事，实现迭代目标。
  - 对于“完成”的用户故事，团队可以进行真实的演示验证，让 PO 和相关干系人看到软件是如何具体工作的。
  - 在进行迭代演示评审时，用户故事的演示需要满足验收标准，存在缺陷或者遗漏的用户故事不能交付，需要在下个迭代进行修正。
  - 迭代演示评审时，Scrum Master 需要约束过程，避免评审会议发散讨论，演示评审过程中的问题和建议，需要记录下来后续专项沟通讨论。
- 记得进行迭代回顾。
  - 迭代的最后一步是团队进行迭代回顾，团队共同反思检视在这个迭代中做的怎么样。

- 需要为敏捷试点团队创建一个安全的环境，不建议管理层或者干系人参加试点团队的迭代回顾。
- 除了需要总结哪些方面做得好，为团队鼓劲加油外，也需要总结哪些方面存在问题，不要犯同样的错误。
- 对于后续持续改进的事项，团队需要细化出可落地具体执行的步骤，并整体认可达成一致。
- 写一份迭代总结报告，把这些数据和信息固化下来，对长期的分析、总结、回顾有很大的帮助。

4. 敏捷开发模式推广

1）榜样的力量

在敏捷试点团队完成试点后，需要总结试点中的经验教训，有针对性地进行改进提升，同时需要将敏捷开发模式推广到组织内的更多研发团队。不同的研发团队有不同的产品，面临不同的市场环境，具有不同类型的团队人员，也有差异化的研发能力。怎样激发起研发团队进行敏捷转型的意愿，不能依靠单纯的行政命令或者管理手段，否则会造成大面积的混乱，甚至产生严重的生产事故，这种情况是金融行业团队完全无法接受的。考虑到这样的背景，我们建议敏捷开发推广采用“春雨润物细无声”的模式，充分考虑到研发团队的综合情况，找准具备合适环境合适条件的研发团队，在较短时间内投入较多资源，树立一个优秀的榜样。

在变革开始阶段，大家往往都处于观望状态，并不确定变革对自身的影响。很多偏向保守的团队抱着多一事不如少一事的心态，宁可等待也不愿迈出第一步。敏捷开发的价值观中特别提倡勇气，因为这是团队拥抱变革的基础条件之一。通过找到有变革意愿的团队，为他们提供人员的支持，帮助榜样团队快速学习并熟悉敏捷开发；为他们提供工具的支持，帮助榜样团队解决产品研发中困扰依旧的痛点和难点；为他们收集初始数据和过程数据，帮助榜样团队提升研发效率，数字化展现团队取得的成果；为他们创造敏捷环境和文化，帮助榜样团队收获各层领导的支持、肯定和认可。

通过多种不同的组合方法，可以有效地建立一个或多个敏捷开发转型实践的榜样，给他们平台和机会展示自身，让他们站出来讲述自己在敏捷转型中的亲身体验，以榜样的方式鼓励处于观望等待的团队迈出勇于实践的第一步。战国时期，商鞅以“徙木立信”的方式取信于民，通过榜样的示范效应获得民众的信任，以更好地推广制定的法令。千年之后，同样的方法也可以应用在敏捷开发模式推广过程中。

2）合理的管理与激励

敏捷开发在推广转型过程中，需要团队积极的配合，但对于研发团队而言，不可避免地带来了一些和原有模式的冲突及冗余工作。为此，也需要组织给出合理的管理与激励措施。例如在原有的管理模式中，产品研发文档的规范和流程以及评审方法对于敏捷实践团队并不是很适用，部分内容面临变更，部分内容面临裁剪。如果组织不能在推广前很好地完成配套模板及流程的优化，将造成产品研发团队既要按照原有方法编写文档，又要同时提供敏捷开发模式配套文档，形成一定程度上的重复和浪费。特别是原有的强管控模式，对于评审过程有严格的要求，但是敏捷团队将原有的阶段评审转化为迭代交付，通过迭代交付在短周期内验证相关的工作是否完成，这种冲突如果从组织层面没有得到合理的解决，会给敏捷实践转型团队造成较大的困扰。对于勇于实践敏捷转型的产品研发团队，需要从组织层面上进行一定的激励，根据产品研发团队在实践过程中的敏捷成熟度评估，可以进行适当的奖励和表扬。

为此，组织需要从以下方面进行优化准备：

- 敏捷开发配套文档和传统研发模式文档的映射关系。
- 敏捷开发配套文档模板的准备。
- 传统研发管控流程与敏捷开发模式之间的替代。
- 研发团队敏捷成熟度达成激励方案。

3）可落地的推广路线图

在进行全面的敏捷开发推广前，需要一份可靠的推广路线图，通过从产品维度、团队维度、部门维度、业务维度等方面进行多角度规划。

- 产品维度。
  - 非核心的产品可以进行优先推广。
  - 面向最终客户的产品可以进行优先推广。
  - 独立性强，依赖较少的产品可以进行优先推广。
  - 产品技术栈统一，技术栈先进的产品可以进行优先推广。
  - 产品规模小的产品可以进行优先推广。

- 团队维度。
  - 单团队可以优先推广。
  - 成员专职团队可以优先推广。
  - 有强烈转型意愿的团队可以优先推广。
- 部门维度。
  - 部门领导强力支持可以优先推广。
  - 技术部门和业务部门关系和谐可以优先推广。
- 业务维度。
  - 业务需求旺盛可以优先推广。
  - 业务变更较快可以优先推广。
  - 业务市场价值明确可以优先推广。
  - 业务发展阶段在初期和上升阶段可以优先推广。
  - 业务关注且配合意愿高可以优先推广。

4）持续反馈反思和经验总结

在金融企业进行敏捷开发转型实践中，从团队、产品线、组织等不同层面需要进行分层次的持续反馈反思和经验总结，以更好地帮助团队进行改进提升，帮助产品线明确发展方向和价值实现，帮助组织建立敏捷文化和敏捷氛围。

- 团队。
  - 团队通过迭代回顾会议进行持续的检视。
  - 团队主要围绕迭代过程中哪些方面做的好需要保持，哪些方面的错误不要重犯，在哪些方面可以做得更好进行总结。
  - 跟产品能力相关的改进内容可以排入产品 Backlog 进行持续优化。
  - 团队围绕迭代过程、技术提升、产品发展等方面进行反思和总结。
- 产品线。
  - 产品线通过例会或里程碑阶段会议进行反思和总结。
  - 产品线对团队敏捷成熟度进行持续评估，防止退化。
  - 产品线持续不断地明确产品的发展方向并反馈给相关团队。
  - 产品线持续评估产品的价值实现并动态调整价值优先级。

- 组织。
  - 组织通过里程碑会议和专项讨论会进行反思和总结。
  - 组织面向敏捷转型完成度、覆盖面和整体成熟度进行反思和总结。
  - 组织需要持续发展敏捷文化，为产品团队创造敏捷氛围。
  - 组织需要听取产品团队的建议对体系管理方式进行改进。

5. 阶梯型人才梯队建设

持续地进行敏捷开发推广和实践，离不开敏捷开发相关人才的培养提升，因此有必要在组织内进行阶梯型人才梯队建设，通过大量的筛选和培养，建立具有广泛基础的基层敏捷教练，在其中选择表现突出、能力较高的人才重点培养为产品线级别的精英敏捷教练，再通过实践和评估晋升为组织级敏捷专家，形成有层次的专业敏捷人才团队，更灵活地支持不同的业务领域和产品团队，聚是一团火，散是满天星。

1）广而告之，人才优选

让感兴趣的人听到敏捷推广的声音，认识到组织对敏捷开发转型的期望，触动大家对研发过程中难点痛点的共情，公布人才成长的后续发展方向，这些都能很好地将敏捷开发的信息和新闻传递到组织内部的各个团队，烘托敏捷开发启动的气氛。

- 公开宣扬敏捷开发信息。
  - 通过易拉宝、公共区域张贴画宣扬敏捷开发知识。
  - 邀请外部专家进行组织内公开大讲堂进行敏捷开发知识普及。
  - 组织企业成员到先进行业进行敏捷开发实践观摩，编写心得体会在组织内分享。
- 提出组织转型期望。
  - 组织内通过各层管理会议，逐层向下同步敏捷转型的期望和目标。
  - 各级管理团队结合自身实际推荐候选人才。
  - 组织候选人才面试，了解能力和意愿。
  - 根据人才培养计划确定分期分批培养方案。

- 难点痛点专项沙龙。
  - 组织不同业务域开展难点痛点专项沙龙，头脑风暴集思广益。
  - 结合敏捷开发实践围绕难点痛点问题进行推演。
  - 明确敏捷实践改进目标，逐步解决难点痛点问题。
- 公布人才成长发展方向。
  - 从组织层面对敏捷人才岗位进行规划。
  - 为通过敏捷培训认证的学员颁发资质认证。
  - 组织绩效考核方案向敏捷人才适度倾斜。
  - 为优秀人才在敏捷实践中做出的贡献、取得的成绩建立公开奖项。

通过不同的方式进行全方位的信息公告后，可以很好地烘托组织内进行敏捷转型的气氛，激发优秀人才参加敏捷培训认证的意愿，让优秀的人脱颖而出，加入到敏捷人才梯队的建设过程中来。

2）持续的敏捷训练营

找到合适的敏捷人才候选人，并不代表候选人通过简单的培训就可以直接带领团队实践了，还需要经过一系列的深入学习和实践，才能准确把握敏捷开发的思想和技巧，更顺利更规范地带领研发团队展开敏捷开发实践和推广。

- 敏捷训练营。
  - 按时间划分不同阶段敏捷训练营，共举办三期敏捷训练营。
  - 训练营培养过程中穿插看板竞赛、产品设计实践、工具平台应用、读书分享等活动。
  - 每期训练营持续 3 个月左右，培训课程超过 16 节。
  - 每期训练营学员规模在 30 ~ 50 人。
- 阅读学习并提交学习心得。
  - 每名学员在参加训练营期间，需要认真学习《Scrum 敏捷软件开发》。
  - 每名学员每周需要提交 3 篇学习心得，总结学习书籍过程中的收获和思考。
  - 训练营学员最终成绩中，会包含学习书籍和提交学习心得的综合评定。

- 试点团队观摩。
  - 训练营学员在学习过程中需要观摩试点团队的各项敏捷活动。
  - 观摩试点团队如何召开迭代计划会议。
  - 观摩试点团队如何召开每日立会，进行优缺点讨论。
  - 观摩试点团队如何使用 DevOps 工具平台。
  - 观摩试点团队如何召开迭代演示评审会议。
  - 观摩试点团队如何进行迭代回顾，分析改进点并确定改进步骤。
- 入场实践。
  - 在当前自己的工作团队中尝试开展敏捷实践。
  - 推动产品需求梳理和澄清以用户故事和验收标准的方式展开。
  - 尝试在外部团队支持和推广敏捷实践的落地。

3）通过实践发现人才

光说不练假把式，敏捷开发的重要特点是实践，只有敏捷人才真正下场实践，才能快速体验和总结敏捷实践中的误区、经验、技巧。不同的人才具有不同的特性，有的人才沟通技巧好，表达能力强，但技术能力稍弱，通过实践可以快速提升自己在技术上的短板。有的人才技术能力强，但和人沟通交流的技巧、影响他人的能力较弱，也可以通过实践让自己在各方面得到高强度的锻炼。

大浪淘沙始见金，通过敏捷开发实践落地，涌现出一批可贵的人才，他们既具有良好的技术背景，又具有良好的沟通能力和表达能力，更令人惊喜的是他们还具有强烈的变革意愿和思维，这为组织后续规模化推广敏捷开发提供了不同层次的人才储备。

4）组织提供配套政策支持

对于人才梯队的建设，除了持续不断的努力、良好的培养方法以外，还需要从组织层面进行及时的认可和鼓励，更需要组织提供相应的配套政策支持，来帮助敏捷人才培养可以长期可持续地进行下去，最终为组织建立优质的种子基地。

- 资质认证。
  - 通过敏捷训练营培训并毕业的学员，组织授予官方认可的资质证书。
  - 对敏捷训练营的优秀学员进行大范围的公开表扬和奖励。

   - 资助敏捷训练营毕业学员参加更高层次的专业认证。
- 岗位授权。
   - 具备官方认证资质的敏捷人才承担敏捷团队的重要角色。
   - 对敏捷团队的重要角色在一定范围内进行授权。
   - 敏捷人才作为组织储备管理者候选人。
- 晋升激励。
   - 具备敏捷人才认证的员工可以优先晋升。
   - 敏捷团队成熟度与组织评优挂钩。
   - 敏捷团队交付效能超过组织平均水平，在一定范围内按比例享受特殊奖励。

13.2 某成熟金融科技公司 DevOps 落地实践

13.2.1 确定目标

该金融科技公司，通过前期的调研分析，对于 DevOps 设定了如下目标，如下图所示。

通过 1 个平台，连接开发、测试、运维 3 个角色，打通需求、开发、测试、部署、运维 5 个环节。

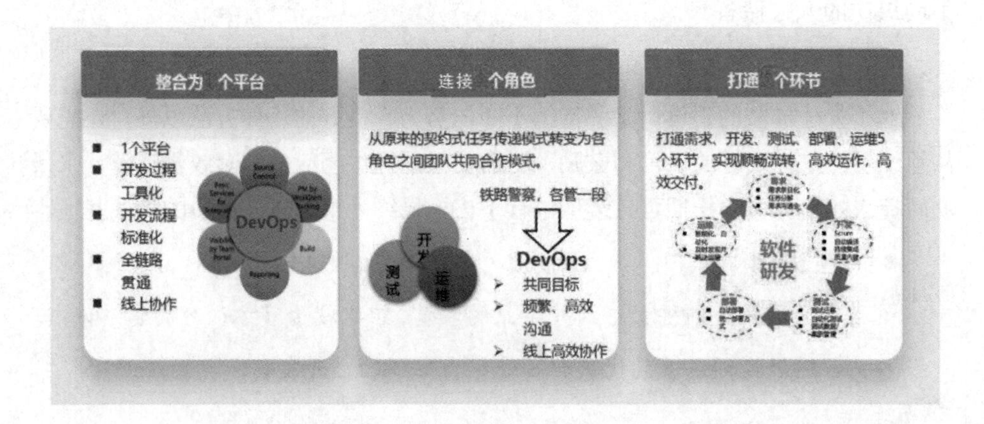

13.2.2　选好姿势

1. 第一种姿势

小范围“CI+CD”，之后全公司推广“CI+CD”，并打通全流程。

某寿险也用了姿势一：它们是与基于 Spring Cloud 的微服务体系架构一起引入 DevOps 的，原来的想法只是对于这些新的微服务的应用使用 DevOps，经过半年的时间之后，感觉还不错，就将 DevOps 逐步向传统单体架构的应用中去推广了。下图中的系统是目前已经接入到 DevOps 中的系统。对接的代码库有 SVN、GitLab、BitBucket，介质库是 Nexus，CI 和 CD 的流程目前还是做手工触发，CI 集成了 Sonar 和 Maven test 单元测试，CD 已包含测试和生产环境。组件包含 Spring Boot、Shell 脚本和 Tomcat 三类，主要是全量的部署方式。

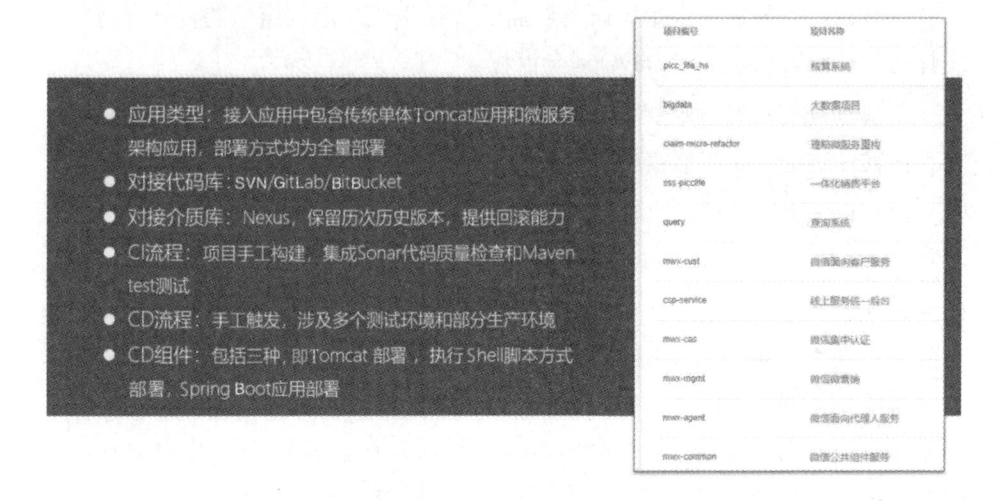

再总结一下：先小范围使用“CI+CD”，它是现在微服务架构适用的，取得经验积累之后，再大范围推广。

2. 第二种姿势

先 CI，后 CD，打通全流程。我们看看某商业银行的案例。

痛点
- 开发规范只停留在纸面上，如何落实？如何核查？
- 开发测试中心与运营中心之间无统一的软件出口
- 软件交付质量差，上线时经常出现部署不成功，回退紧急fix bug的情况
- 需通过CMMI 4审核

一期重点
- 一期重点在CI
- 配合推广Maven框架
- 开发规范落实

二期重点
- 二期重点在CD
- 配合新核心实现100多个模块和60多套配合改造系统的开发测试环境自动化部署

收益
- 软件生产过程的可视化和数字化
- 形成开发测试中心与运营中心之间的统一软件出口
- 软件生产全流程规范通过DevOps进行落地
- 软件质量提升

在项目之初，该商业银行首先对软件生产的全流程进行了重新梳理和规划，其中包含流程、规范、度量体系和反馈机制。

在实践阶段分成三步走，研发层面的持续集成、运维层面的持续交付，最终打通研发和运维，实现 DevOps 全流程。

从试点效果来看，单就自动化部署层面就比之前提高了 2 ～ 5 倍的效率。并且在软件质量和规范落实层面有了长足的进步。

再来看一个以姿势二落地的例子，某国家政策性银行。

它的科技局下属研发中心和运行中心是分开的两个大部门，两个部门之间的纽带就是介质，但之前代码基线与生产环境的介质版本一直对不上，这对生产的 Bug 修复、灾备部署都形成了很大困扰，所以它的研发中心引入 DevOps 是希望能形成统一的软件出口，能够将需求、代码、配置、介质控制在同一个基线上。所以他们的做法是先做 CI，并且并行配合 Maven 的框架推广及 CMMI4 的落地实施。但项目到了二期，它要引进某国家政策性银行建银科技的新核心，一是新核心短时间内的多版本在多个测试环境的部署，二是配合改造的 69 个业务系统短时间内也会有很多版本要快速部署，进行集成测试，这就要求必须有自动化部署的工具才行。所以 DevOps 二期的重点就定在了 CD，主要是配合核心及配套改造系统提测后的快速自动化部署。

所以总结一下 DevOps 落地的第二个姿势：通常都是先由研发部门主导做 CI，之后再推广 CD，最后将两个流程串起来形成 CI 和 CD 的全流程。

3. 第三种姿势

先 CD，后 CI，打通全流程。

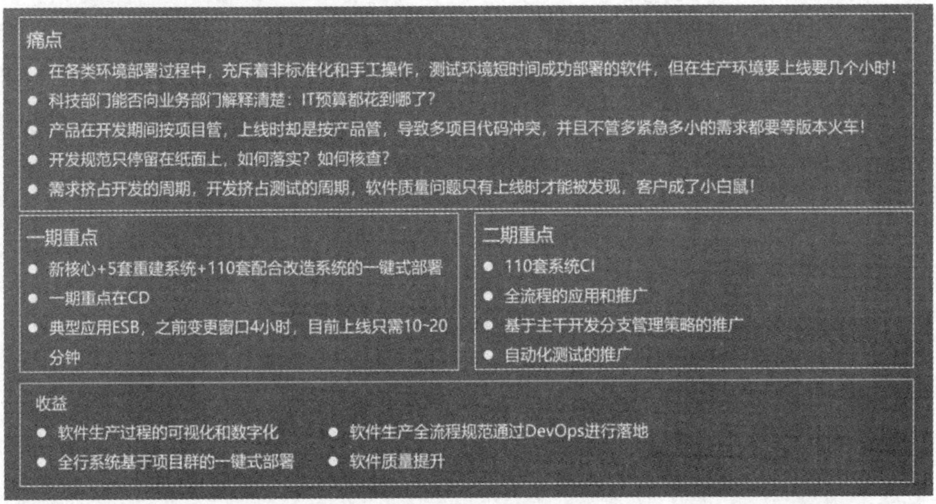

痛点
- 在各类环境部署过程中，充斥着非标准化和手工操作，测试环境短时间成功部署的软件，但在生产环境要上线要几个小时！
- 科技部门能否向业务部门解释清楚：IT预算都花到哪了？
- 产品在开发期间按项目管，上线时却是按产品管，导致多项目代码冲突，并且不管多紧急多小的需求都要等版本火车！
- 开发规范只停留在纸面上，如何落实？如何核查？
- 需求挤占开发的周期，开发挤占测试的周期，软件质量问题只有上线时才能被发现，客户成了小白鼠！

一期重点
- 新核心+5套重建系统+110套配合改造系统的一键式部署
- 一期重点在CD
- 典型应用ESB，之前变更窗口4小时，目前上线只需10~20分钟

二期重点
- 110套系统CI
- 全流程的应用和推广
- 基于主干开发分支管理策略的推广
- 自动化测试的推广

收益
- 软件生产过程的可视化和数字化
- 软件生产全流程规范通过DevOps进行落地
- 全行系统基于项目群的一键式部署
- 软件质量提升

这是一家地方商业银行，也是因为今年要上新核心，并且伴随新核心，有 5 个系统要重新建设，110 套系统要配套改造，行领导提出的目标：在 9 月 8 日上线时，利用 DevOps 做一键式的统一部署，所以项目一期的重点就放在了 CD 上，短期目标是满足 110 套系统的短期大量版本的提测后的自动化部署，最终目标是要将 1+5+110 这些系统能够可视化地一键式部署。项目的二期重点在 CI，配合诸多研发管理的落地实施，全流程的应用和推广以及自动化测试的接入。

13.2.3 梳理全流程

梳理全流程，以及 DevOps 需要集成的 IT 系统，如项目管理系统、Jira 以及测试管理系统。最终梳理的结果如下图所示。

	业务需求管理	立项	需求转换与分解	设计管理	配置管理	开发管理	测试管理	封版发布	部署	结项
项目管理系统	业务需求收集 业务需求评审	立项评审 业需拆分与业务系统对应	业需转用需 用需转软需	各阶段设计文档评审	确定系统版本 设定版本基线信息	各阶段过程文档评审	测试过程记录	发版审批流程	上线结果记录	项目成本、进度、质量等报表
Jira		项目信息同步	软需转用户故事 用户故事拆分开发任务			里程碑管理 项目风险管理	里程碑管理 项目风险管理	发布版本记录		为相关报表供数
DevOps		项目信息同步	用户故事和开发任务同步	过审设计文档上传DevOps DevOps对各类、各阶段设计文档统一展现	代码库创建 开发分支创建 介质库创建 版本基线创建 配置文件/项（Apollo/CMDB）初始化	开发任务跟踪 同步里程碑管理 同步投入资源管理 分支策略管理 自动化构建管理 代码集成管理 代码质量/漏洞扫描 自动化单元测试 提测管理 开发环境自动化部署	调用自动化测试完成回归测试 测试结果展示 测试缺陷跟踪 提测版本基线管理 测试资源管理 SIT/UAT等测试环境自动化部署 配置文件/项管理（Apollo）各环节匹配	测试介质库与生产库之间的介质迁移 投产版本基线管理 生产库介质ship到生产环境	实现生产环境的自动化部署 配置文件/项匹配(Apollo/CMDB)	为相关报表供数
测试管理系统	● 梳理DevOps在软件生产全流程与SVN/Gitlab、Nexus、ITSS、Jira、测试管理、IaaS、PaaS等周边系统的互动						测试阶段记录 测试流程管理 测试用例管理 测试缺陷管理	测试情况数据提供		

13.2.4 制定规范

在将整个软件生产全流程梳理完之后，会对 DevOps 及各原有 IT 系统的集成界面和分工非常清晰。接下来就要进行第四步规范的梳理和制定，规范包含：

- 开发规范。
- 持续集成规范。
- 持续部署规范。
- 持续交付规范。
- 介质管理规范。
- 文档命名规范。
- 开发分支管理策略。
- 测试管理规范。
- 运维管理规范。

……

规范制定的目的如下：

- 有效管控软件生产线上的各个活动和环节。
- 建立统一质量和衡量标准。
- 软件生产活动能被持续度量、反馈、优化。

- 通过DevOps进行有效落实。

简单来讲，没有规范的制约，没有统一标准，大家各做各的，DevOps 项目不可能成功。

13.2.5　分步实施

接下来，就是第五步，要具体地落地实施了，但也要有前有后，分轻重缓急。我们建议调些试点项目来，如何来调呢？原则是什么？

DevOps 试点项目的选择建议原则：

- 基于互联网渠道，需要快速迭代的项目。
- 需求、产品、开发、测试、运维都在一个团队的项目。
- 有一定脚本化或CI/CD积累的项目。
- 基于Java Maven的项目。

DevOps 试点项目执行原则：

- 制定规范与试点项目执行并行，来验证规范可落地、可实施，而非空中楼阁。
- 通过试点项目总结出类似项目推行DevOps的规定动作，如：Demo脚本、CI/CD流程、自动化测试脚本、Maven二方库和三方库的管理经验等。
- DevOps与试点项目团队混编，定期举行回顾会，巩固成果，总结教训，关键——肯定成绩和收获。

13.2.6　落地方案

通过前文所述的五步法，“确定目标”“选好姿势”“梳理全流程”“制定规范”“分步实施”，同时结合同行业落地的实际案例经验，最终形成了完整的解决方案。下文分别从“构建需求端到端持续交付管理”“DevOps 平台功能架构”“DevOps 平台实施方案”“DevOps 部署架构图”几个方面，对方案进行概要解读。

1）构建需求端到端持续交付管理

需求端到端交付流程如下图所示。

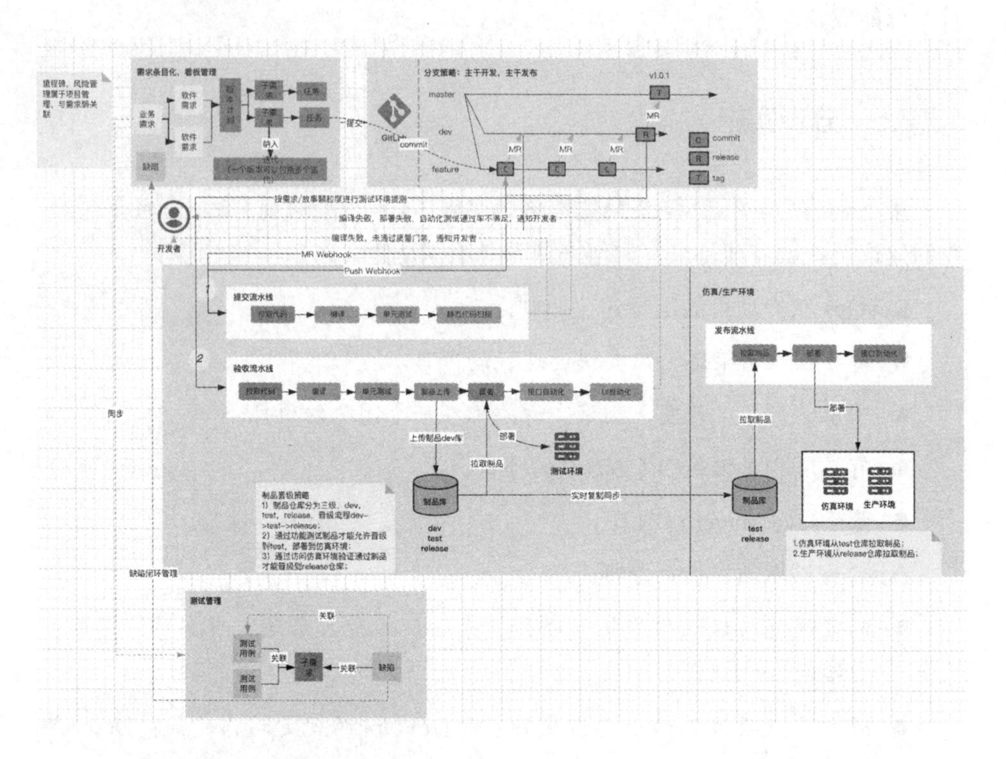

2）DevOps 平台功能架构

DevOps 平台功能架构如下图所示。

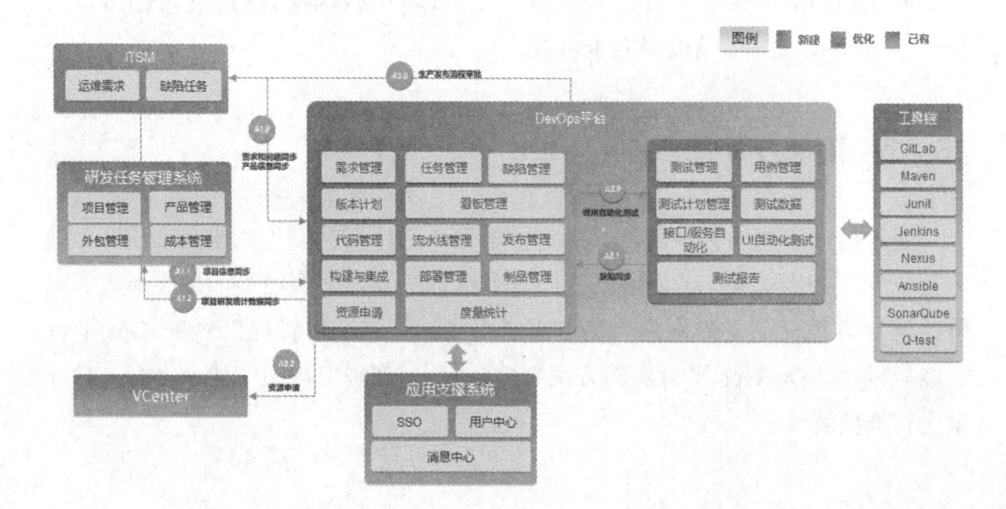

3）DevOps 平台实施方案

DevOps 平台实施方案如下图所示。

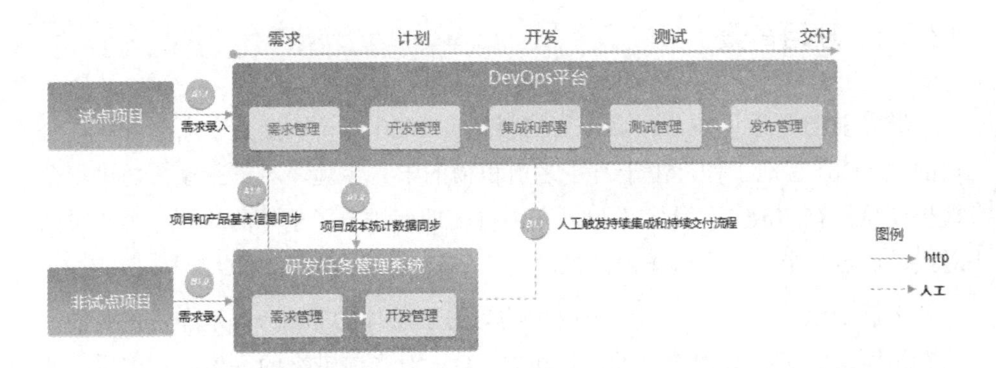

采用 DevOps 平台和研发任务管理系统并行支撑，逐步推广的策略。试点项目的需求端到端持续交付管理在 DevOps 平台， 非试点项目的需求管理和开发管理在研发任务管理系统，而集成和部署管理和测试管理、发布管理使用 DevOps 平台功能。

4）DevOps 部署架构图

DevOps 部署架构如下图所示。

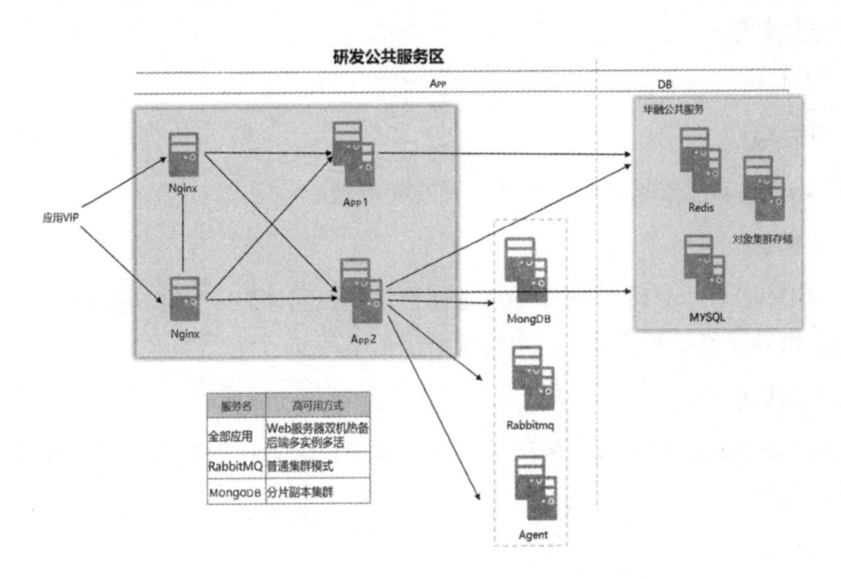

服务名	高可用方式
全部应用	Web服务器双机热备 后端多实例多活
RabbitMQ	普通集群模式
MongoDB	分片副本集群

13.3 某初创金融科技公司 DevOps 落地实践

13.3.1 项目背景

继之前的金融科技公司后，亚信科技在 2020 年又承接了一家金融科技公司的 DevOps 落地工作，由于有了之前积攒的丰富经验，对第三家公司进行落地推广显得有的放矢，从容不迫。在项目初期就排定了整体的计划：半年时间对接、试点，半年后全公司内部推广。

之后制定组织框架，组织上的影响力对于整体的 DevOps 是非常重要的，只有组织上有了强有力的推动，认可 DevOps 对当前带来的好处，打破原先的各种部门之间的壁垒才能够有效地推广落地，下面看一下整个组织架构的定义。

13.3.2 组织架构制定

项目 PMO：

整体管理，会议决策，资源把控，方案审核。

项目管理：

项目管理、制订计划、进度把控、推进、信息发布。

开发组：

DevOps 功能需求分析、设计、开发和测试。

架构组：

对 DevOps 平台涉及技术方案进行整体把控和评审，技术方案的合理性需要给出指导建议以及负责新技术的预研等工作。

工具链维护：

对 DevOps 平台所涉及的工具链进行维护，保障可用性，对部分开源的工具链可以进行改造，保证易用性。

运营组：

敏捷教练、工程教练团队，指导自研团队进行敏捷或者 DevOps 转型，并培养其他自研团队的教练。

研发管理体系、持续交付体系以及相关流程的建设，提供相关理论和管理办法支持。

13.3.3　外围系统关系梳理

在进行调研的过程中，为了 DevOps 平台可以更好地与现有的基础服务进行集成融合，需要提供较好的开放性、简单性、安全性、可扩展性的接口设计。基于开放的接口，能够将一站式 DevOps 平台与企业内部的一些系统进行融合集成。接口遵循业界通用的技术标准或规范支持协议，见下图。

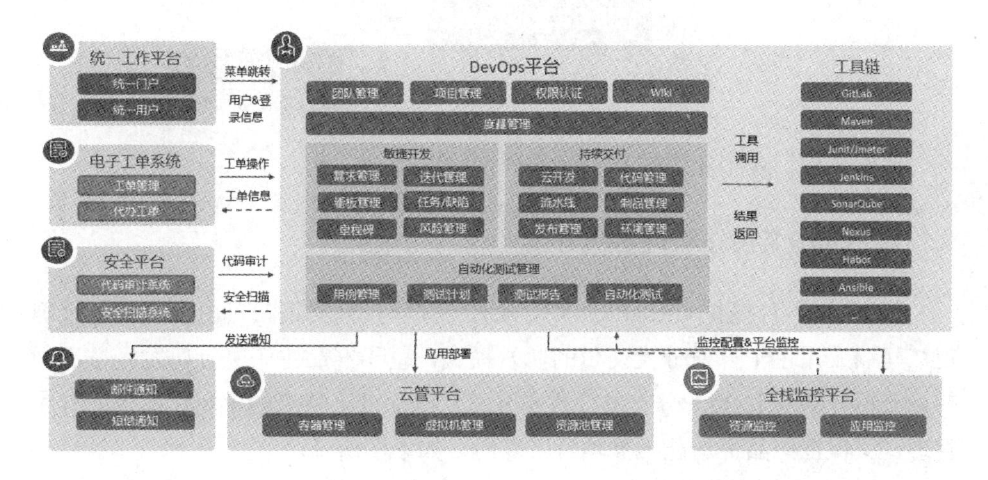

- 统一工作平台：整个公司的门户，实现整理的管理、跳转。同步用户、登录信息。
- 电子工单系统：统一管理需要处理的事项，包含工作项、流水线、代码仓库等需要处理的待办事项。
- 安全平台：负责对制品、SQL的安全扫描。
- 监控平台：负责对资源的监控、应用的监控。
- 云管平台：负责资源的申请，如虚机、容器。

13.3.4　项目现状调研

组织架构与外围系统确认完之后，对于需要实际落地的项目组展开调研，调研内容包含工具、团队、技术框架、流程等各方面，如下图所示。

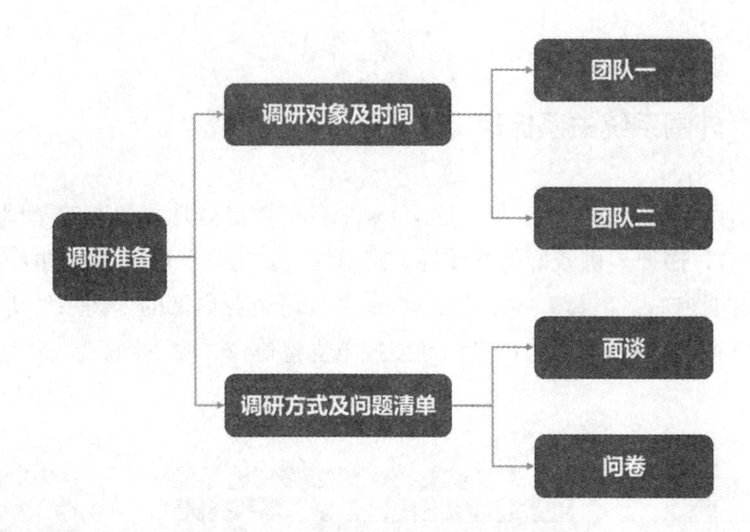

调研完成，对于集中的几个问题分别给出解决方案。

1. 代码仓库分支管理解决方案

DevOps 平台提供 GitLab 进行代码统一管理。分支策略可由各团队自行确定，建议采用主干开发分支交付的研发模式，基于产品主干进行研发，按不同的场景拆分对应 feature 分支进行代码开发，既保证了特有的定制化需求的有序管理，又保证产品上新能力被项目所复用，如下图所示。

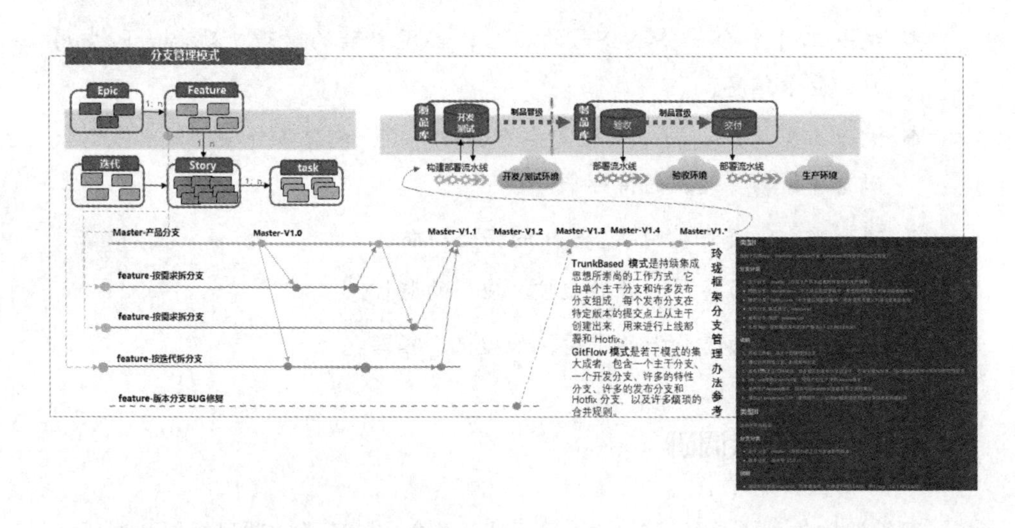

2. 自动构建 / 部署流水线具体设计方案

1）流水线使用场景

用于 CI/CD 过程的流水线包括应用流水线和组合流水线。应用流水线对应一个应用的持续构建、部署或者质量检查等能力。组合流水线用于将一个或多个应用流水线，跨项目跨产品进行组合编排运行使用。

流水线类型包括构建类、部署类、构建部署类、自定义类。

流水线新增前，准备好代码仓库、仓库分支、环境信息、制品库信息。具体依赖关系如下图所示。

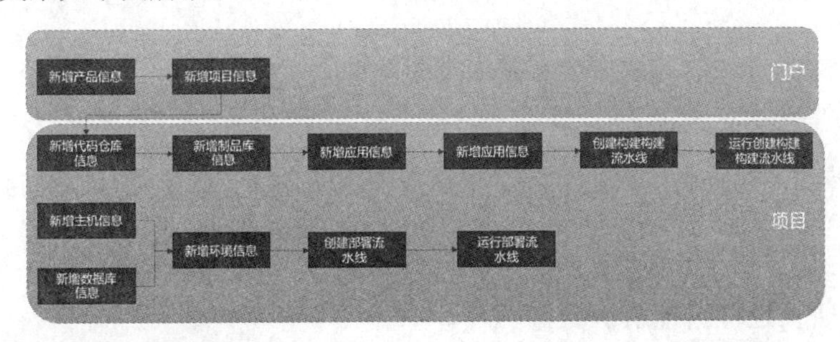

2）流水线前置操作

代码仓库配置步骤如下。

步骤一：新增代码仓库，将接入团队已经存在的代码仓库配置到 DevOps 平台，如下图所示。

→ 新建仓库

仓库名称 *

仓库描述

0/50

仓库类型 *

GIT

仓库url *

token *

取消　确认

步骤二：代码仓库展示（操作包含连通性检查、修改和删除代码仓库、代码仓库权限分配），如下图所示。

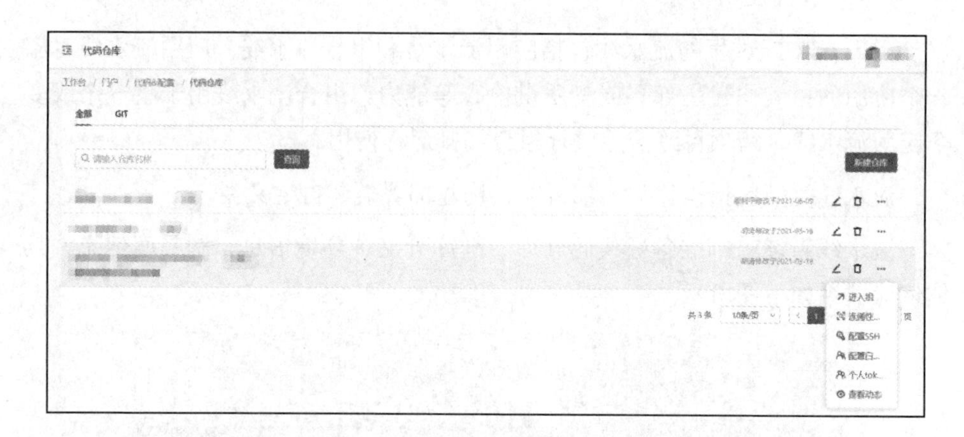

步骤三：代码仓库权限分配，根据接入团队人员、角色进行制品仓库权限分配。

3. 研发过程管控解决方案

团队成员任务的拆分、任务的分配、任务的跟踪、工时的统计、任务状态的变更都由研发负责人负责。根据对企业电商和个人电商研发团队的调研情况，研发团队期望通过平台实现研发管理过程透明化，能够灵活地根据需要对团队成员的工时进行统计并能导出相关统计报表，采用工具可以量化需求、产品、开发、测试等的工作量等。研发过程管控流程如下图所示。

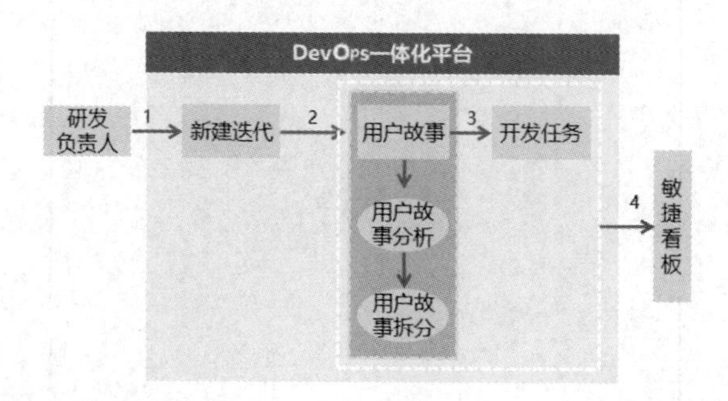

解决方案具体实现方式如下。

- 研发需求：同步转化为用户故事，其中包含研发需求优先级和交付周期。

- 新建迭代，如下图所示。
    - 某团队上线频率为每月，建议以四周为一个迭代周期进行研发过程管理。
    - 某团队上线频率为每周，建议以一周为一个迭代周期进行研发过程管理。
    - 填写字段：迭代名称、版本号、迭代描述、迭代周期、每日工作时长、团队选择（每次迭代中的团队，可多个迭代和项目复用）。

13.3.5　流程梳理优化

结合调研结果、解决方案、流程以及工具给金融科技公司梳理使用平台流程，流程涉及多个角色，正常的需求流程，缺陷处理流程。最终梳理的流程如下图所示。

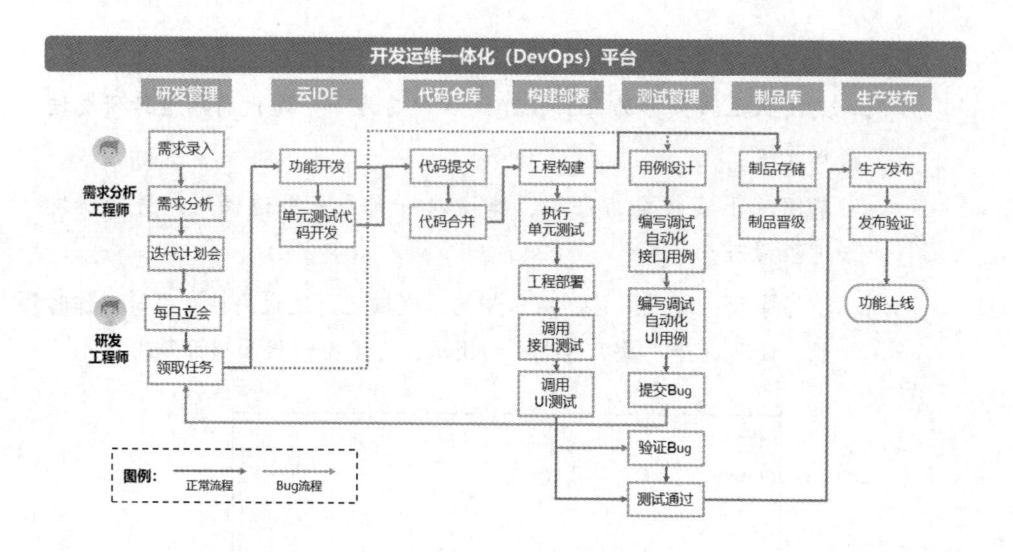

13.3.6 总结和回顾

从承接项目以后，通过对组织架构的调整，建立短平快的项目小组快速决策，给整个 DevOps 小组最强有力的支撑。

对项目组进行调研，了解各组当前的开发交付流程，工具使用情况，以及痛点。结合项目组实际情况给出代码仓库分支的改进、流水线设计的定义，对整个 DevOps 转型推进起到关键作用。

第14章 能源行业 DevOps 落地实践

本章主要介绍 DevOps 平台配套的敏捷方法在能源行业中传统企业落地的过程，通过梳理落地的各个阶段，总结落地时需要注意的关键点，为平台今后在能源行业类似企业中推广和落地积累经验。

14.1 项目背景

本次合作企业属于能源行业，企业在诸多关键生产领域使用的行业软件大多是国外成熟的软件产品，当前企业急需打造拥有自主知识产权的替代软件产品，打破国外产品的垄断。更重要的是，企业期望打造出具有国际市场竞争力的行业软件产品，在国际能源行业软件市场中占有一席之地。综上所述，该企业的关键目标产品如下图所示。

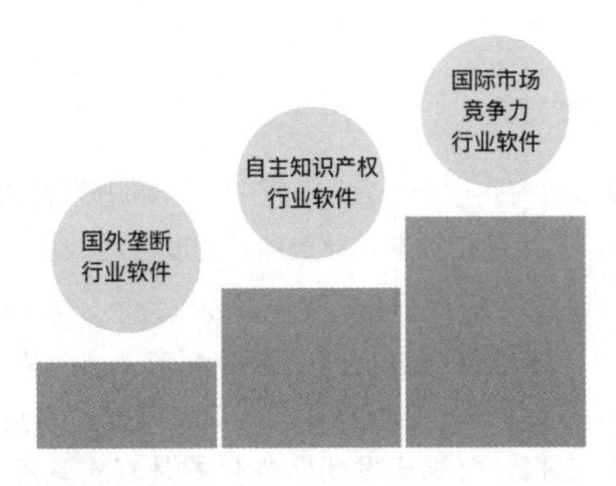

但是想要在短时间内打造具有较强竞争力的软件产品，这对能源行业中的传统企业是个不小的挑战。经过将近一年的产品研发实施后，企业发现研发过

程中存在诸多问题，迫切需要引入 DevOps 平台，借助配套的敏捷开发方法，在短时间内解决当前研发过程中出现的痛点和难点问题，同时提升软件研发团队的整体研发水平。

14.2 倾听客户诉求

虽然 DevOps 体系已经十分成熟，但 DevOps 平台能否解决企业现存问题，达到客户的期望，成为平台能否在企业落地的关键。因此，在前期调研阶段需要尽力倾听客户的声音，收集客户的诉求。

1. 需求变更频繁

合作企业由于组织结构原因，业务组是需求的整理方和输出方，但其并不从事最终的生产，也不进行实际使用，因此对于需求的管控能力有限，容易受到最终用户影响，导致需求变更十分频繁。同时由于产品设计并不成熟，这也导致业务组输出的需求不稳定不细致，常常发生需求变更，造成了较大工作量的研发返工。合作企业希望引入敏捷开发方法，使得研发团队在拥抱变化的同时能够更好地适应需求的不稳定性和变化性，通过迭代增量交付，聚焦核心价值和能力的快速输出，提供给最终用户试用体验，通过逐步的反馈确认进行持续优化改进，使得最终交付的产品贴近用户实际的使用诉求，减少项目后期大批量的返工浪费。

2. 研发质量有待提升

企业当时使用瀑布模式进行研发，但经过设计和开发阶段后，其在测试阶段发现了大量缺陷，远远超出预期，导致项目进度延迟。

合作企业希望通过引入 DevOps 平台和敏捷方法，对研发质量进行更加细致、科学的管理。通过每个迭代结束后的演示评审，需求方与最终用户都能看到软件是如何工作的，是否符合产品负责人提出的验收标准，以实际的操作替代冗长的汇报，督促研发团队交付的是真实且可工作的软件产品增量。

3. 现有研发管理工具统一管理

企业当时已经进行了近一年的产品研发，其间引入了第三方研发管理工具，诸如 Jira、自动化测试、持续集成工具等。但这些工具并没有进行统一管理，过程数据难以共享。

合作企业希望通过引入 DevOps 平台，替代或整合现有工具，打造研发运维一体化平台，实现信息透明、数据共享。

4. 积累更多的研发过程数据

企业当时已有的研发管理工具虽能积累一定的过程数据，但不成体系，很难通过数据整体展示当前研发过程情况。

合作企业希望通过引入 DevOps 平台，将数据统一沉淀、收集、分析、展示，通过客观数据反映现有研发过程情况，以便后续有针对性地进行研发过程改进。

14.3　研发现状分析

在了解了客户诉求后，有针对性地向项目组及一线员工了解更加细致的现场情况。通过对企业研发现状进行分析，初步梳理出企业的研发现状，分析研发问题产生的原因，以及后续进行 DevOps 落地时可能面临的风险。

1. 现有组织结构

首先对企业现有涉及产品研发的组织结构进行梳理，具体如下：

- 电厂用户：企业所打造的行业软件，最终用户为电厂。但需求并不是该用户直接输出的。
- 业务部门：主要负责梳理电厂用户的需求，同时进行产品设计，输出产品文档和需求文档。
- 研发项目管理组：主要负责研发部门的项目管理，确保产品研发的进度和质量。

- 模块开发团队：当前开发团队主要以模块进行划分，每个团队负责多个模块的开发任务。
- 测试团队：当前测试团队是独立团队，承担业务测试及接口测试任务。
- 架构团队及组件团队：当前企业拥有架构团队负责整体架构的设计，同时还有组件团队以便对各模块通用组件进行统一设计和开发。
- 工程技术团队：企业因为已经有一些研发管理工具，因此组建了相应的工程技术团队，进行日常工程构建和维护。

2. 现有研发工具

在进行现有研发管理工具调研过程中，发现企业在研发管理工具上做了较大的投入，先后引入、自建了多个先进的管理工具。例如，在需求管理和缺陷管理方面引入了 Jira 平台，在自动部署方面自建了基于开源工具的 CI/CD 平台。

但从项目管理组的调研反馈中得知，即便引入了这些先进的工具，研发团队的整体研发质量和研发效率也并没有呈现与之对应的提升，过往问题依旧存在，改善效果也十分有限。因此项目管理团队觉得很可能是因为工具引入得还不够，还不完整，仍希望引入更多的管理工具。

在了解到了企业反馈的信息后，我们不难看出企业对工具的作用出现了一定的误解。首先，误解了研发管理工具、研发效果、研发过程方法三者间的关系，其实应该先有方法、再有工具、最后才有效果。最后，当前瀑布式研发模式与当前工具的作用并不匹配，很难发挥工具应有的效果。

3. 现有研发过程方法

企业当时应用的研发过程是典型的瀑布模式，花了很长的时间进行需求分析并制作了高保真设计，又花了很长时间进行开发，但到了开发阶段或测试阶段发现需求已经变更，因此高保真设计需要重做。同时开发过程中产生的缺陷较多，没有及时修复就传递给测试人员甚至最终用户，让最终用户产生了产品质量很差的印象，需要大量的返工修复，这最终导致了项目进度一再延迟。对出现这个现象的原因，我们做了深入的分析，总体归因于企业现有客观环境并不适合应用瀑布模式进行开发，即错配了研发模式。首先，产品设计及需求并不成熟和稳定；其次，开发环节缺少高质量的需求输入；最后，开发人员绝大部分是外包人员，由于人员能力参差不齐，开发过程中人员频繁变更，知识无法有效传递，必然无法确保高质量开发和交付。在此情况下，更适合应用敏捷研发方法进行核心价值和能力的快速探索和实验。

4. 现有研发指标

研发指标是反映研发管理体系的一面镜子，我们发现当前企业只关注了较少的研发指标，如代码及模块的完成时间，以及严重缺陷的解决速度。

从这些指标来看，其尚不足以支撑企业希望打造具有国际竞争力产品的愿景。因此，企业还需要进一步提升研发管理能力，建立起能够反映企业研发现状的指标体系。

5. 面临的挑战

经过对企业现状的分析后，我们得出虽然应用 DevOps 平台可以给企业的研发管理水平带来较大提升，能解决大部分企业关心的问题，但有几个问题也将成为平台落地时可能面临的挑战，需要在实施过程中特别注意。

研发人员主要由外包人员构成：由于研发团队中的开发人员和测试人员，绝大部分都是由外包人员组成，且现有管理效果并不理想，外包人员工作积极性、责任心、研发质量均有待提高。当前项目组对外包人员的管理方法有限，尚无强有力的管理方法，因此外包人员是否能适应敏捷方法，还需要看实际效果。

- 产品历史包袱过重：由于产品研发已进行了近一年的时间，大量的研发成果处于开发完成阶段，并在当前测试阶段发现了大量的缺陷问题，急需修复。而修复高优先级的缺陷不可避免地会打扰试点团队在迭代中高价值需求的研发交付，给敏捷方法落地造成干扰风险。
- 需求部门墙：由于研发部门前期无法接触到最终用户，现有需求只能通过同级别的业务部门获得，形成了天然的“部门墙”，增加了沟通难度。因此如何对需求进行管控也是本次敏捷落地时需要解决的重要问题。

14.4 制订实施计划

在了解了企业现状，并针对问题进行了充分的内部讨论后，为确保敏捷方法能够顺利实施，制订了较为详细的实施计划，包括制定迭代目标以及组建试点团队。

1. 制定迭代目标

我们依据以往敏捷开发实施的过程，为企业规划了两个迭代周期的试点带教，希望通过两个迭代的时间，帮助企业试点团队熟练使用敏捷开发方法，并遵守相应的原则和基础规范。同时也关注了管理层对团队实施效果的期待，制定了相应的迭代目标：

- 第一个迭代，试点团队熟悉敏捷开发方法，能够正常开展迭代中的各项敏捷活动，学会撰写用户故事，分析缺陷出现的原因，发现和改进团队现有问题。初步实现敏捷开发基础原则和规范的落地遵守。
- 第二个迭代，试点团队能够独立开展迭代中的各项敏捷活动，能够自主发现和解决团队问题，具有冲刺精神，能够独立进行迭代总结。基本自主实现敏捷开发基础原则和规范的落地遵守，具备一定的敏捷价值观。

2. 组建敏捷试点团队

迭代时长及迭代目标制定后，就需要组建敏捷试点团队。我们本次准备组建两个敏捷试点团队，而且向企业提出了相应的组建标准，具体要求如下：

- 团队规模适中：团队人数应为3～10人的小型团队，且每个团队需要包含跨职能的团队角色，例如需求、开发、测试人员，使团队成为端到端交付的特性团队。
- 成员素质适中：因为敏捷团队是通过各环节人员协作完成研发任务，因此更加提倡由具备团队合作精神的普通成员组成。而且试点结束后，还要进行全员推广，如果试点团队成员过于优秀，虽然保证了试点团队的效果，但后期推广时将面临许多之前没有遇到过的困难。

- 减少任务打断：在以往的实施过程中发现，虽然试点团队被分配的任务并不多，但由于历史缺陷需要修改、其他项目需要支持，常常打扰相关研发人员的日常研发，导致迭代中的用户故事无法完成，迭代效果不佳。

因此，选取试点团队时，尽量选择历史包袱不多的团队。因为历史包袱较重的产品或团队，核心焦点在于先解决历史遗留问题和突发干扰。

14.5　推动敏捷落地

设定每个迭代的长度为两周，希望团队在两个迭代内熟悉敏捷开发方法，了解敏捷理念，取得一定成果。当然，两个迭代之间的时间并不算很长，时间转瞬即逝，如果想让敏捷开发方法在企业落地，则必须充分规划好迭代前、中、后期开展的各项工作，做好迭代规划，以确保敏捷迭代和项目里程碑能够对齐，采用检视和适应确保迭代目标和项目目标进度一致，让团队及管理者充分感受到两个迭代内敏捷开发方法给企业带来的改变。

1. 迭代前期准备

1）开展为期两天的敏捷开发培训

我们为试点团队及希望了解敏捷方法的人员准备了为期两天的敏捷开发培训。虽然时间不长，但很有针对性，起到了提纲挈领，答疑解惑的目的。

第一天的培训内容主要是介绍敏捷方法的起源、理论内容、最佳实践。对于以前接触或应用过敏捷方法的人员，其有一定的敏捷方法知识基础，但很可能对敏捷知识了解得并不全面或存在一些误解和误用，通过本次培训可以向其传递正确、完整的敏捷方法理念。对于没有接触过敏捷方法的人员，本次培训则可以起到普及敏捷知识的作用，使其在进行后续迭代研发时能更快地进入状态。

第二天的培训内容为“敏捷开发实践工作坊”，即通过完成一个虚拟产品项目，加深对第一天课程中敏捷理论和方法的理解。培训人员 6 人分为一组，从无到有设计一个产品，并在最后将其通过可演示的原型的方式展示给大家。

每个小组都可以在这个过程中应用敏捷相关方法，进行评估需求优先级、任务分配和认领、产品评审等工作，体会如何应用敏捷方法完成各项任务。

经过两天的培训，达到了既定的培训目标，试点团队成员熟悉了敏捷理念，了解了 Scrum 各项工件和活动，为后续顺利开展迭代研发打下了良好的基础。

2）PO 准备好用户故事

迭代前还有一项重要的准备工作，即准备好迭代需要完成的用户故事。这个工作正由 PO 负责，敏捷培训第一个重要的辅导对象就是 PO，辅导内容就是指导 PO 写好迭代所需的用户故事。

本次两个试点团队的 PO 之前均没有接触过敏捷方法，因此需要进行用户故事撰写方式及内容进行相关指导。对于“如何写好一个用户故事”，以及“什么是一个好的用户故事”，这两个内容涉及很广，且已经有许多专门的文章对此进行过介绍，因此在此不再赘述，此处只介绍两个 PO 特别关注的内容。

首先，PO 一定要重视验收标准的作用和意义。在给 PO 进行用户故事培训时提到过每个故事都要配对应的“验收标准”，但 PO 常常会提出一系列相关的实际问题，例如，一个故事只写一个验收标准是否可以？一个故事要写多少“验收标准”？“验收标准”是否需要评审？“验收标准”是否需要用户写？类似的问题可能还会有很多，但我们如果深入了解了“验收标准”的作用和意义，这些问题就会迎刃而解。简单来说，“验收标准”源于“验收测试驱动开发”（ATDD），因此“写多少”“如何写”都是依据 PO 或用户希望应用何种既定标准来推动和验证后续开发而制定的。

其次，PO 在撰写用户故事时，常常询问用户故事要写多细，害怕书写过细可能浪费时间，而写得太粗有可能漏掉关键内容，以致形成产品缺陷。其实回答这个问题，需要深入理解用户故事中“故事”这两个字，并且注意“故事”不只是由 PO 一人讲述，还要反映相关人员的意见。具体来说，用户故事中的内容即可包括反映关键业务流程的流程图，也可以包括业务人员对业务的一些描述，或者是相关人员讨论时白板上的照片均可，可见只要是有价值的“故事”就可以写入用户故事中。同时基于“故事”形式的定义，其故事的撰写者虽然是 PO，但 PO 更应是故事信息的收集者，以便对“故事”的讨论内容进行记录和共享。

3）准备好 DevOps 工程环境

敏捷开发方法在早期实践时主要依靠白板和卡片作为承载工具进行实施落

地。如今随着各种在线敏捷工具的出现，以及 DevOps 工具链的成熟，我们可以使用这些在线工具方便地支持敏捷开发过程。本次我们使用亚信科技提供的 AISWare AiDO DevOps 平台进行敏捷实施，因此在迭代启动前准备好 DevOps 工程环境是十分重要的。除了基础的环境搭建和配置，我们此次把重点放在了两点上，即 DevOps 平台中的需求管理工具和测试管理工具。由于当前企业前期引进了 Jira 平台及持续集成工具，因此让企业立即将已有内容转移到 DevOps 平台上难度较大，因此需要关注在敏捷实施中如何处理相应工具转换的问题。

2. 迭代初期观察

1）团队每日立会内容

敏捷提倡沟通、重视人的作用，但如何发现团队的敏捷精神和沟通效率，每日立会便是一个很好的检视机会。虽然每日立会只有 15 分钟左右，一个 8 人的团队每人大概有 2 分钟的时间进行介绍，但每个成员都要把其最关注的内容在会上和其他团队成员进行分享，因此只要关注团队成员会上关注什么，就知道团队敏捷程度如何。例如，试点团队成员由于没有接触过敏捷开发，因此在会上常常以汇报“我做了什么、要做什么”为主。敏捷教练则需要不断引导成员从只关注自己的工作，转向关注“我”的工作会影响到哪些人，“我”的工作需要哪些人支持，“我”的工作成果是什么。

2）团队日常沟通讨论的内容

作为敏捷教练要关注日常团队成员间的沟通内容，从中可以发现团队成员当前的合作模式，是否存在瓶颈等信息。例如，试点团队初期常常发生开发人员与 PO 不断对某个业务实现反复澄清、相互指责，这时就要在 PO 需求澄清方面进行相应改进，协助 PO 提供内容更详细准确的用户故事，在迭代启动会中尽量与开发人员讨论清楚用户故事的需求细节。

3）团队可能的风险及改进项

在迭代的初期，团队一般都会存在各种各样的需要纠正的行为和习惯，而敏捷教练就要仔细观察这些行为和习惯是否违背了敏捷开发原则，是否可能对敏捷开发实施带来风险。例如，试点团队提出同时进行多个故事的研发，以此快速推进开发速度，等到迭代结束前集中测试。这种方式明显违背了敏捷原则，更像是一种小型的瀑布模式开发，因此敏捷教练应该及时阻止这种情况的发生，而改为集中可能的力量首先完成高价值高优先级故事中的任务，并按照优先级从高到低逐个完成用户故事。

3. 迭代中期应变

1）是否关注用户故事完成进度

试点团队初期由于以往的研发习惯，更加关注个人任务完成情况。而随着敏捷开发实践过程的进展，敏捷教练要逐步引导成员关注用户故事的完成状态，不断在每日立会时提醒试点团队关注用户故事的完成进度，关注燃尽图中用户故事的燃尽速度，关注迭代目标。

2）是否愿意接受改进

经过试点团队与敏捷教练初期的熟悉和磨合，敏捷教练可以在迭代回顾时提出观察到的问题，由团队思考相应的改进方案和方法，敏捷教练帮团队进行把关，诸如适当增加自测，更加详细地澄清用户故事内容，增加测试与开发测试前的沟通等。

团队是否愿意接受敏捷教练的改进建议是后续能否使团队研发水平得到提升的关键，本次试点团队还是十分愿意接受改进建议，并且进行了良好的执行，所以在迭代后期也产生了良好的改进效果。

3）是否能够冲刺

敏捷方法虽然也十分重视计划，在迭代计划会上对用户故事进行了优先级分析、任务拆解、工作量估算，期望尽可能预防可能出现的风险。但是迭代期间的内外部环境是不断变化的，因此在迭代中当发现既有计划可能无法完成时，需要团队通过冲刺的方式尽量完成全部用户故事，从而体现敏捷精神。

在本次试点团队的研发过程中，团队在迭代中确实也经历了因为外部环境导致的故事延迟，之后通过冲刺，追回了时间，顺利完成了原有计划，体现了敏捷的精神。

4. 迭代后期落地

1）团队指标是否趋于稳定

判断敏捷团队是否已经掌握了敏捷方法，需要观察团队的各项指标是否趋于稳定。本次试点团队在两个迭代结束后，观察了每个迭代的需求故事数量、故事点、缺陷数量、评审时发现的缺陷数量，发现团队指标已经趋于稳定，说明团队已经掌握了既有的敏捷方法，后续可以在此基础上通过不断优化和改进现有流程和方法，继续提升研发效率。

2）团队行为是否符合敏捷精神

敏捷团队能否始终保持当前研发效能，重要的是团队成员的行为是否始终符合敏捷精神。例如，试点团队的后期已经形成了以下符合敏捷精神的行为：迭代启动会中敢于承诺完成任务，研发中专注于用户故事的完成，对于完不成的故事勇于冲刺完成等。因此说团队已经具备了敏捷的精神，只要继续坚持，就能获得更加持久的研发效能。

3）团队迭代成果是否经得起考验

敏捷团队的敏捷精神固然重要，但迭代是否成功，最终还要体现在迭代的交付物上，如果迭代交付产品满足验收标准，具有良好的质量交付生产，达到了预定的迭代目标，说明迭代是成功的。

本次试点团队在迭代评审会上向业务人员演示交付的软件功能，由于前期准备充足，迭代评审会上的交付物得到了用户的好评，体现了敏捷的价值。

14.6　整体回顾与总结

经过了将近 2 个月的敏捷开发实施落地过程，敏捷开发方法顺利落地企业，2 个试点团队的成绩得到了企业的认可，并且将该过程和方法推广到了其他团队，可以说取得了一定的成果，但在其背后也发现了一些隐忧，在此进行整体的回顾和总结。

14.6.1　敏捷方法带动DevOps落地

从合作企业过往的经验可以看出，只重视引进过程工具而缺少与之相配的过程方法，不仅不能发挥工具应有的作用，反而使企业产生了工具还不够的错觉。

同样，DevOps 平台需要配备敏捷方法作为必要的过程方法，通过同时导入敏捷方法和 DevOps 平台工具，才能确保 DevOps 平台的顺利落地。

14.6.2 敏捷改进逐步提升

敏捷开发方法中的 Scrum 框架，由于其只提供了基础的框架，而企业可以通过增加针对性的研发管理过程和方法对现有问题进行逐步改进。比如，通过两个迭代，分别为企业提供了诸多改进建议，从而提升了外包人员管控效果，预防了缺陷的产生，增加了需求的清晰度。还制定了一系列规范和标准，区分了需求变更与缺陷的定义，制定了迭代相关指标，收集了指标对应的数据。从而通过一个个改进，不断提升企业的整体研发水平。

但我们也应注意到，改进不是一蹴而就的，需要后续团队不断坚持应用敏捷开发方法，发现问题，解决问题，持之以恒，不断优化。

14.6.3 敏捷教练的持久性问题

虽然本次试点团队的成绩得到了企业的认可，但是在后续进行其他团队推广时，由于商务的原因企业自行处理，造成了后续团队无法正确贯彻执行敏捷开发方法的隐患。

经过几个月后，我们又对企业进行了回访，发现虽然企业团队已经全部应用了敏捷方式进行研发，但效果并不理想，达不到当初两个试点团队的研发效果。经过深入了解后发现，当初两个试点团队成员已经被打散到各个项目团队中，而不是继续保留。同时各敏捷团队只是按敏捷要求召开了敏捷会议，达到了“形似”，但却出现了许多违反敏捷原则的行为，比如因为完不成迭代而将迭代随意延期，也就是说尚未真正深入理解敏捷的意义，没有达到“神似”。

因此我们认为，敏捷教练前期以带教为主，以培养团队为目标，而后期应该以监督敏捷方法执行为目标，让敏捷方法产生的成果持续下去，这样才能为企业带来更加持久的收益。

第15章 某IT科技公司DevOps落地实践

15.1 项目背景

为加强源代码的安全管控，对源代码实现统一管理，围绕开源代码仓库Git的基础能力，依托DevOps平台的能力，某IT公司在企业内部打造了统一安全的代码管控平台。通过技术栈的统一、研发流程和规范的梳理，制定了规范化的软件全生命周期管理的公司级的研发流程。整体架构如下图所示。

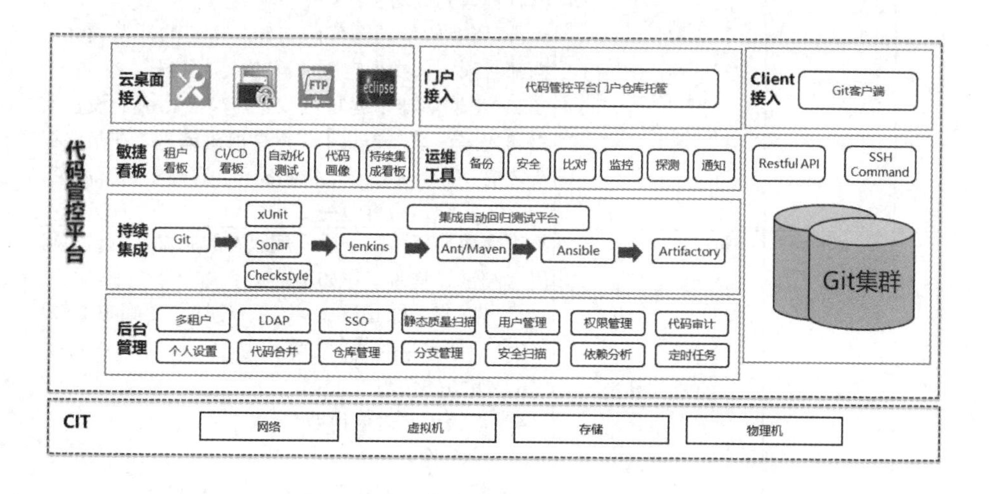

15.2 代码统一管理

为了加强源代码的安全管控，下文定义了源代码统一管理的整个生命周期，明确源代码管理流程。

1. 管理原则

管理原则如下。

- 遵循“利益冲突防火墙”要求，不同客户建立独立的源代码管理平台。
- 统一界定源代码管理的范围，明确事业部、公司级产品源代码管理范围。
- 所有源代码、开发设计文档必须加入源代码管理平台，围绕平台建立源代码生命周期过程，包括入库、出库等流程。
- 各开发部门使用公司统一要求的源代码管理平台，根据代码规模、使用场景等对源代码分类分级，形成源代码清单。

2. 角色与职责

相关角色与职责如下表所示：

序号	角色	归属部门	具体职责
1	开发人员	技术部	对工作库进行操作更新，保证工作库的安全风险防范。具体完成的工作： （1）所有软件的源代码文件及相应的开发设计文档都必须加入到指定服务器的指定库中 （2）在软件开始编写修改之前，其相应的设计文档和代码，必须先从工作库中取出编辑。在最终提交之前，需要进行一次更新操作，看是不是有冲突，如有，则解决后再做提交
2	测试人员	质量管理部	组织完成的任务是，版本库版本的完整性测试、可用性测试。具体工作如下： （1）做好测试的组织、管理、设计、实施等工作 （2）制订完整的测试方案 （3）审核软件需求 （4）审核设计规格说明 （5）功能验证 （6）找出软件中潜在的各种错误和缺陷 （7）完成集成测试、确认测试、系统测试
3	运维人员	服务部	分配部署用于源代码管理的服务器，配置源代码开发的网络环境，配合源代码管理人员完成服务器目录权限配置。主要完成的工作： （1）根据源代码安全管理规范的要求配置服务器 （2）配置安全的网络环境访问权限 （3）配合源代码管理人员完成服务器目录权限的配置

续表

序号	角色	归属部门	具体职责
4	源代码管理人员	技术部	组织完成的任务是，完成系统建设、权限分派、建立目录结构与目录安全策略、部署服务器与建立服务器安全策略、完成备份策略。具体完成的工作： （1）部署源代码管理服务器，完成服务器安全控制设置，并安装源代码管理软件 （2）建立账号，维护账号，为账号指派目录权限 （3）开发人员，工程技术人员，只允许查看修改自有工作目录（允许签入签出） （4）工程技术主管只允许查看，不允许有修改（不允许签入签出）权限 （5）测试部门只对发布前的版本有获取的权利，没有修改签入的权利。除测试文档外的目录外不予授权 （6）联调整合代码：只授予经部门主管委托的有权限操作的人员 （7）定期做好备份
5	配置管理人员	技术部	完成版本配置工作，进行软件发布，给出发布日期，以便开发、测试、项目、客户等相关人员参考。 配置人员确定准备发布的版本号。 软件版本由四部分组成： 第一部分：需求书版本 第二部分：对应需求书的软件版本号 第三部分：对应需求书功能做微小调整后的版本号 第四部分：软件修改编译后形成顺序版本号
6	服务部与管理人员	技术部、质量管理部、服务部	监督管理对工程技术人员的文档控制，版本安全风险控制。主要完成的工作： （1）项目实施管理 （2）监督项目进行过程中文档及软件的安全风险 （3）评估项目实施过程中的其他风险

续表

序号	角色	归属部门	具体职责
7	信息安全管理小组		组织完成的任务是，建立管理组织结构、制定管理规范，制定评审标准，执行管理监督。具体完成的工作： （1）协调制定源代码管理组织 （2）协调制定源代码分级管理规范 （3）制定源代码安全评审标准 （4）执行源代码安全规范的组织实施和监督，每季度进行一次权限控制检查及全面信息安全评估，对发现的问题要求整改，在下次检查前还没有完成整改的，进行相关的处理整顿 （5）源代码向研发部门以外复制的授权审批

3. 源代码统一管理制度

为保障公司源代码和开发文档安全不至于泄露，为有效控制管理源代码的完整性，确保其不被非授权获取、复制、传播和更改，明确源代码控制管理流程，特制定此管理制度（以下简称制度）。

（1）本办法所指源代码包括开发人员自行编写实现功能的程序代码，相应的开发设计文档及相关资料，属于明确注明的商业秘密，须纳入源代码管理体系。

（2）本制度适用于所有涉及接触源代码的各岗位，所涉及人员都必须严格执行本管理办法。

（3）源代码直接控制管理部门所涉及的所有技术开发部。

（4）所有人员入职均需签订保密协议，明确保密义务，了解包含此制度在内的各项保密规定并严格执行。

（5）本办法所指源代码不仅限于公司开发人员自行编写实现功能的程序代码，还包括相应的开发设计文档及用于支撑整个系统运行所必须具备的第三方软件、控件和其他支撑库等文件。

（6）重点保护的关键模块包括：敏感信息的模块，如加解密算法等。基本逻辑模块，如数据库操作基本类库。对关键模块，采取程序集强命名、混淆、加密、权限控制等各种有效方法进行保护。

4. 源代码出库管理

申请人准备代码出库申请资料，提交代码出库申请。代码出库接口人对出库申请进行受理，确定后续处理流程。

出库申请流程如下：

（1）申请人填写《源代码出库申请单》，其中明确申请代码出库的产品名称及版本，应用此代码的项目 / 产品名称及版本，代码密级、是否为脚本类源码、出库位置、网络是否连通、是否交付客户、申请代码出库的原因及用途、出库的模块 / 功能及目录等。

（2）如果所申请出库源代码需要交付客户或第三方，需提交《交付物交付协议》。

（3）申请人应确保接收代码的电脑已安装非法出库监测软件，并提交证明。

（4）出库分级受理，代码出库接口人对《源代码出库申请单》进行受理，根据产品代码密级对应关系进行代码密级确认，对出库位置、《交付物交付协议》、物理监控设备安装证明、出库模式、申请说明等进行审核，确定申请单后续处理流程，并登记到《源代码出库跟踪表》。

（5）完成出库审批后，系统自动发起代码出库、压缩加密，发送到申请人邮箱。

15.3　代码归档备份

为加强源代码归档及备份的安全管控，本文档定义源代码归档及备份管理的整个生命周期，为保障源代码安全不至于泄露，保证源代码的完整，明确源代码控制管理流程。

1. 管理原则

遵循“利益冲突防火墙”要求：

- 保障源代码的安全存储，不同的源代码级别使用不同的存储介质方案，如盘库等。

- 建立数据备份策略及检查机制，并定期进行恢复测试。
- 建立源代码归档管理。
- 不同的客户建立物理隔离备份。
- 不同客户源代码存储区域隔离。

2. 角色与职责

相关角色与职责如下表所示：

序号	角色	归属部门	具体职责
1	开发人员	技术部	对工作库进行操作更新，保证工作库的安全风险防范。具体完成的工作： （1）所有软件的源代码文件及相应的开发设计文档都必须加入到指定服务器的指定库中 （2）在软件开始编写修改之前，其相应的设计文档和代码，必须先从工作库中取出编辑。在最终提交之前，需要进行一次更新操作，看是不是有冲突，如有，则解决后再做提交
2	测试人员	质量管理部	组织完成的任务是，版本库版本的完整性测试、可用性测试。具体工作如下： （1）做好测试的组织、管理、设计、实施等工作 （2）制订完整的测试方案 （3）审核软件需求 （4）审核设计规格说明 （5）功能验证 （6）找出软件中潜在的各种错误和缺陷 （7）完成集成测试、确认测试、系统测试
3	运维人员	服务部	分配部署用于源代码管理的服务器，配置源代码开发的网络环境，配合源代码管理人员完成服务器目录权限配置。主要完成的工作： （1）根据源代码安全管理规范的要求配置服务器 （2）配置安全的网络环境访问权限 （3）配合源代码管理人员完成服务器目录权限的配置
4	交付服务人员	服务部	负责源代码交付工作

续表

序号	角色	归属部门	具体职责
5	源代码管理人员	技术部	组织完成的任务是，完成系统建设、权限分派、建立目录结构与目录安全策略、部署服务器与建立服务器安全策略、完成备份策略。 具体完成的工作： （1）部署源代码管理服务器，完成服务器安全控制设置，并安装源代码管理软件 （2）建立账号，维护账号，为账号指派目录权限 （3）开发人员，工程技术人员，只允许查看修改自有工作目录（允许签入签出） （4）工程技术主管只允许查看，不允许有修改（不允许签入签出）权限 （5）测试部门只对发布前的版本有获取的权利，没有修改签入的权利。除测试文档外的目录不予授权 （6）联调整合代码：只授予经部门主管委托的有权限操作的人员 （7）定期做好备份
6	配置管理人员	技术部	完成版本配置工作，进行软件发布，给出发布日期，以便开发、测试、项目、客户等相关人员参考。 配置人员确定准备发布的版本号。 软件版本由四部分组成： 第一部分：需求书版本 第二部分：对应需求书的软件版本号 第三部分：对应需求书功能做微小调整后的版本号 第四部分：软件修改编译后形成顺序版本号
7	服务部与管理人员	技术部、质量管理部、服务部	监督管理对工程技术人员的文档控制，版本安全风险控制。主要完成的工作： （1）项目实施管理 （2）监督项目进行过程中文档及软件的安全风险 （3）评估项目实施过程中的其他风险

续表

序号	角色	归属部门	具体职责
8	信息安全管理小组		组织完成的任务是，建立管理组织结构、制定管理规范，制定评审标准，执行管理监督。 具体完成的工作： （1）协调制定源代码管理组织 （2）协调制定源代码分级管理规范 （3）制定源代码安全评审标准 （4）执行源代码安全规范的组织实施和监督，每季度进行一次权限控制检查及全面信息安全评估，对发现的问题要求整改，在下次检查前还没有完成整改的，进行相关的处理整顿 （5）源代码向研发部门以外复制的授权审批

3. 代码归档备份管理制度

软件的源代码文件及相应的开发涉及文档应及时加入指定的源代码服务器的指定库中。

代码仓库通过热备和冷备方式进行备份。热备方式支持准实时备份，备份仓库可以实际投入使用。冷备通过文件方式进行备份。

定期巡检源代码管理平台账号，清理无效或不再使用的账号，整理账号权限。

项目上线阶段检查源代码管理平台各项目的使用情况，检查内容包括但不限于硬盘空间检查、目录规范性检查、归档检查。

定期巡检源代码管理平台服务器使用状况，巡检内容包括但不限于服务器性能检查、定期备份检查、服务器安全性检查。

每季度出具源代码平台季度运行报告。

定期进行源代码管理平台漏洞检测及各类补丁版本维护。

4. 代码归档备份流程

（1）服务器部署流程，如下图所示。

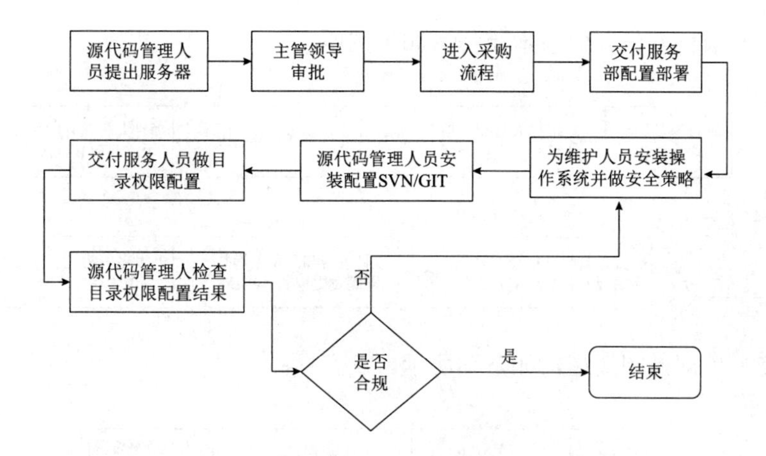

（2）源代码测试流程（组件测试），如下图所示。

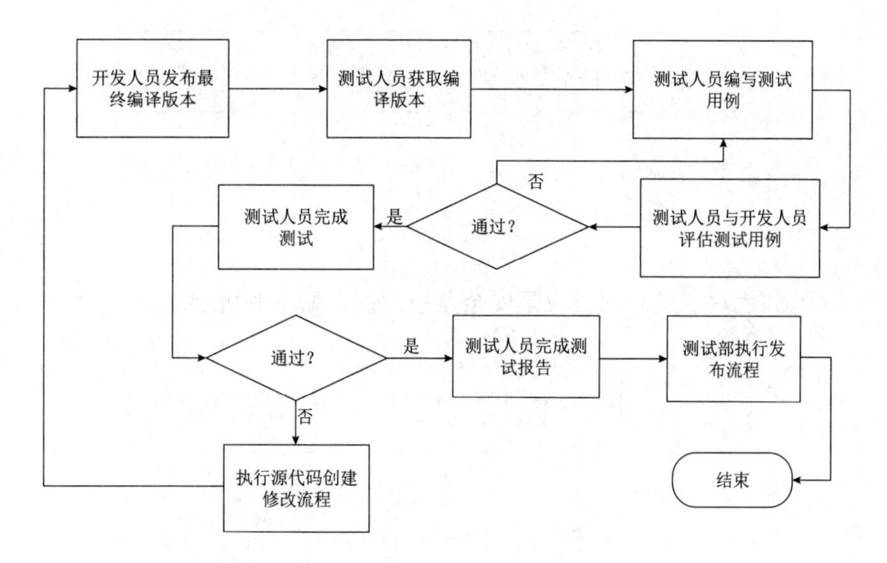

（3）软件发布流程，如下图所示。

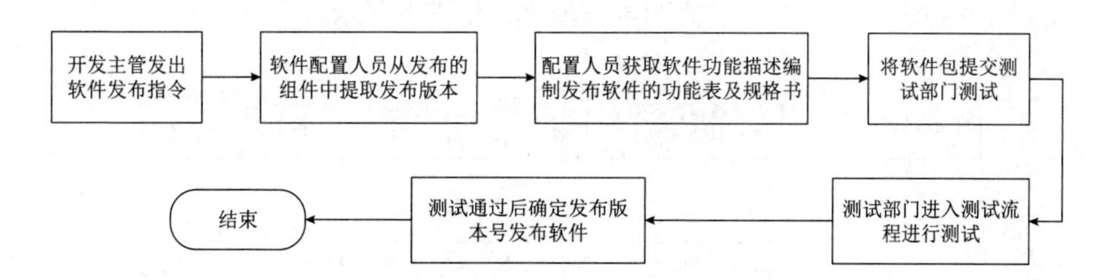

（4）项目人员获取版本流程，如下图所示。

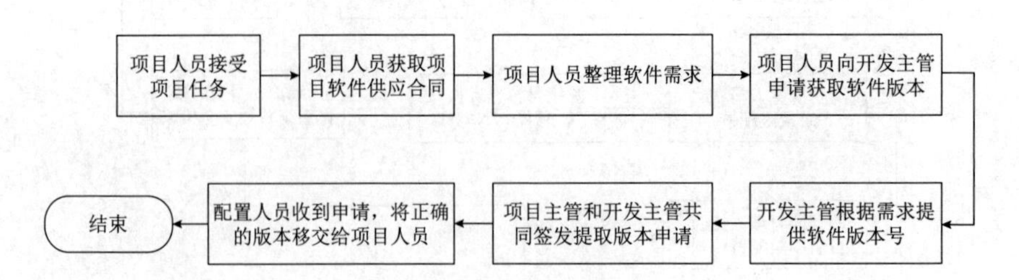

（5）外部借阅流程，如下图所示。

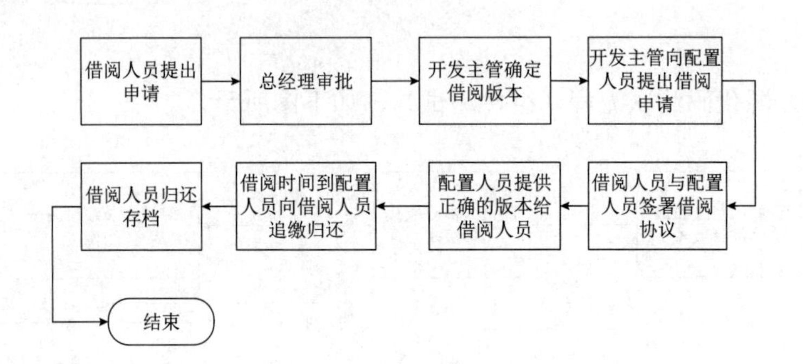

（6）源代码目录和项目权限安全监控流程，如下图所示。

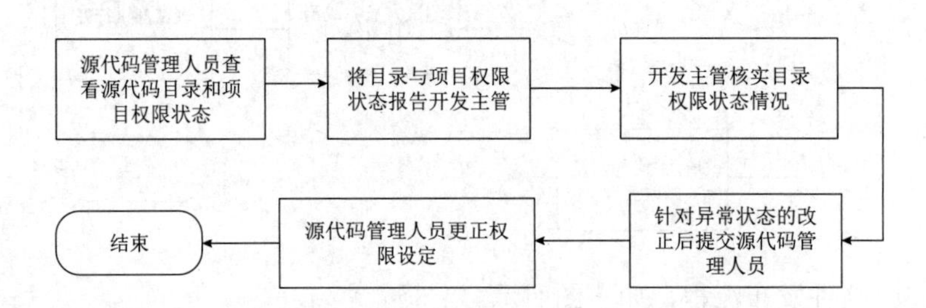

（7）与源代码相关人员离职审查流程，如下图所示。

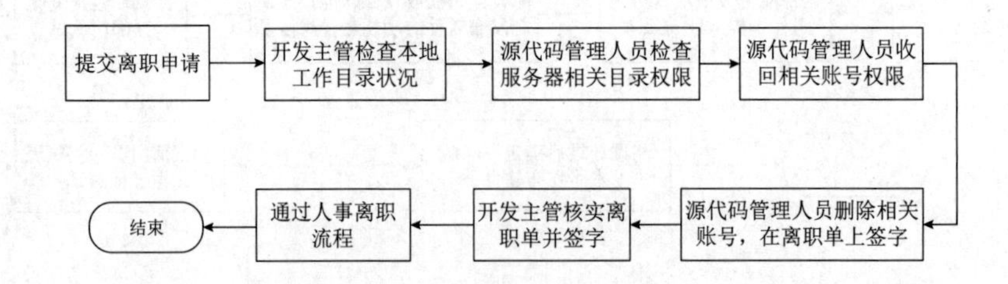

（8）源代码目录工作状态安全监控流程，如下图所示。

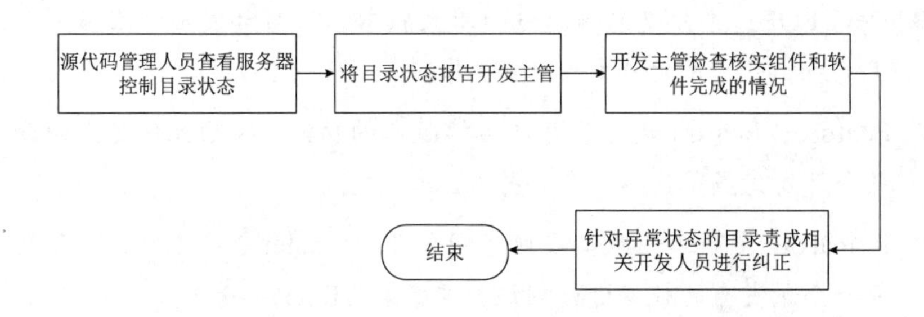

15.4　版本及发布管理

Master 主分支，作为稳定版本分支，任何现场发包，从 Master 分支 CI 提供。研发项目拉取 Dev 分支。各个开发人员通过拉 Feature（功能）分支进行开发，测试完成后，合并 Dev 分支。从 Dev 分支拉 Release 分支进行测试，测试通过后，Release 分支合并到 Dev 以及 Master 分支。操作规范如下图所示。

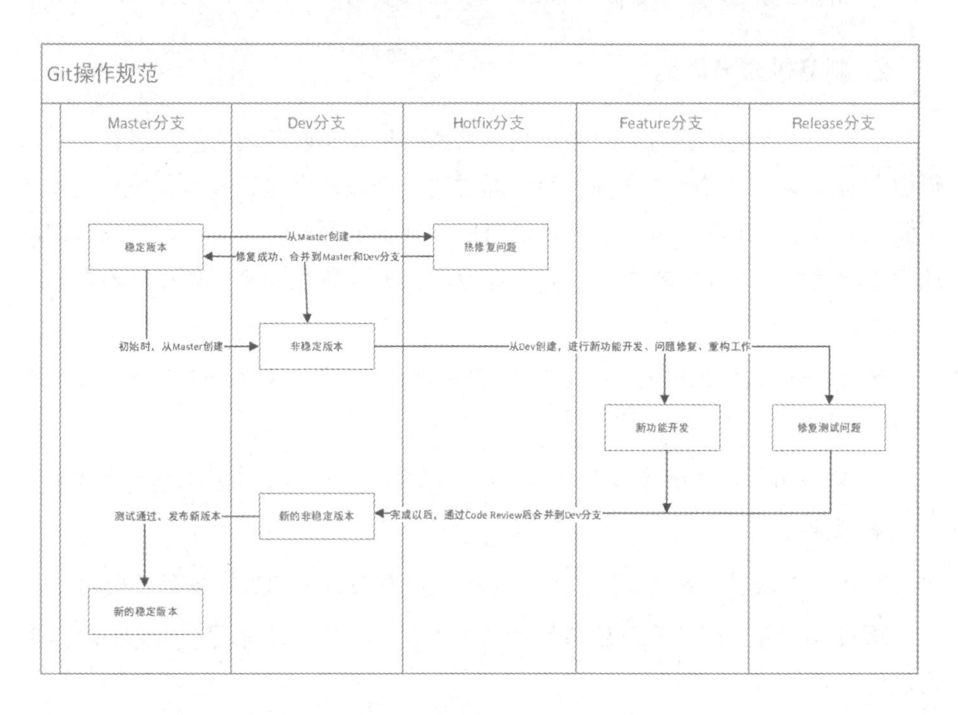

- Master：整个项目主分支，有且仅有一个，除项目负责人以外的开发人

员不能向Master分支合并内容。

- DevELOP：主分支只用来分布重大版本，日常开发应该在另一条分支上完成。开发用的分支为Dev分支。
- Feature：Feature是为了开发后续版本的功能，从Dev分支上面分出来的。开发完成稳定后，要再并入Dev分支。
- Release：发布正式版本之前（即合并到Master分支之前），可能需要有一个预发布的版本进行测试，该版本为Release分支。
- Hotfix：Hotfix分支是从Master分支上面分出来的。Fix结束以后，再合并进Master和Dev分支。最后，删除Hotfix分支。

1. 版本命名规范

采用三段式，v 版本 . 里程碑 . 序号，如 v1.2.1。大版本发布或者架构重大升级调整，修改第 1 位。新功能上线或者模块大的调整，修改第 2 位。Bug 修复上线，修改第 3 位。Feature 分支命名规则：feature-[功能名称]。Hotfix 分支命名规则：hotfix-[问题名称 | Bug 编号]。Release 分支命名规则：release-V1.1.1。

2. 制品包命名规范

配置管理人员根据对外发布计划，将所有待发布的版本配置项进行整理，形成发布版本。发布版本来源于验证通过的一个或多个测试版本。发布版本除了测试环境中产生的配置项之外，还有版本涉及的原始需求、研发需求、缺陷或者故障清单及产品文档等。所有发布范围内的配置项均需记载在版本发布说明书中。

- 软件包包括代码包、后台进程 Shell 脚本、模板文件、图片等特殊的配置项。
- 数据包包括标准库的数据文件、测试类数据脚本、生产类数据脚本。
- 文档。

发布版本包括正式发布版本和补丁版本，发布版本的版本号命名规则为：

项目 / 产品简称 - 子产品名称简称 - 项目 / 产品大版本号 - 版本标识 - 时间戳

其中时间戳为 yyyymmdd，版本标识为 Release、Patch。如两个 Release 版

本中间有多个 patch 版本，按 patch01、patch02、patch03……进行依次记录。Release 代表里程碑节点交付，版本命名为 xxx-xxx-xxx-release-yyyymmdd，如 gzcmc-crm-v3.0-release-20170116。patch 代表在里程碑和里程碑之间交付的周期性补丁版本，版本命名为 xxx-xxx-xxx-patch-yyyymmdd，如 gzcmc-crm-v3.0-patch01-20170110、gzcmc-crm-v3.0-patch02-20170110。

3. 版本计划

版本计划是例行版本开发、测试、集成以及发布的依据，与例行版本是一一对应的关系，版本集成发布部门各项目组按固定周期收集固化的用户需求，并据此制订版本计划。制订版本计划的要求如下：

- 版本计划需包含版本对应的用户需求的内容、任务优先级、研发提交测试时间、测试完成时间、版本发布时间、受影响的关联系统或模块、版本升级应急措施及注意事项等。
- 拟订版本计划各关键时间点应预留足够的时间供版本开发和测试，特别是计划中的版本提交测试时间和测试完成时间，在制定时应与版本质量管控部门测试组做好充分沟通，确定双方认可的工作计划，以保证版本质量。将每个需求作为版本计划的一个任务，并根据任务的用户感知度、重要性、紧急程度等排定任务优先级。
- 版本计划经项目负责人审批确立后，依计划组织相关部门实施，各部门根据任务的紧急程度和优先级落实工作。
- 原则上版本计划一经确立不得随意修改，确因实际情况需要时版本集成发布部门可以对版本计划进行适当调整，但计划调整同时应及时向版本质量管控部门进行反馈、沟通。

4. 版本测试

版本质量管控部门和版本集成发布部门，根据版本计划组织实施版本测试验证工作。

版本集成发布部门在开发库中开发程序，并将通过单元测试的版本和单元测试用例提交到集成库，版本管理员在版本提交测试时限前从集成库中提取程序版本并对获取的版本封版，将版本集成到公司测试环境后，通知版本质量管控部门进行版本测试验证。版本封版是指关闭版本需求入口、固化指定程序版本的活动，版本封版的要求如下：

- 版本管理员根据版本计划拟定的时间和范围，从集成库中获取版本并对该获取的版本进行封版。
- 应保证测试环境版本与封版版本的一致性。
- 版本封版后原则上版本不应再有大的变更，封版测试阶段的缺陷修改应在封版的版本基础上修改，防止出现版本计划中未列明的新需求，以确保版本的稳定性。

版本质量管控部门制定测试方案并进行版本测试，版本测试包括业务功能集成测试、性能测试，以及对相关技术文档的完整性、规范性、准确性的审核等。若测试发现版本有重大缺陷或隐患，应通知版本集成发布部门共同确认是否中断当前的版本流程，并明确下一步动作。制订测试方案的要求如下：

- 测试方案主要包括测试内容、测试方法、测试优先级等内容。
- 版本计划确立后即制订测试方案，当计划有变更时应相应变更测试方案。
- 应以任务优先级为参考依据安排测试优先级，当测试时间不足以完成所有测试任务时，对于优先级别高的任务应重点测试，对于优先级别较低的任务只做简单测试或只审核单元测试用例，并在测试方案中对此加以说明。
- 涉及 UI 设计需求的版本，应按照公司《UI 界面交付使用管 理办法》中相关标准制订界面测试方案并进行测试，保证软件版本 UI 界面的设计及易用性与客户需求一致。
- 测试方案需经过版本集成发布部门审核，重点审核方案中的测试方法、测试优先级。

对于紧急放行版本，在测试时间不充足的情况下，版本质量管控部门应优先执行版本中重点、难点及对用户影响大的相关功能模块测试任务。紧急放行版本中所涉及的功能需求变更应纳入下一个例行版本中进行整体版本回归测试。

版本质量管控部门应按版本计划拟定的测试完成时间提交版本测试报告，版本如涉及 UI 界面设计，测试报告应同时汇总 UI 界面设计审核部门意见。对于测试未通过（包括尚未完成测试）的版本，版本质量管控部门应在测试报告中说明情况，给出风险评估，并继续完成该版本测试。版本集成发布部门以测试报告为参考依据做出判断，确定版本具体发布时间。

5. 版本发布

版本发布的关键内容包括：生成版本包、申请发布版本、用户测试上线。

版本管理员在版本测试完成后汇总版本发布说明（升级指引）、程序文件（源代码或可执行文件）、数据库脚本、测试用例、用户手册等文件，将这些文件按照版本号命名规则打包生成正式版本包。其中版本发布说明（升级指引）应包含版本号、发布范围、变更内容、版本升级方案（含版本升级应急方案）、注意事项等，确保能对用户升级起到切实的指引作用。

版本发布前版本管理员需提交版本发布申请，版本发布申请需包含版本号、版本类别、发布范围、申请原因、程序和文件清单、相关注意事项等内容。具体流程如下：

（1）例行版本的发布申请经该项目负责人审核后提交部门经理审批；紧急放行版本的发布申请经该项目负责人和部门经理审核通过后，提交协助分管领导审批。公司所有版本的发布都必须经过用户同意后方可正式发布。

（2）版本集成发布部门将版本发布给用户后，及时跟踪用户对版本进行的验收测试和生产环境版本上线工作，应用户要求版本集成发布部门可以在版本上线时提供直接协助，上线前应先进行用户生产系统的版本备份，做好安全措施。

（3）用户版本上线后若发生重大问题影响生产，版本集成发布部门应该立即组织用户根据预设的版本升级应急方案进行版本回退，并执行新的版本发布流程。

（4）版本发布涉及关联系统或模块时，发布前需知会相关系统或模块的负责人。

15.5　代码安全管理

为加强源代码交付的安全管控，定义源代码交付安全管理的整个生命周期，明确源代码交付安全管理流程。

1. 管理原则

源代码交付，应建立可靠的交付机制，确保源代码的完整性，如：

- 可靠的交付人员（符合利益防火墙）。

- 交付前后源代码完整性检查机制。
- 可靠的源代码传递途径，如专用物理介质或VPN通道等。
- 源代码交付中应包括安全声明，关于漏洞、后门、测评、默认账号等。
- 项目验收检查是否符合项目中关于安全要求（如安全测评报告等）。

2. 安全管理整体架构

平台安全保障体系整体架构如下图所示。

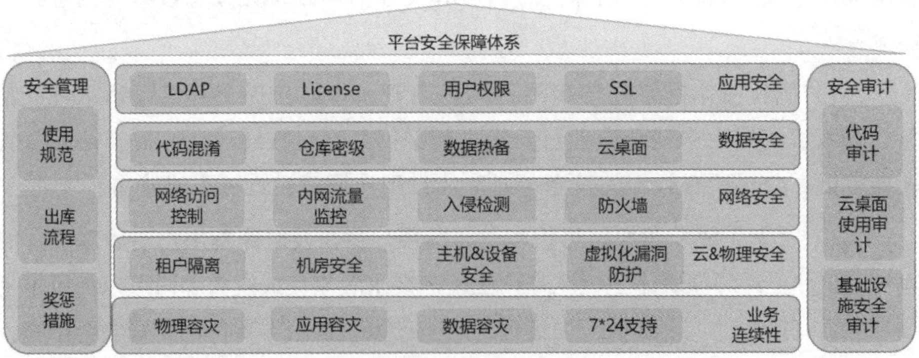

平台安全保障体系

安全管理						安全审计
使用规范	LDAP	License	用户权限	SSL	应用安全	代码审计
出库流程	代码混淆	仓库密级	数据热备	云桌面	数据安全	云桌面使用审计
奖惩措施	网络访问控制	内网流量监控	入侵检测	防火墙	网络安全	基础设施安全审计
	租户隔离	机房安全	主机&设备安全	虚拟化漏洞防护	云&物理安全	
	物理容灾	应用容灾	数据容灾	7*24支持	业务连续性	

- 安全管理及审计：提供安全管理原则、操作手册、考核方案及相关审计报告。
- 业务连续性：通过物理容灾、应用容灾、数据容灾以及技术支撑方式，提供企业级SLA服务。
- 云&物理安全：通过租户隔离、机房、主机设备、虚拟机安全管控等手段保障物理安全。
- 网络安全：通过网络访问控制、流量控制、入侵检测、防火墙等手段保障网络安全。
- 数据安全：通过代码混淆、仓库密级控制、数据热备、云桌面等方式保障数据安全。
- 应用安全：通过LDAP、License、用户权限等方式保障应用访问安全。

第16章 混沌工程实践

16.1 混沌工程建设目标

在云原生架构体系下，随着大型分布式系统架构的演进和广泛应用，软件工程的最佳实践也随之改变。

通过分布式、微服务化、DevOps、容器化等新技术运用，达到快速响应业务的需求变化，支持大规模分布式应用的需求。但这些做法带来效益的同时，也带来了另一个紧迫问题：面对众多的技术栈，在复杂的系统架构下，我们如何保障系统能稳定运行呢？传统的监控手段只能解决故障发生后，如何快速告警，但面对复杂的系统架构，深链路的服务调用拓扑，快速的定位和解决问题变得越来越困难，同时监控告警不能预防故障问题的发生。

因此在新的技术架构体系下，需要寻找一种方法，能预防系统故障，能帮助快速地定位问题，这种需求变得越来越迫切。我们有必要在线上事故出现之前，提前识别出系统有哪些弱点、这些弱点的影响范围。我们需要一种方式来管控这些系统的固有混沌，在保证快速响应业务需求变化的同时，做到不管系统有多复杂，线上应用经得住各种“戳”。

16.2 混沌工程原则及项目落地设计

应用混沌工程可以提升整个系统的弹性。通过设计并且进行混沌实验，可以了解到系统脆弱的一面，在还没出现线上事故之前，就能主动发现这些问题，并尽可能地解决这些问题。

在开发混沌工程实验时，牢记以下原则将有助于实验设计。接下来将会深入探讨每个原则在实际项目工程中的落地。

16.2.1 建立稳定状态的假设

在系统思维社区中使用“稳定状态”这个术语，来指代系统维持在一定范围内或一定模式的属性，诸如人体维持体温在一定范围内一样。我们期望通过一个模型，基于所期望的业务指标，来描述系统的稳定状态。这是我们在识别稳定状态方面的一个目标。要牢记稳定状态一定要和客户接受程度一致。在定义稳定状态时，要把客户和服务之间的服务水平协议（SLA）纳入考量范围。

在项目工程中对于稳定状态设计，混沌高可用平台集成监控运维系统，在演练前根据不同故障服务建立稳定基线快照，例如，对于 CPU 负载服务故障的演练，在触发演练前，系统自己采集当前业务系统的业务异常，以及所命中的主机的 CPU load。如果当前有高危的业务异常，系统将触发防火墙机制，阻止此次演练。当系统无业务告警的前提下，系统建立当前故障范围内的主机 CPU load，以便与演练中、演练后的 CPU load 快照进行分析。

16.2.2 多样化现实世界事件

在系统实际运作中，我们需要选择什么类型故障服务进行演练？故障服务不是凭空拍脑袋来设计的，是基于对当前系统和架构的熟悉和了解，对于系统稳定性目标来制定的。在项目实践中，故障服务定义分为两类，一类是基本原子故障服务；另一类是业务故障服务。

基本原子故障服务如下页图所示。

业务故障服务设计，在项目实践中，梳理核心业务调用链集合，分别进行服务延时故障注入，分析和采集核心业务调用链在延时的情况下，对于上下游业务的影响以及从系统层面的监控数据，制订相应的预案和标注相应的业务监控数据。

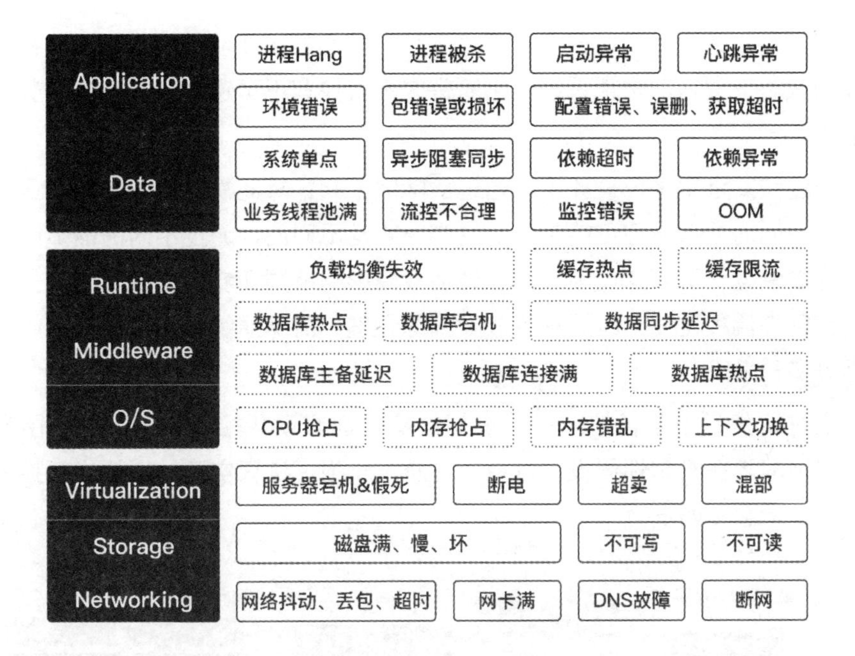

16.2.3 在生产环境运行实验

混沌工程的目标是实际生产系统，只有在生产环境，至少是预生产环境中进行演练，才能体现混沌实验价值，自然在生产环境中进行故障注入，要控制好爆炸半径。

16.2.4 持续自动化运行实验

在项目工程落地时，通过混沌高可用平台进行混沌实验生命周期管理。在实际演练过程中，不仅仅是故障注入的“动作”，围绕着故障注入，根据混沌工程原则以及生命周期要求，有很多支撑的能力，例如，故障服务定义、编排、测试场景和预案、最小故障爆炸半径管理、故障基线快照、故障执行策略、故障画像等，这些都无法通过手工去执行，必须依靠一个平台来进行能力集成和生命周期管理，从而达到持续自动化运行实验的要求。

最小化爆炸半径是混沌工程的核心要素。在生产环境进行混沌实验，故障注入是一个手段，目的不是“搞垮”系统，而是通过实验手段来验证和找出系统的薄弱环节，从而更好地理解系统和避免故障带来巨大损失。所以，在故障服务定义和预案中，要充分考虑到“爆炸半径”的设计，以便故障演练在一个可控的状态下进行，防止系统因实验带来不可控和不可逆的业务中断和数据资产丢失。

在混沌高可用平台设计中，通过故障因子来计算此次故障服务的“最小半径”，不同的故障服务可能带来的生产影响是不同的，通过不同的故障注入目标进行影响度分析，通过因子计算评估故障影响范围和实验的风险程度，从而系统在管理流程自动升级，进行故障演练预案、故障演练时间（选择闲时）、审批等多种手段。

通过构建最小半径控制引擎来解决稳定性假设并控制故障影响范围和规模，保证故障在稳定性假设、可控、可及时止损下进行实验。爆炸半径控制器管理架构示意图如下。

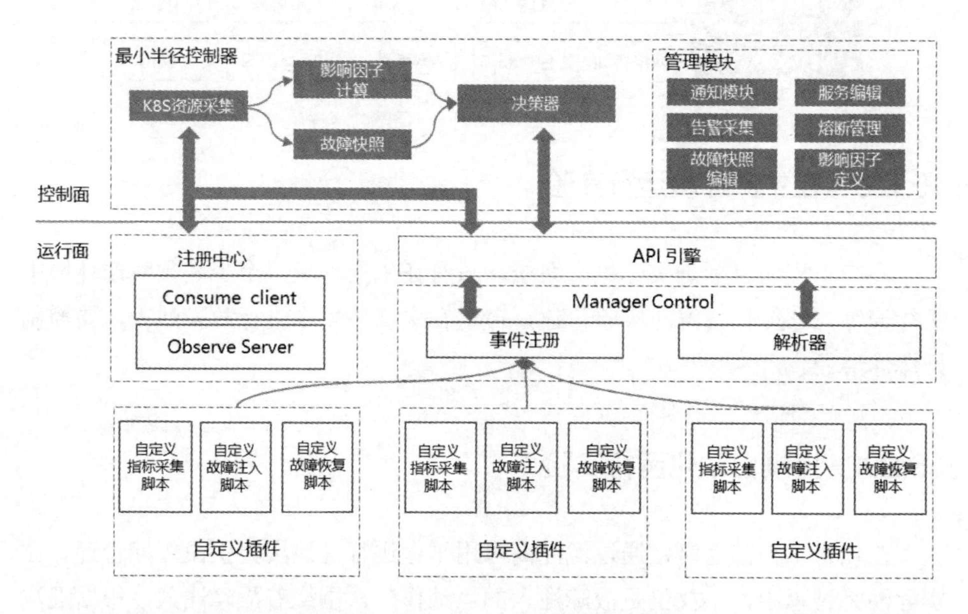

最小爆炸半径控制器包括 Kubernetes 采集器、故障因子、故障快照、决策器，以及相应的管理模块四大部分。

- Kubernetes采集器：通过Kubernetes API Server采集Kubernetes核心的资源，例如Node、Kubernetes管理面组件、service、deployment、stateful set、pod、PVC、PV等资源。
- 故障因子：不同的物理资源和Kubernetes资源，故障的影响面不同，根据影响范围设置相应的影响因子，如下图所示。

注入故障目标	标签 & 资源管理器	影响因子	备注
机房网络、水电	机房出入的网络、水电	90	影响面大；如需演练，需要容灾以及配套资源进行方案论证、预案谨慎进行
Node 节点（物理 & 虚拟机）	K8S 管里面组件节点	80	管理节点注入需要预案，以及配套紧急处理的团队
	其他应用节点	100*N/M	N注入故障的节点数；M总节点数
POD	Deployment 资源管理下的 POD	100*N/M	无状态风险小；N注入故障的节点数；M总节点数
	Statefulset 资源管理下的 POD	70	有状态的 POD，需要场景专家评审、预案，以及配套的故障应急团队
业务服务	核心服务、服务调用链的延时	50	需要预案、关测，以及相对空闲时候故障演练

- 故障快照：每次演练的快照，对于历次演练发生业务影响的数据进行维护，例如某次服务延时造成业务大量异常，那么记录场景、范围、异常信息的快照，下次故障服务编排时候，决策器会根据快照自动升级故障服务的影响范围。
- 决策器：每次服务编排和选定故障范围，控制器会根据故障类型的影响因子以及故障快照，计算出此次故障爆炸半径的影响范围，并且提供相应的告警，以及启动高级别故障演练的专家评审、预案等流程和审批，通过审批后，才有权限去执行故障演练。

16.3　工程实践遇到问题及方案

在混沌高可用平台在电信领域推行和落地过程中，也遇到来自各方面的挑战，主要包括以下三方面。

16.3.1　文化和观念的改变

在售前客户推广时候，遇到的最多的问题是，“混沌演练一定要在生产环境下进行吗？给生产注入故障，会不会造成很大影响？风险大吗？”很多客户和同事在初次接触混沌实验概念时候，不是很能接受在生产环境主动注入故障。因为众所周知，对于生产故障，我们避之不及，突然间“没事找事”地去生产环境自动制造故障，这个猛然间有些不可接受，担心会带来很大的生产故障。

基于这种“担心”，其实是正常现象。这是因为客户对于混沌工程的目标、原则和相应的工程实验设计不了解。首先，正如前面所介绍的，混沌原则之一，就是基于稳定性假设，同时混沌工程也有成熟度模型，并不是所有系统架构都支持混沌实验，它是有一定准入条件的。我们所定义的故障服务，是基于当前架构，不会对业务带来故障。例如，业务集群有 10 个进程，通过 NG 做负载均衡对外提供服务。故障服务随机停止集群中某一个进程，基于这种集群部署架构稳定性假设，对于业务是不应该带来影响的。如果随机杀死一个进程，带来实际业务影响，那么说明当前系统就是异常的，这种异常状态越早发现，在演练中立刻解决，会降低很大的损失。因为故障是客观存在的，系统在长时间运行问题积累下爆发，定位和解决时间和产生的业务损失也是无法估量的。基于多次这种沟通，客户也是能慢慢地接受混沌实验这种方式。

16.3.2 权限授权和第三方对接

在项目现场实施中，一定会遇到权限的授权。因为故障演练，根据不同的服务演练，所需要的权限是不同的，有些是需要用到 sudo 权限的。那么业务系统提供给混沌高可用平台账号和权限，在安全角度是行不通的。所以在实际过程中，通过集中方式：

- 集成现场的权限系统，例如4A系统，通过4A授权以及审计。
- 通过第三方接口方式，例如云平台的API进行故障注入以及授权。

16.3.3 各地差异化故障服务需求

在各个项目地，会有不同的故障服务需求，例如，在 2020 年，移动集团下发进行混沌实验的通知，故障服务场景达到 90 多种，所以对于混沌高可用平台通过原子故障服务以及服务编排等方式，也只能支持 50 多种，那么如何快速支持这种个性化的需求呢？

在混沌高可用平台设计中，提供自定义的故障服务定义，通过约定规范模板，要求各地用户根据混沌高可用平台的规范定义要求，提供 3 个故障服务脚本（故障指标快照采集脚本、故障注入脚本、故障恢复脚本）。平台通过上架的方式，导入 3 个脚本，就能拉入到平台进行生命周期和爆炸半径管理，通过这种“自定义”组件的方式，平台可以快速接入各种差异化特殊的故障服务。

16.4　工程故障演练简单流程介绍

本场景以无状态 POD 为例，包含服务定义、编排、最小爆炸半径控制器、故障注入引擎等多个模块的交互，从而阐述本发明的核心原理。

自上而下服务请求数据流如下：

- 混沌平台作为入口，进行服务故障定义和编排。
- 选择故障注入范围，调用最小半径控制器。
- 最小半径控制器采集微服务、Kubernetes资源配置信息，进行硬件因子和故障影响范围判断。
- 根据最小半径采集器反馈的信息，如果是风险较高的演练，决策器发起专家评审和审批流程，审批通过后，调用故障演练引擎发起故障演练；如果是风险较小的演练，直接调用故障演练引擎发起故障演练。

故障注入流程说明如下：

（1）在混沌控制台定义故障服务和编排故障范围。

（2）调用最小爆炸半径控制器，控制器调用采集模块，通过 Kubernetes API server 采集资源情况，例如有哪些 service、deployment 以及资源管理的各自 POD 情况。

（3）最小爆炸半径控制器根据影响范围因子以及故障快照，计算出此次故障注入影响情况，如果超过 50 的影响阈值，则发起预警，开启专家评审和审批流程。如果低于 50 的影响阈值，则直接调用故障注入执行引擎。

（4）执行引擎发起故障注入，返回信息给控制台。

第17章 企业级 DevOps 文化建设实践

很多企业在进行 DevOps 体系建设时不太重视企业 DevOps 文化建设，往往通过建设一个大而全的工具平台，在不同的团队中命令式推广应用，并没有命中真正的焦点，也没有培养适合 DevOps 应用的文化土壤，随着时间的推移和热度的下降，DevOps 体系逐渐沉沦于平凡。

在进行企业级 DevOps 文化建设时，需要特别注意避免以下类似的情况产生：

- 过于重视技术和工具能力，忽视文化重要性。
- 组织管理者缺少对DevOps文化建设的重视和支持。
- 关注团队文化大于关注组织文化，团队文化和组织文化缺少关联互动。
- 缺少实验机会，更喜欢使用追责来管理团队和组织。
- 缺少对失败的容忍度，使用KPI进行逐层管理。

通过对企业 DevOps 文化建设，可以帮助企业在组织价值观、过程仪式、代表符号、处理方式等方面建立起统一规范的特有文化形象，从而支持团队快速交付和企业战略目标的可靠实现，最终为企业价值提升实现和商业目标对齐。对此，可以从文化建设、人才培养、敏捷成熟度持续评估这三方面进行持续落地实践。

17.1 文化建设，宣贯先行

要想顺畅地进行 DevOps 文化建设，首当其冲的是进行敏捷开发知识的宣贯，营造敏捷开发知识风暴的氛围，实现全方位的渗透式宣贯，通过线下、线上等多种手段和方式，将敏捷开发知识、应用场景、典型案例、优秀团队和个人、转型价值等信息传达给所有的团队和个人，吸引大家在碎片时间内了解什么是敏捷开发，为什么要做敏捷转型，DevOps 工具链有什么能力，敏捷开发能帮助团队解决什么样的问题，实践敏捷开发对大家有什么好处。将 DevOps 文化建设像春风一样吹拂到组织的各个角落。

17.1.1 敏捷开发文章专栏

敏捷文化宣传需要有固定的空间来展示，通过定期或者不定期的分享，可以持续吸引员工的关注，同时可以引入论坛式问答，邀请更多人分享对文章或观点的思考心得，从而引发持久性的讨论，形成关注热点。

- 内部期刊：在内部期刊上对敏捷开发的知识进行连载，可以从敏捷开发知识、实践技巧、项目经验、工具应用、客户评价等方面展开不同的主题，通过系列连载，聚焦于一个主题进行深入广泛的介绍分享，并在过程中邀请专家提供专业点评，阐述其对知识点及核心思想的理解和认知，帮助阅读者更准确地理解敏捷开发的特性和价值。
- 知识库：内部知识库非常适合敏捷开发知识的分享，可以提供持久化信息发布的平台，同时通过文章、图片、视频等信息方式的混编，能更形象更直观地介绍敏捷开发知识。在文章的下方还可以提供点赞和点评功能，通过订阅的方式及时将文章的动态推送给订阅人，吸引并邀请更多的读者加入到讨论过程中来，从而加深大家对敏捷开发和DevOps工具、体系的理解和认知。

17.1.2 敏捷开发知识可视化

在敏捷开发文化宣贯的过程中，主动发表的敏捷开发知识文章很重要，同样也需要有被动展示的敏捷开发可视化展板，通过在不同关键区域设置展板，可以让没有特别关注敏捷开发文化的人员被动地了解敏捷开发的相关知识。常用的被动展示方式如下：

- 关键区域位置的易拉宝。
- 办公区墙壁展板。

- 播放动态视频的大屏电视。
- 茶水间等小空间摆件。
- 公开摆放的宣传页和小礼物。
- 敏捷团队使用的物理看板。

通过这些物理展示方法，可以在不同的周期宣传特定的敏捷开发知识和DevOps 文化，实现线上线下相结合的宣传方式。

17.1.3 案例专题演讲

再好的文章或者展板，也比不上专业大咖的专题演讲，通过在敏捷实践中收集到的案例，可以展开专题分析，总结其中的经验教训，同时借助专业大咖的知名度，吸引更多的人收听观摩线下和线上的大咖专题演讲，既可以学习专家传授的经验心得，也可以和专家展开良好的互动，让敏捷开发的知识掌握得更加扎实。

选择合适的演讲主题非常重要，建议从以下几个方面重点考虑：

- 敏捷开发中的冲突与困惑。
- DevOps工具怎样帮助团队提升效率。
- 敏捷团队需要的支持与组织匹配。
- 项目开始敏捷开发的经验技巧。
- DevOps文化中“人”与工具的平衡关系。
- 如何打造高效自驱的敏捷团队。

17.1.4 敏捷开发工作坊

听一场案例专题演讲后，听众往往有想去实践的冲动，但现实团队的条件又很难快速响应支持这种实践落地的诉求。此时可以借机召开敏捷开发工作坊。

通过敏捷开发工作坊，可以帮助实践者构建一个具体的实践场景和环境；通过引入特定主体，可以帮助实践者聚焦于具体目标而不随意发散；通过集体行动式学习，帮助实践者创造机会亲自下场操作，更好地把握敏捷开发实践过程。通常敏捷开发工作坊的实践内容如下：

- 怎样理解敏捷开发中的价值定义。
- 如何识别需求、拆分需求。
- 根据需求编写用户故事验收标准。
- 进行迭代规划，和项目里程碑目标对齐。
- 召开迭代计划会议，拆分迭代任务进行估算。
- 进行迭代开发交付，实践每日立会。
- 召开迭代评审，演示团队的迭代交付增量。
- 进行迭代回顾，持续检视、反思和适应。

实践是检验真理的唯一标准，通过敏捷开发工作坊的实际练习，实践者可以准确把握具体的过程和处理方式，也能更好地理解敏捷开发知识要点和意义，能很好地帮助实践者在后续的工作中更顺利地启动敏捷开发实践。

17.2　敏捷教练人才培养是文化建设核心行动之一

对于企业和组织而言，人才是组织变革和文化建设的具体执行者，特别是建立专业的敏捷教练人才培养机制，可以帮助企业快速地建立起一支敏捷专业人才队伍，帮助企业更好地从上到下推动敏捷开发落地实践，优化组织过程管理流程，宣扬敏捷文化和思想，促进业务交付价值提升。对此，需要通过企业公开课、敏捷训练营、进阶实训、黑带大师竞赛等方式对敏捷教练人才进行系列培养，从中选择知识丰富、对敏捷思想理解准确、有强烈主动意识的人才承担重点角色。

17.2.1　企业公开课

企业公开课是比较通用的敏捷教练人才培养方式之一，对敏捷开发而言，有擅长不同领域、不同流派方法的专家，敏捷开发比较排斥所谓的最佳方法论和最佳实践，因为在面对不同的市场背景、不同的团队能力、不同的需求类型、不同的产品特性时，不能一概而论地采用同一种方法或流程。例如 Scrum 框架，更擅长小团队、固定周期、面向客户和产品的迭代式增量交付。还有看板方法，更擅长运维类或日常需求类项目或产品的开发和支持，不强调严格的时间窗，但通过识别在制品和评估团队容量的方式，采用拉动式生产合理识别团队的能力瓶颈和容量瓶颈，在减少浪费的前提下实现流畅的即时制生产。还有极限编程，没有明确的过程和框架，但通过和软件工程结合紧密的实践，在短周期内实现小团队的快速交付。以上这些方法，由不同的专业人士所擅长和提倡，企业通过开展不同方法的公开课，可以让敏捷人才全方位地了解不同的敏捷方法，在面对不同的场景时更好地进行匹配和实践。

在进行企业公开课时，需要注意不要过于频密地组织，因为不同类型公开课宣讲的方法和经验，在后续的实践过程中需要一定的时间进行消化和思考，特别是具体的尝试实践需要更多的时间，一般安排一个季度进行一次公开课是比较合适的频度。对于内容比较受欢迎的公开课，也可以针对不同的主题开展多次，这样可以帮助听众更全面地了解相关的敏捷开发方法和思路，帮助大家开阔眼界，博采众长。

17.2.2 敏捷训练营

普通的敏捷培训课程往往只有 2 天，只能带领学员学习敏捷开发的基础知识并穿插一些练习实践，虽然能获得敏捷教练或其他类型的认证，但和实际带领团队开展敏捷转型实践还有很大的距离，就好比刚拿到驾照的新手司机和有几年实践经验的老司机之间的差距一样。怎样能帮助学员快速提升实际经验，缩短这个时间过程，尽快形成战斗力呢？通过开展敏捷训练营是一个比较好的办法。

1）规范的敏捷开发培训

一场规范的敏捷开发培训还是非常有必要、有价值的，通过敏捷开发培训，可以系统地学习掌握敏捷开发基础知识，通过学习中的练习和实践，可以更好地掌握 Scrum 框架特性，了解角色职责，了解如何开展各项敏捷活动，每项活动的价值和意义是什么。通过敏捷开发培训，明白什么是业务价值导向，如何同客户及干系人展开沟通，如何才能将各方的目标进行统一。通过敏捷开发培训，理解团队的输入和输出是什么，怎样指导团队开展敏捷实践，让团队、

PO、敏捷教练、相关干系人保持良好有效的沟通和交流。通过敏捷开发培训，真正感受到学习—思考—实践—改进—复盘—再改进的循环过程，充分理解敏捷开发中强调的透明、检视、适应这三大支柱。

2）认真读好一本专业书

短短两天的敏捷开发培训对于系统学习来说是不够的，有必要在整个训练营的学习过程中认真地读好一本专业书，我们建议学员自学《Scrum 敏捷软件开发》，这本书的作者是 Mike Cohn。这本书非常系统地介绍了敏捷转型和 Scrum 框架，从转型背景讲到了转型中的个体，从转型中的个体讲到了团队，最后通过组织和持续性的改进进行了分阶段、分层次的阐述，全书既有面向不同角色和人员的指导，又有从不同维度和不同视角进行的观察思考，是一本非常全面的敏捷开发入门教材，可以帮助训练营学员在较长的过程中慢慢学习和理解，加深对敏捷开发的认知。

通过开展规律性线下读书自学，训练营学员还需要编写读书心得，既要有看，还要有思考，更要通过书面将自己的心得记录下来，形成完整的学习笔记，可以在训练营内部进行分享，同时也可以帮助自己在后续实践过程中进行反思和回忆。

3）观摩试点敏捷团队实践

规范的敏捷开发培训，线下长时间的持续学习，只是停留在理论知识方面，还需要更直观更感性地对敏捷开发的过程进行熟悉和了解。通过观摩试点敏捷团队的实践，可以在真实场景中实地感受敏捷团队是怎样运作的，结合自己学习掌握的敏捷开发知识和实践进行对照，分析在观摩过程中有哪些技巧是原来没有想到的，有哪些现实的场景还存在不足和改进的可能，围绕着这些要点在训练营内展开讨论，可以非常有针对性地快速获得经验。

在观摩试点敏捷团队实践时，训练营学员需要注意不要对试点团队产生干扰，在过程中不发言、不提问，有问题先记录下来，在观摩结束进行总结讨论时再提出，由全体学员共同讨论得出一致意见后，再由指导老师进行点评和总结。

4）开展各类实践竞赛

通过开展各类实践竞赛，可以让训练营学员进行深入的实践练习，例如组织看板竞赛、组织“我是实践者”演讲等活动。

通过看板竞赛，要求训练营学员结合自己工作的实际情况，设计一套适配的敏捷看板，并根据实际工作中的具体需求，通过设计的敏捷看板进行过程演示。在设计敏捷看板时，不局限于 Scrum 看板，还可以使用精益看板、DevOps 看板等，由训练营学员自主结合，对看板中的需求、任务进行组织，并详细介绍过程中任务的流动过程，出现障碍的解决方式，以及怎样通过看板合理评估工作进度，并怎样指导团队完成交付活动。

通过“我是实践者”演讲，训练营学员可以自主命题，讲述自己在学习、实践敏捷开发过程中，感受最深的案例和场景，敏捷开发的知识怎样理解，怎样在实践中运用，通过敏捷开发的实践发现有哪些价值提升。在演讲中既可以讲收获，也可以讲经验教训，只有通过不断的实践和试错，在不违背敏捷开发原则的前提下，找到最适合团队的敏捷开发方法，这是学习敏捷开发的核心诉求之一。

5）下场带领团队实践

光说不练假把式，光练不说傻把式。敏捷训练营的学员如果想在后续的工作中真正带好敏捷团队，更需要实际下场操作，通过实践来掌握敏捷开发的技巧，提升自己的敏捷能力。

训练营可以在现有的团队中征集志愿团队，由训练营学员自由组合，支持志愿团队开展敏捷实践活动，通过一定周期的实操，既可以帮助志愿团队解决部分难点问题，也可以让训练营学员获得真实的实践感受，减少后续在正式应用中走弯路的可能。

在此过程中，训练营老师也可以观察学员的实践表现，寻找能力强、意愿高的学员作为后续深入培养的种子选手，实现敏捷人才梯队的分层次培养目标。

17.2.3 敏捷人才进阶实训

通过不同类型的企业公开课宣讲，持续性的敏捷训练营培养，敏捷人才可以初步开展带领敏捷团队的实践活动，但随着实践过程的开展，敏捷人才也需要不同层级的进阶实训，来帮助敏捷人才提升自我能力，服务于更大规模的团队或组织。

1）人才进阶实训

在 Scrum 框架中，敏捷联盟给出了比较全向的人才成长路线，同样企业也需要参考并建立自身的人才进阶实训路线图，给敏捷人才成长空间，这样才能促进人才有更强烈的动力去提升自己，同时也能更好地服务和回报团队。下图引用自敏捷联盟官方网站认证路径。

2）服务对象提升

刚开始带领团队开展敏捷实践的敏捷人才，都需要从基层团队开始，这样才能更真实更深入地了解敏捷团队的诉求和核心原则，随着团队成熟度的提升和敏捷人才自身能力的增长，可以有更好的机会来指导多个敏捷团队或者整个产品线的团队。每个组织都是由不同的业务单元或者多个产品线组成的，同样需要有更专业的敏捷人才从组织层面进行思考，怎样推动组织整体更好地进行敏捷转型，在这过程中怎样给团队和产品线提供支持，怎样和团队及产品线进行敏捷协同，以保证组织的文化和价值观可以贯彻到每个敏捷团队中，这也离不开敏捷人才持续的进阶实训提升。

17.2.4　黑带大师竞赛

当组织具有一定的敏捷人才基础后，还可以开展多专业多领域的黑带大师竞赛，通过引入日常工作中积累的实际场景案例，将敏捷推广中的难点和痛点问题提供给参赛者进行案例分析，并通过实际的实践来评判参赛者思考问题的方法、推动问题解决的能力、引导团队的力度，以实际结果对参赛者进行评价，获得优胜的参赛者可以获得“黑带大师”的称号，从精神上和物质上收获认可及奖励。

17.3 为更多的团队进行敏捷开发能力评估和认证

产品团队或项目团队在实践敏捷开发转型过程中，需要不断地对实践过程进行检视和反思，寻找可以改进提升的方向，在不同的维度增强自身的敏捷能力。可以通过资质认证、成熟度评估等方式来增强对团队成果的认可，并结合物质奖励和公开表扬等方式进行正向激励，吸引更多的产品或项目加入到敏捷转型中来。

17.3.1 敏捷资质认证

敏捷开发领域也有不同类型的资质认证，比如来自敏捷联盟偏向于敏捷教练的 CSM 系列认证，偏向于产品负责人的 CSPO 系列认证，偏向于开发者的 CSD 系列认证，还有来自 Exin 偏向于 DevOps 体系的 DoF、DoP、DoM 系列认证。还有来自 PMI 偏向于敏捷项目管理的 PMI-ACP 认证等。这些不同类型的认证从不同的维度对敏捷开发进行介绍和支持，可以帮助团队中不同的角色获得更定向的专业能力培训和提升。

1）敏捷联盟提供的系列认证

CSM→A-CSM→CSP-SM：从基础的敏捷教练成长为高级敏捷教练，最终提升为敏捷教练专家。

CSPO→A-CSPO→CSP-PO：从基础的产品负责人成长为高级产品负责人，最终提升为产品专家。

CSD→CSP：从基础的敏捷开发者成长为敏捷开发专家。

2）Exin 提供的系列认证

DoF：基础的 DevOps 体系专业认证，掌握并理解 DevOps 基本知识。

DoP：进阶的 DevOps 体系专业认证，熟练应用 DevOps 实践三步工作法。

DoM：专家的 DevOps 体系专业认证，在企业组织中推广应用 DevOps 体系实践。

3）PMI 提供的系列认证

PMI-ACP：敏捷项目管理专业人士认证，熟练掌握不同类别的敏捷开发方法并在项目中应用。

17.3.2　团队敏捷成熟度评估

团队在实践敏捷开发的过程中，敏捷教练需要不断地规范团队的敏捷开发过程，同时推动团队自我检视发现在哪些方面可以进行改进提升，包括但不限于过程、方法、敏捷实践、工具应用、团队自组织规则、业务知识、技术能力等方面，为了评估团队当前在敏捷开发过程中的水平和程序，需要对团队的敏捷成熟度进行评估。

团队敏捷成熟度评估有很多种方法，例如中国信息通信研究院组织推出的 DevOps 能力成熟度模型第 2 部分：敏捷开发管理，还有可以利用敏捷成熟度平衡轮，从不同的维度对敏捷团队成熟度进行评估。

1）DevOps 能力成熟度模型第 2 部分：敏捷开发管理

需求工件：需求内容和形式采用用户故事，符合 INVEST 原则。需求测试用例的编写、执行、管理符合规范要求。

需求活动：需求分析采用协作方式，各角色共同进行细化。需求管理使用 PB，承载的用户故事符合 DEEP 原则，需求在每个交付周期内都进行验收，验收结果可以进行有效的反馈、跟踪、改进。

价值流：交付具有稳定的节奏，不会轻易变更，根据需求的优先级进行交付，交付时通过业务价值和准确性评估，每次交付的结果可以进行回顾和反馈，具有后续的改进过程，通过可视化工具支持团队进行价值流动和对齐。

仪式活动：PO 和团队围绕交付价值共同制订交付计划，控制交付节奏，形成稳定的交付速度。团队在开发中按优先级开发，需求置换时优先置换低优先级需求。建立特性团队，保持业务价值交付独立性。

敏捷角色：明确 PO、Master、团队 3 种角色。敏捷教练可以引导团队进行敏捷开发实践。PO 能够用敏捷实践开展工作，团队成员能在完成自身工作的同时快速支持其他任务完成。团队能关注整体交付进度，快速发现问题，通过协作解决问题。

团队结构：团队小而精，保持 10 人以下，组件特性团队，能独立完成价值交付。团队认可敏捷价值观，能熟练开展敏捷活动，使用敏捷实践进行工作。PO 和团队具有共同交付价值诉求，共同遵守约定，客户参加产品验收。

2）敏捷成熟度平衡轮

需求与计划：目标清晰、需求完备、价值排序、拆分粒度小、符合 INVEST 原则、输入有节奏、反馈更新及时、和团队在一起 .

协作与流动：减少等待、避免浪费、合理 WIP、短周期交付、跨团队协作顺畅、能够跨团队对齐、具备达成一致的“完成”定义、采用透明的可视化管理、专注当前的任务。

人员与组织：小而精的团队、跨职能团队、全栈团队、职责明确、一定范围内授权、团队具有勇气、实现承诺、信任与尊重。

技术与实践：自动化程度高、能够频繁持续集成持续部署、技术债务低、良好的分支管理策略、具有单元测试并集成、具有接口自动化测试并集成、具有 UI 自动化测试并集成、代码评审、版本管理清晰。

支持与管理：容忍试错、不追责、管理者以身作则、推动持续改进、支持人员培养、推动业务变革、对团队信任及授权。

17.3.3 企业内训敏捷认证

虽然外部的敏捷资质认证非常重要，但无法做到让非常多的人员都参加外部的认证，又要让更多的人加入到敏捷开发的实践过程中，这就需要企业内部开展相关的敏捷培训和认证。在企业内部进行敏捷认证时，可以充分结合企业自有的产品和平台，更有针对性地开展相关的练习实践。通过这样的内训认证，既可以在短时间内拓展敏捷人才的覆盖面，还能把内部产品平台推广到更多的团队，帮助一线团队解决实际工作中的难点痛点问题。

在进行企业内训认证时，可以更多地通过内部线上讲堂、线下专场、集训营等渠道进行，同时可以和产品应用认证捆绑，让参训人同时获得多项资格认证，可以吸引更多的关注和参与。

第18章 DevOps 未来展望

自从 2009 年以来，DevOps 进入第二个十年，在这 VUCA 时代[①]它将继续大放异彩。Global Market Insights 的一项研究显示了 DevOps 未来的一些前景看好的数据：“2019 年 DevOps 市场规模超过 40 亿美元，并将在 2020 年至 2026 年间以超过 20% 的复合年增长率持续增长。”

根据 Gartner 2020 年技术成熟度曲线（如下图所示）的描述，DevOps 处在期望膨胀期，并预测在 2 ～ 5 年内达到稳定期（泡沫幻灭期之后的阶段）。

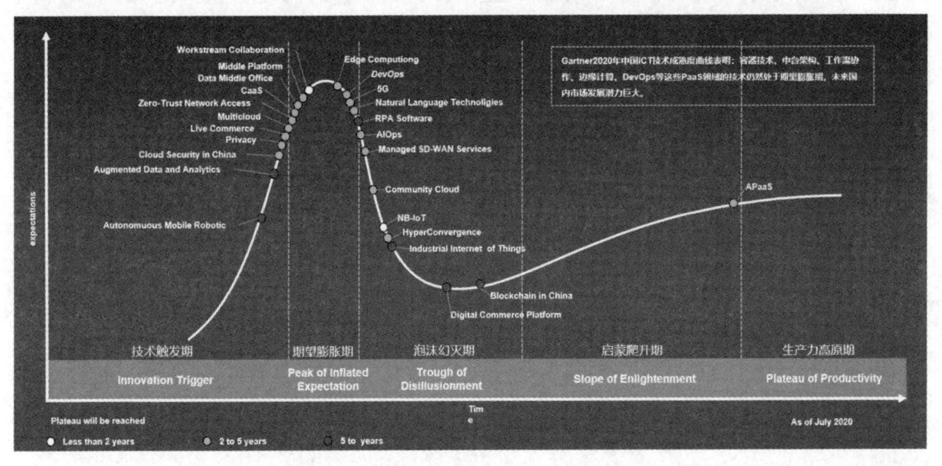

DevOps 技术持续发展，新技术或者新概念继续涌现。下文选取了与 DevOps 相关的三个主流趋势——低代码、云原生 CI/CD 和数字化体验，通过对其解读，展望 DevOps 未来发展。

① VUCA 是指组织将处于不稳定（Volatile）、不确定（Uncertain）、复杂（Complex）和模糊（Ambiguous）状态之中。

18.1 不再低调的“低代码”

Forrester 曾预测低代码将在 2021 年蓬勃发展，目前来看的确如此，低代码的能量在涌动，无论是应用开发领域，还是在 RPA，还是在机器学习等领域都有低代码的深度应用场景。低代码除了提供给开发者一个新的开发途径，真正让投资者和管理者能接受和采用低代码驱动力还是 DevOps 的核心目标，即提高研发效能，提高生产力。

18.1.1 低代码解决的问题

如下图所总结，软件开发过程中存在大量非业务逻辑代码，如软件框架的搭建代码、管理平台前端 UI 展示页面代码、领域模型相关对象代码，基本 CRUD 操作的控制层代码等。初入职场或者缺乏经验的同学对代码编写规范不熟悉，编码风格不统一，基础增删改查代码编写遇到问题排查效率低下。利用代码生成平台生成软件框架代码，领域模型对象基础的 CRUD 操作逻辑代码，以及基础 UI 界面代码生成，提高开发效率。

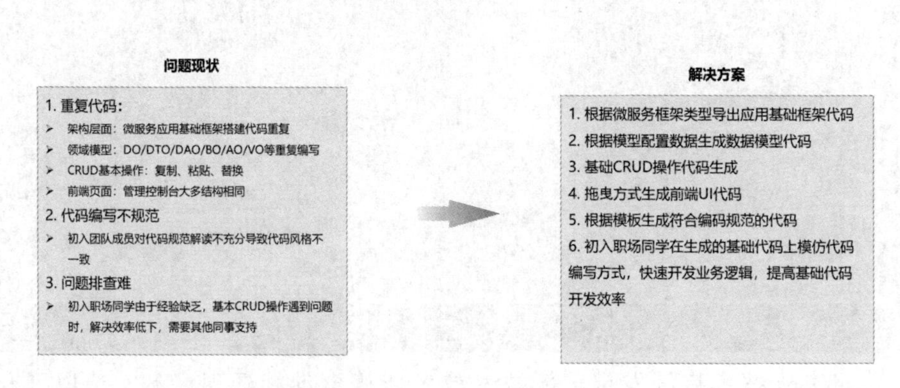

18.1.2 低代码的通用功能架构

低代码平台需要提供一套可以供开发人员直接使用的功能，将已有可视化组件进行编排以创建应用。通过可视化编排页面流、服务流、数据流，并且在导出的代码上添加自定义业务逻辑进行二次开发，实现缩短开发时间、满足多框架应用开发需求，让开发人员开发模式更加智能、高效。

这种显著加快应用与系统构建速度的方法一般分四个步骤：

（1）领域模型驱动：类似于数据库表单的设计，模型与模型间可以存在 1 对 1、1 对多、多对多的关联，这些关联可以在后续的一些数据的展示和操作上使用。通过领域模型设计自动进行数据库建表，修改模型后自动同步数据库表结构。

（2）业务逻辑设计：通过流程编排引擎可从流程组件库选择组件，可视化编排业务服务流，支持分支、并行、循环等编排，支持编排自定义业务节点，如 HTTP 请求节点、Redis 操作节点、分布式消息发布订阅节点、CI/CD 节点等。

（3）前端 UI 设计：通过领域模型反向生成页面表单配置，领域模型属性自动绑定 UI 组件，拖曳方式对页面进行编排，预览编排后的代码，进行静态 HTML、动态 JS、CSS 样式表在线编辑预览效果，亦可进行接口在线调试。

（4）导出代码：按应用语言以及开发框架导出前后端代码，支持云 IDE 在线对导出代码进行二次开发，代码纳入 Git 版本库统一管理，可通过 CI/CD 流水线打包发布到容器化平台。

基于以上几点关键步骤和内容，可以绘制出通用低代码平台的功能架构，如下图所示。

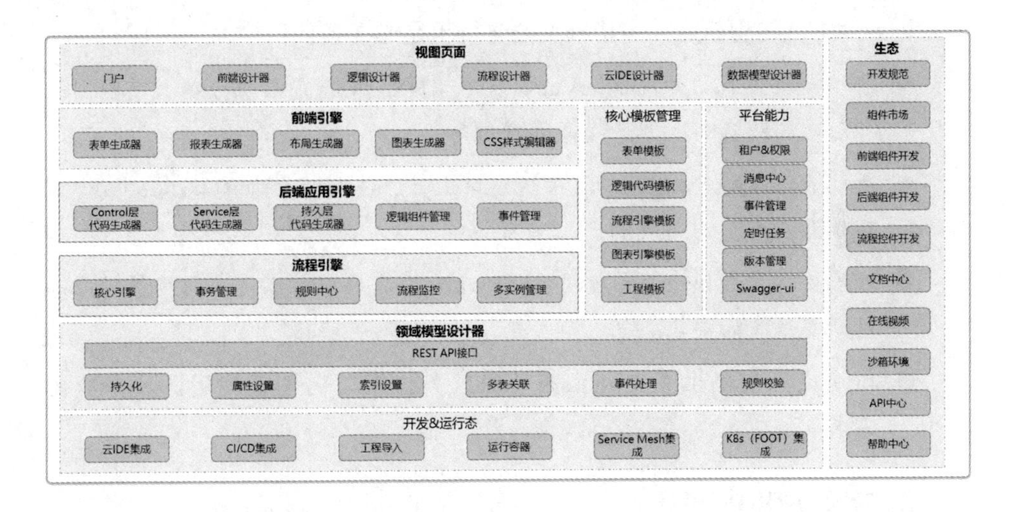

18.1.3　低代码平台的核心技术

低代码平台的核心技术和 18.1.2 节的关键步骤对应，包含了前端设计器、多框架支撑、后端数据模型设计、代码生成器和流程编排等核心技术。

1. 前端设计器

前端设计器通常具备如下能力：

- 标准规范的UI组件封装，让开发人员不再担心页面JS问题，降低前端编码门槛。
- 丰富的UI组件库专业研发团队不断完善补充中，同时支持租户开发个性化组件，分享到共享组件库，共建组件生态。
- 拖曳的方式生成所见即所得的页面，页面UI组件支持精细化属性配置以及绑定领域模型字段配置。
- 支持在线查看编辑生成的页面静态代码，以及交互JS代码、CSS样式代码，可在线预览编辑后的页面效果，验证JS动态代码返回结果。
- 根据后端接口模型反向生成展示页面，自动绑定UI组件与领域模型属性，可配置是否展示组件类型、是否展示高度。

2. 多框架支撑

平台对主流编程语言和应用框架的支持也是必要条件：

- 前端支持主流的开发框架Vue以及原生H5，支持前后端分离，前端团队和后端团队各司其职，提高开发效率。
- 后端自动生成Swagger-UI在线接口文档，支持在线接口调试，减少前后端开发人员沟通成本。
- 后端支持生成Java语言应用以及Python语言应用，满足不同场景下业务对开发语言的要求。
- Java应用代码生成支持主流的微服务框架，满足开发团队技术栈的需求。

3. 后端数据模型设计器

结合领域模型构建数据模型，后端数据模型设计器用于数据存储和数据处理，并通过表单来简介操作数据库，无须关心底层数据库适配。

4. 代码生成器

代码生成可以极大节约开发工作量，优秀的代码生成器可以节约75%～90% 的工作量通常，代码生成器包含如下能力：

- 高性能模板技术。
- 模板支持多语言版本，后续支持扩充模板，数据与模板分离，灵活组装生成代码。
- 利用工程模板快速生成应用框架，具备统一约定规范目录结构以及框架安全能力。
- 根据领域模型设计生成分层模型对象，持久层、服务层、控制层基础CRUD操作代码。
- 根据领域模型接口反向生成页面。
- 代码生成后统一自动纳入Git版本管理。

5. 流程编排

在应用开发中，往往需要对业务流程进行定义和编排，低代码开发平台也包含可视化流程集成开发环境、内嵌工作流引擎，并拥有大量成熟使用的组件实现灵活的定制编排：

- 支持扩展自定义节点组件。
- 内置多种节点组件，如HTTP请求节点、Redis读取节点、分布式消息发布订阅节点、CI/CD节点等。
- 支持工作流在线设计。
- 支持并行、串行、循环、条件等节点。
- 支持拖曳方式设计流程、配置节点属性。

虽然有些开发人员对于低代码很犹豫，选择关注质量，但越来越多的开发人员和 DevOps 工程师接受了这一趋势，开始使用提供漂亮的拖放元素的低代码工具。有句俗话说得好：“如果你不能打败他们，就加入他们。”下一步自然是“零代码”，这是另一个值得注意的趋势。

18.2 云原生中的原生 CI/CD

CDF（Continuous Delivery Foundation，持续交付基金会）是一个中立组织，它将成为并维持一个开发的持续交付生态系统。它将提供统一的治理和供应商中立管理，以及对资金和运营的监督，CDF 第一批项目便是 Jenkins、Jenkins X、Spinnaker 和 Tekton。其中 Jenkins X 和 Tekton 便是 Kubernetes 原生的产物。

Jenkins 历史悠久，开发语言为 Java，体积庞大，通常很难配置。尽管它非常灵活，可扩展，但其性能和对云的适配能力较弱，阻碍其发展；而 Jenkins X 不是 Jenkins，它完全是从头开始基于 Kubernetes 的 API 并非其工作流定义 CRD 来实现。

Tekton 用于 CI/CD，为持续集成和持续部署 / 交付的常见问题提供了通用解决方案。它通过提供新资源（如通过 CRD 的 Task 或 Pipeline）来实现：

- Tekton的Task是在连续集成流程中运行的连续步骤的集合，为Tekton配置样例。Task将在集群中的Pod内运行。每个步骤都使用特定的镜像执行，步骤可以像普通Pod容器一样通过卷共享数据。
- Tekton的Pipeline定义了一组执行的任务，如下示例，我们创建了一个pipeline，执行一个名为build-push的task。可以将参数传递给pipeline和task。

```yaml
apiVersion: tekton.dev/v1alpha1
kind: Task
metadata:
  name: example-task-name
spec:
...
  steps:
    - name: ubuntu-example
      image: ubuntu
      args: ["ubuntu-build-example", "SECRETS-example.md"]
    - image: gcr.io/example-builders/build-example
      command: ["echo"]
      args: ["$(inputs.params.pathToDockerFile)"]
    - name: dockerfile-pushexample
      image: gcr.io/example-builders/push-example
      args: ["push", "$(outputs.resources.builtImage.url)"]
      volumeMounts:
        - name: docker-socket-example
          mountPath: /var/run/docker.sock
  volumes:
    - name: example-volume
      emptyDir: {}
```

Tekton 提供了在 Kubernetes 环境下标准的 CI/CD 引擎，它可以通过 Jenkins X 让用户直接使用。

Jenkins X 是 GitOps 和 Serverless 的践行者。Jenkins X 安装介质和配置（通过 jx boot 安装）都保存在 Git 存储库中，这样所有的应用程序、基础架构或者配置进行所有更改，都将其存储在 Git 中。并且每个生成 / 预发布环境都将拥有自己的 Git 仓库，到环境中的每个部署都将通过拉取请求完成。

Jenkins X 在 2020 年 4 月后的版本停止 Jenkins 镜像的安全修复，意味着它启用并将移除 Jenkins 静态 master 的支持，Jenkins X 将没有一直运行的 Jenkins 服务器。在 Kubernetes 控制平面中运行的 Tekton CRD 控制器正在等待 Git 事件，然后创建处理 pipeline 所需的 Pod，在 Jenkins X 中运行的每个 pipeline 均由 Tekton 管理，无须手工处理。

每个 pipeline 的可伸缩性仅受 Kubernetes 集群资源或者命名空间配额限制，每个 pipeline 的配置通过 YAML 方式进行配置。因此可以想象对于开发和运维工程师来讲，流水线的配置、运维流程的配置、集群的配置等都可以通过统一的格式和标准进行快速配置和实现，利用 Kubernetes 对资源和容器的管控能力，实现最大化的兼容性、高可用和高性能。

下图展示了基于云原生 Kubernetes 下原生的持续集成持续交付工具 tekton 与 Jenkins X 之间的关系。

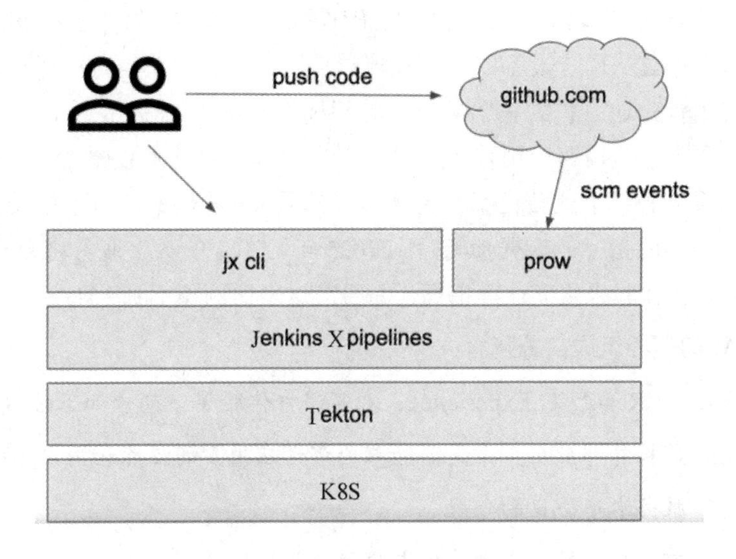

18.3 “无处不在”的数字体验监控

Gartner 对 DEM（Digital Experience Monitoring，数字体验监控）的解释为：DEM 是一种性能分析学科，支持优化数字代理（人或机器）的操作经验和行为，以及企业的应用和服务组合。

大家熟知的 APM（Application Performance Monitoring，应用性能监控）关注于应用的执行情况，EUEM（End User Experience Monitoring）分析应用中的行为；而 DEM 本质上结合了这些能力，并超过了两者，以确保客户体验的一致性。

Gartner 在近期的研究中发现如下几个现象：

- 疫情后的劳动力将更加分散和偏远，这限制了I&O领导者对终端、连接和应用程序性能的可见性，使它们容易受到无法控制的问题的影响，如ISP或家庭Wi-Fi问题。
- 数字体验监控（DEM）技术提高了核心能力，特别是在单一应用上；然而，I&O领导者通常只关注技术指标，而没有衡量用户体验。
- 传统上，DEM关注的是基础设施和应用程序的可用性和性能，而不是可用性，这限制了I&O领导者衡量对业务结果总体影响的能力。

因此 Gartner 建议把之前专注于基础设施、运营和云管来监控和改善用户体验，转向通过从用户设备的角度部署端点监控技术，获得对远程工作者用户体验的可见性；通过扩大包含用户体验指标的数据源的使用，如 CRM 系统、社交媒体平台，监控跨应用程序的渠道用户旅程；通过在监控“北极星”业务指标（如每分钟订单或转化率）的环境中部署 DEM 技术，而不是仅监控以基础设施为中心的指标。根据预测，到 2025 年，70% 的数字业务将要求 I&O 领导者根据数字体验报告其业务指标，而目前这个比例还不到 15%。

DEM 的核心组成部分包含：

- RUM（Real User Experience，真实用户体验），包含如下核心能力：
  - 监控外部应用（浏览器和本地移动应用）的性能和用户体验质量。
  - 服务水平协议的合规。
  - 前端应用性能问题的根本原因分析。

    - 通过会话回放分析用户体验。
    - 全渠道用户旅程及客户体验分析。
    - 业务结果分析。
- Endpoint 端点，包含如下核心能力：
    - 厚客户端应用程序性能监控。
    - 端点性能和配置监视。
    - 员工用户体验监控。
    - 远程应用程序访问监视。
    - 应用程序使用（技术采用和员工参与）。
    - 对影响员工的端点问题进行根本原因分析。
- STM（Synthetic Transaction Monitoring，综合事务监控），包含如下核心能力：
    - 监视软件即服务（SaaS）应用程序。
    - 监控统一通信和协作技术的质量，如 Cisco Webex、Microsoft Teams、Slack 和 Zoom。
    - 对网站可用性和性能进行基准测试。
    - API 监控。
    - 监控无线接入点。
    - 监控网络和互联网用户流量。
    - 在生产前测试性能。

总之，DEM 可以从用户角度衡量性能，并揭示性能下降对业务、收入、品牌声誉和客户忠诚度的影响。这也正是 DevOps 的核心目标为保证用户价值交付。

缩略语与术语解释

缩略语或术语	英文全称	解释
%C/A	Percent Complete and Accurate	完整性和准确性的百分比（一次性通过率）
AIOps	Artificial Intelligence for IT Operations	智能化 IT 运维
APM	Application Performance Monitoring	应用性能监控
ATDD	Acceptance Test Driven Development	验收测试驱动开发
BDD	Behavior Driven Development	行为驱动开发
BVTs	Build Verification Tests	冒烟测试用例
CD	Continuous Delivery	持续交付
CI	Continuous Integration	持续集成
CMDB	Configuration Management Database	配置管理数据库
CRUD	Create, Retrieve, Update, Delete	增加、检索、更新、删除
CSD	Certified Scrum Developer	认证 Scrum 敏捷开发者
CSM	Certified Scrum Master	认证 Scrum 敏捷教练
CSPO	Certified Scrum Product Owner	认证 Scrum 敏捷产品负责人
DAG	Directed Acyclic Graph	有向无环图
DEEP	Detailed appropriately, Emergent, Estimated, Prioritized	详细说明、应急、估算、按优先级排序
DEM	Digital Experience Monitoring	数字化体验监控
DevOps	Development Operations	研发运维一体化
DoD	Definition of Done	完成的定义
DoF	DevOps Foundation	基础的 DevOps 体系专业认证
DoM	DevOps Master	专家的 DevOps 体系专业认证
DoP	DevOps Professional	进阶的 DevOps 体系专业认证
DSL	Domain-Specific Language	域特定语言
EUEM	End User Experience Monitoring	终端用户体验监控
EXIN	Exam Institute for Information Science	国际信息科学考试学会
FDD	Feature-Driven Development	特性驱动开发
I&O	Infrastructure and Operations	基础设施和运营

续表

缩略语或术语	英文全称	解释
I.N.V.E.S.T	Independent, Negotiable, Valuable, Estimable, Small, Testable	独立性、可协商的、有价值的、可估算的、小型的、可测试的
IaaS	Infrastructure as a Service	基础设施即服务
IDE	Integrated Development Environment	集成开发环境
ITIM	IT Infrastructure Monitoring	IT 基础设施的监控
ITOM	IT Operation Management	IT 运营管理
ITSM	IT Service Management	IT 服务管理
K3s	Lightweight Kubernetes	轻量级 Kubernetes
K8s	Kubernetes	一个开源的，用于管理云平台中多个主机上的容器化的应用
KVM	Kernel-based Virtual Machine	基于内核的虚拟机
LT	Lead Time	前置时间
MR	Merge Request	合并请求
NPMD	Network Performance Monitoring and Diagnostics	网络性能监测与诊断
PaaS	Platform as a Service	平台即服务
PB	Product Backlog	产品待办列表
PCDA	Plan, Do, Check, Act	戴明环，计划、执行、检查、处理
PMBOK	Project Management Body Of Knowledge	项目管理知识体系
PMI	Project Management Institute	美国项目管理协会
PMI-ACP	PMI Agile Certified Practitioner	敏捷项目管理专业人士认证
PMO	Project Management Office	项目管理办公室
PO	Product Owner	产品负责人
PT	Process Time	处理时间
RUM	Real User Experience	真实用户体验
RUP	Rational Unified Process	统一软件开发过程
SB	Sprint Backlog	迭代待办列表
SLA	Service Level Agreement	服务等级协议
SLO	Service Level Object	服务等级目标
SM	Scrum Master	敏捷专家

续表

缩略语或术语	英文全称	解释
SOA	Service-Oriented Architecture	面向服务的架构
SRE	Site Reliability Engineering	网站可靠性工程
STM	Synthetic Transaction Monitoring	综合事务监控
UI	User Interface	用户界面设计
UML	Unified Modeling Language	统一建模语言
UX	User Experience	用户体验
VM	Virtual Machine	虚拟机
VSM	Value Stream Mapping	价值流程图
VUCA	Volatile, Uncertain, Complex, Ambiguous	不稳定、不确定、复杂、模糊
XP	Extreme Programming	极限编程
YAML	YAML Ain't Markup Language	另一种标记语言